高等学校计算机应用规划教材

# C语言程序设计教程

## (第二版)(微课版)

王娟勤　主　编

成宝国　任国霞　晁晓菲　副主编

清华大学出版社

北　京

## 内容简介

本书从培养学生利用程序设计解决问题的角度出发，以案例为引导，介绍C语言程序设计基础、基本数据类型、数据运算、程序的基本结构、数组、指针、函数、结构体、共用体、枚举类型、文件、底层程序设计、编译预处理和指针的高级应用等内容。书中提供了大量具有实用性和趣味性的案例，配套了内容讲解微视频，对问题做了深入浅出的分析和总结，有助于引领读者理解编程思维和学习编程技能；每章都配有综合案例，为升华知识提供桥梁；各章的知识结构图，有助于学生理清知识脉络；精选的典型习题，为学生进一步深化基础知识、提高分析问题和解决问题的能力起到了重要作用。

本书采用导学、易学编写策略，每章安排有内容提示、教学基本要求、微视频讲解和总结，正文组织本着由浅入深、循循善导的原则，突出重点和难点。全书逻辑清晰，层次分明，例题丰富。本书既可作为高等院校本科各专业的公共课教材，也可作为计算机相关工程技术人员、计算机爱好者及各类自学人员的参考书。

本书配套的电子课件、教学大纲、习题答案及详解、所有实例源代码可以到 http://www.tupwk.com.cn/downpage 网站下载，也可以通过扫描前言中的二维码下载。



图书在版编目(CIP)数据

C语言程序设计教程：微课版 / 王娟勤主编. —2版. —北京：清华大学出版社，2021.1(2023.1重印)
高等学校计算机应用规划教材
ISBN 978-7-302-56994-7

Ⅰ. ①C… Ⅱ. ①王… Ⅲ. ①C语言—程序设计—高等学校—教材 Ⅳ. ①TP312.8

中国版本图书馆CIP数据核字(2020)第231934号

责任编辑：胡辰浩
封面设计：高娟妮
版式设计：孔祥峰
责任校对：成凤进
责任印制：刘海龙

出版发行：清华大学出版社
网　址：http://www.tup.com.cn，http://www.wqbook.com
地　址：北京清华大学学研大厦A座　　邮　编：100084
社 总 机：010-83470000　　邮　购：010-62786544
投稿与读者服务：010-62776969, c-service@tup.tsinghua.edu.cn
质 量 反 馈：010-62772015, zhiliang@tup.tsinghua.edu.cn
印 装 者：大厂回族自治县彩虹印刷有限公司
经　销：全国新华书店
开　本：185mm×260mm　　印　张：23　　字　数：545千字
版　次：2017年8月第1版　　2021年1月第2版　　印　次：2023年1月第3次印刷
定　价：79.00元

产品编号：086440-01

# 前　　言

你想训练严谨的逻辑思维，展现你的设计、智慧吗？你想用计算机编程解决学习和生活中的问题吗？那就来学习程序设计吧！

本书从初学者的角度出发，以C语言为工具，以现实生活中的案例为引导，说明如何分析问题、利用程序设计解决问题的思维方法。书中详述了应用程序的开发，由浅入深，逐步启发、引领学生学习编写规模逐渐加大的程序，将程序设计的基本思想方法和魅力逐步展现出来。本书按知识结构将内容共分为11章，第1章为C语言程序设计概述，介绍与程序设计有关的概念，说明C语言程序的基本组成结构、C语言程序设计开发环境与过程；第2章为C语言基础，介绍C语言的基本数据类型，常量和变量，C语言基本运算的运算符、表达式及应用，数据的输入和输出函数的使用；第3章为程序设计基本结构，介绍程序的3种基本结构，实现选择和循环结构的语句及其应用，介绍常见问题及解决问题的方法；第4章为数组，介绍数组的基本概念、使用及处理数组中数据的常用方法；第5章为指针，介绍指针的概念，指针的使用，利用指针处理数据的方法；第

6 章为函数，介绍函数的定义、调用及函数间数据传递的方法，说明变量的存储属性及其使用；第 7 章为结构体、共用体与枚举类型，介绍结构体和共用体的定义、使用和区别，介绍枚举类型的定义和使用；第 8 章为文件，介绍文件的基本概念，文件的操作步骤，利用文件实现内存和外存中数据交换的方法；第 9 章为底层程序设计，介绍位运算的运算符号、规则及应用；第 10 章为编译预处理，介绍了编译预处理命令的使用、编写大型程序的方法等；第 11 章为指针的高级应用，介绍多级指针、main()函数带参数、函数指针、动态内存分配及链表。每章都提供了适合该章知识点的综合案例，以拓展知识、开阔学生的眼界。

全书在内容组织上突出以下特色：

(1) 结构新颖。根据所介绍的知识，每章除了安排具有趣味性的实例以外，还安排了有助学生提高和升华知识点的综合案例，这些案例来自于生活或学习中的应用需求，可以让学生在任务的驱动下，由浅入深，学习和编写规模逐渐加大的程序，在潜移默化中逐步让学生了解、学习计算机如何解决问题，从而掌握利用计算机解决问题的方法。

(2) 提供了很多编程“套路”。从典型的程序实例中总结出“套路”，即解决一类问题的方法，从而让初学者迅速掌握基础编程的方法和算法，具有解决实际问题的能力。

(3) 助学。每章安排有内容提示、教学基本要求，例题从问题分析、算法描述、问题总结、注意事项等方面进行完整论述，每章包含知识总结和习题等内容，有利于教师组织教学，也有助于学生进行预习与复习。

(4) 易学。本着“知识量最小而收获量最大的原则”，突出主线和重点，分解难点，以循序渐进的方法，力求让学生对于难点部分学得轻松，对知识点掌握牢固。

(5) 想学。在例题选材上注重知识性、趣味性和经典性相结合，尽量降低枯燥度，增强学生学习的“幸福指数”。

(6) 爱做。本书习题丰富，每章都配有形式多样的习题，尽力吸引学生学后爱做、自觉温故知新。

(7) 配备线上线下立体资源。为配套资源配置了二维码，将内容讲解可视化，学生通过扫码可以观看短视频，领悟知识内涵，学习怎样分析问题和设计、编写代码解决问题。线上线下的立体资源，便于学生预习、复习和自学，方便师生加强课堂互动，进行线上线下混合式教学。

本书由李书琴主审、王娟勤主编。第 1~5 章由王娟勤编写，第 6、7 章由成宝国编写，第 8 章由任国霞编写，第 9 章由王琼编写，第 10 章由晁晓菲编写，第 11 章由董小艳编写，并提供了部分例题和习题。

在全书的策划和编写过程中，孙健敏和承担“C 语言程序设计”课程的各位老师，对本书提出了很多宝贵意见并给予了帮助，在此表示最诚挚的感谢。

由于编者水平有限，书中的不足、疏漏之处在所难免，恳请广大读者提出宝贵意见和建议。我们的邮箱是 huchenhao@263.net，电话是 010-62796045。

本书配套的电子课件、教学大纲、习题答案及详解、所有实例源代码可以到 http://www.tupwk.com.cn/downpage 网站下载，也可以通过扫描下方的二维码下载。

配套资源

扫一扫，获取资源

**书中各图标的释义**

本书包含一些强调特定知识点的图标，它们能够直观地标识注意、警告、提示、总结和说明等内容。

 需要引起注意的内容。

 防止错误，容易出错的地方。

 提出问题，或大家感觉有疑问的地方。

 重点知识，或有总结内容的地方。

 程序或知识点说明、论述。

 提升知识深度、难度，提高和进阶的内容。

 用于标识使用此方法的优势、优点、好处。

 问题的“设计思路”。

编　者

2020 年 10 月

# 目　录

# 第 1 章

# C语言程序设计概述

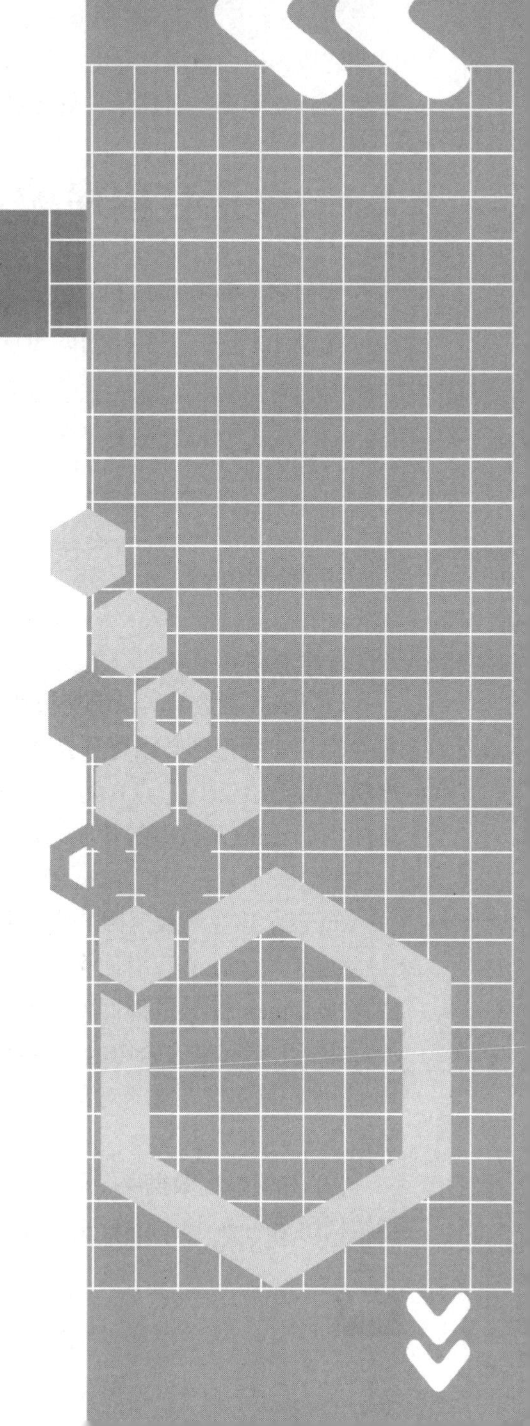

📖 **本章内容提示**：介绍 C 语言程序的基本组成、开发 C 语言程序的一般步骤以及 C 语言集成开发环境，让初学者对 C 语言程序的组成结构有大致的了解，并介绍 C 语言的学习方法。

📖 **教学基本要求**：了解 C 语言程序的基本组成，熟练 C 语言程序的开发过程，能够在 C 语言集成开发环境中完成对例题的编辑、编译、连接和运行，并得到正确的结果，为后续章节的学习打下良好的基础，并可以开发一个简单的 C 程序。

计算机语言是人与计算机交流的一种工具，要编写程序、深入地理解计算机的工作原理，就必须学习和掌握计算机语言。在计算机问世的几十年中，出现了多种计算机语言，总体上可以将计算机语言分为机器语言、汇编语言和高级语言三大类。

程序与程序设计语言

高级语言接近人类语言和人们习惯使用的数学用语，不依赖于具体的机器，有严格的语法规则。相对于机器语言和汇编语言，高级语言易学易用，所编写的程序易读易改，通用性更强。

C 语言是世界上广泛流行的计算机高级程序设计语言，它于 1973 年由美国贝尔实验室设计发布。由于 C 语言同时具备高级语言的优点和低级语言的功能，而且拥有很好的可移植性，因此它成为程序员最喜欢的编程语言之一。它以功能强大、数据结构丰富、目标代码质量高、程序运行效率高、可移植性好等特点成为众多程序员学习程序设计的首选语言。

## 1.1 C 语言程序的基本组成

下面通过两个例题来了解 C 语言程序的基本组成。

**【例 1-1】**在屏幕上输出“Hello,World!”。

```
/* example1.1 The First C Program */
#include <stdio.h>
int main()
{
    printf("Hello,World!\n");
    return 0;
}
```

**程序分析：**

**(1) main 函数——从哪里开始，到哪里结束。**main( )表示“主函数”，每个 C 语言程序都必须有且只能有一个 main 函数，它是每一个 C 语言程序执行的起始点(入口点)。程序从 main 函数的第一条语句开始执行，然后顺序执行 main 函数中的其他语句。main 函数执行结束后，整个程序的执行也就结束了，而不论 main 函数书写在程序中的任何位置。

C 语言程序基本组成 1

int 表示该主函数返回一个整数值。

语句“return 0;”有两个作用：一是使 main 函数终止(即结束程序)；二是指出 main 函数的返回值是 0，这个值表明程序正常终止。

C 语言程序基本组成 2

用{和}括起来的语句是主函数 main 的函数体。main 函数中的所有操作(或语句)都包含在这一对花括号之间，即 main 函数的所有操作都在 main 函数体中。

**(2) 如何输出数据——函数调用。**本程序的主函数 main 中只有一条函数调用语句——printf( )，它是 C 语言的库函数，用于程序中数据的输出

C 语言程序基本组成 3

(显示在显示器上)。本例是将一个字符串“Hello,World!\n”输出，即在显示器上显示“Hello, World!”。

**(3) 程序的最小独立单元——语句。**每条语句都以“;”结束。

**(4) 编译器如何识别 printf 函数——#include 预处理命令。**C 语言规定，函数在调用前必须先声明。printf 函数的声明就包含在头文件“stdio.h”中，头文件是每一个 C 程序必不可少的组成部分，因为一个 C 程序至少要包含输入或输出函数。

**(5) 程序里的说明书——注释。**“/* example1.1 The First C Program */”为注释。注释是为了改善程序的可读性(提示、解释作用)，在编译、运行时不起作用(编译时会跳过注释，目标代码中不会包含注释)。注释可以放在程序的任何位置，并允许占用多行，只是需要注意“/*”要与“*/”匹配，不要嵌套注释。

也可以使用“//”作为注释符，一个“//”只能注释一行，而“/*”和“*/”配对可以注释多行。

注释与软件的文档同等重要，要养成书写注释的良好习惯，这对软件的维护相当重要。因为程序是要给别人看的，自己也许还会看自己几年前编写的程序，清晰的注释有助于读者理解算法和程序的思路。

在程序开发过程中，还可以用注释帮助调试程序，即暂时屏蔽一些不需要运行的语句，以后可以方便地恢复。

**【例 1-2】**求两个整数中的较大者。

```
#include <stdio.h>
int max(int x,int y)   /* 求两个整数中的较大者 */
{ int z;        /* 声明部分，定义变量 */
  if(x>y)
    z=x;
  else
    z=y;
  return z;        /* 将 z 值返回，通过 max 带回调用处 */
}
int main()
{ int a,b,c;      /*声明部分，定义变量*/
  scanf("%d,%d",&a,&b);
  c=max(a,b);      /* 调用 max，将调用结果赋给 c  */
  printf("max=%d",c);
  return 0;
}
```

**程序分析：**

(1) 本程序包括两个函数。其中，主函数 main 仍然是整个程序执行的起点，函数 max 计算两数中较大的数。

(2) 主函数 main 调用 scanf 函数，获得两个整数，分别存入 a、b 两个变量中，然后调用函数 max，获得两个数中较大的数，并赋给变量 c。最后输出变量 c 的值(结果)。

(3) max 是用户自定义的函数，int max(int x,int y)是函数入口，表示此函数运行时需要获得两个整数值，数据处理结束后会返回一个整数值。

(4) 函数 max 同样也用{和}将函数体括起来。max 的函数体是函数功能的具体实现，它从参数表获得数据，将处理后得到的结果存储于 z 中，然后将 z 返回调用函数 main。

(5) 本例表明函数除了调用库函数外，还可以调用用户自定义的函数。

综合上述两个例子，我们对 C 语言程序的基本组成和程序结构有了一个初步了解。

(1) C 语言程序由函数构成(函数是 C 程序的基本单位)，所有的 C 语言程序都由一个或多个函数构成。其中，main 函数必须有且只能有一个。

(2) 被调用的函数可以是系统提供的库函数，也可以是用户根据需要自己设计编写的函数。程序的全部工作由各个函数完成。编写 C 语言程序就是编写一个个的函数。

(3) main 函数(主函数)是每个程序执行的起始点。无论 main 函数在程序中的哪个位置，一个 C 语言程序总是从 main 函数开始执行，并且也是从 main 函数结束。

(4) 一个函数由函数首部和函数体两部分组成。

① 函数首部：一个函数的第一行，由函数类型、函数名、参数类型和参数名组成。一般格式为：

```
函数类型 函数名(参数类型及参数列表)
```

② 函数体：函数首部下方用一对花括号括起来的部分。函数体一般包括声明和执行两部分。

例如，函数 max：

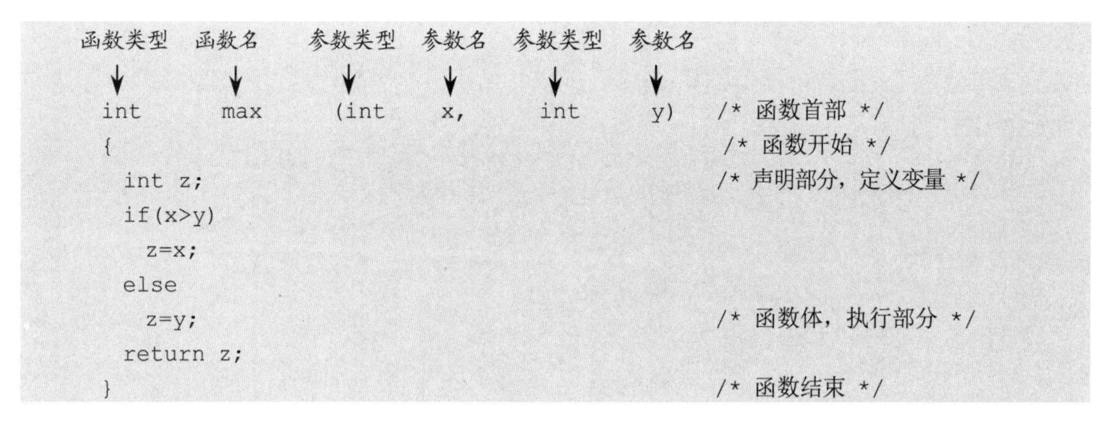

```
函数类型   函数名    参数类型  参数名   参数类型  参数名
   ↓         ↓          ↓        ↓        ↓        ↓
  int       max       (int      x,      int       y)   /* 函数首部 */
  {                                                     /* 函数开始 */
    int z;                                              /* 声明部分，定义变量 */
    if(x>y)
      z=x;
    else
      z=y;                                              /* 函数体，执行部分 */
    return z;
  }                                                     /* 函数结束 */
```

(5) C 语言程序的书写格式较自由，一行可以写几条语句，一条语句也可以写在多行上。每条语句的最后必须有一个分号“;”，表示语句的结束。

(6) 可以使用“/*”和“*/”的配对，或者“//”对 C 程序中的任何部分进行注释。注释可以提高程序的可读性，使用注释是编程人员必须养成的良好习惯。

一个较大的系统往往由多人合作开发，程序文档、注释是其中重要的交流工具。

(7) C 语言本身不提供输入/输出语句，输入/输出操作是通过调用库函数(scanf、printf 等)来完成的。

输入/输出操作涉及具体的计算机硬件，把输入/输出操作放在函数中处理，可以简化C语言和C编译系统，便于C语言在各种计算机上实现。不同的计算机系统需要对函数库中的函数做不同的处理，以便实现同样或类似的功能。

## 1.2 C语言程序设计的一般步骤

计算机之所以能够产生如此大的影响，其原因不仅在于人们发明了机器本身，更重要的是，人们为计算机开发出了不计其数的能够指挥计算机完成各种工作的程序。正是这些功能丰富的程序给了计算机无尽的生命力，它们是程序设计工作者智慧的结晶。

所谓程序，是指用计算机语言描述的、为解决某一问题、满足一定语法规则的语句序列，而程序设计就是用某种程序语言编写解决这些问题的步骤的过程。

要设计出一个程序，首先应明确要处理问题中的数据结构(即数据和数据之间的关系)；其次应描述出对问题的处理方法和步骤(即算法)。因此，数据结构与算法是程序设计过程中密切相关的两个方面。著名计算机科学家 Niklaus Wirth 教授提出了关于程序的著名公式(沃思公式)：程序=数据结构+算法。这个公式说明了程序设计的主要任务。

那么，如何用C语言进行程序设计呢？一般包含以下步骤。

### 1. 分析问题

使用计算机解决具体问题时，首先要对问题进行充分的分析，确定问题是什么，针对所要解决的问题，思考程序需要哪些信息，要进行哪些计算和控制，以及程序应该要报告什么信息。在这一步骤中，不涉及具体的计算机语言，可以用一般术语来描述问题。

### 2. 确定数据结构和算法

在分析求解问题的基础上，确定程序中数据的类型和组织存储形式，即确定存放数据的结构。针对问题的分析和确定的数据结构，选择合适的算法加以实现。注意，这里所说的“算法”泛指解决某一问题的方法和步骤。

### 3. 编写与编辑源程序

运行C程序的步骤与方法

根据确定的数据结构和算法，用C语言把该数据结构和算法严格地用符合C语言语法规则的代码描述出来，也就是编写出源程序代码。将源程序输入计算机，并以约定的扩展名“.c”的文本文件形式保存在外存上，例如file1.c、t.c等。

用于编辑源程序的软件是编辑程序。编辑程序是提供给用户书写程序的软件环境，可用来输入和修改源程序。

### 4. 编译、连接与运行

编译是把C语言源程序翻译成计算机能识别的二进制指令形式的目标程序。编译过程由编译程序完成。编译程序自动对源程序进行句法和语法检查，当发现错误时，将错误的类型和所在的位置显示出来，提供给用户，以帮助用户修改源程序中的错误。如果未发现句法和语法错误，对目标代码进行优化后生成目标程序。目标程序的文件扩展名是“.obj”。

目标程序尽管计算机能够读懂，但仍不能执行，这是因为其中还缺少一些内容(如库函数、其他目标程序、各种资源等的二进制程序)。需要把这些内容与目标程序“组合起来”，这个过程称为连接。经过连接之后，就生成了可执行程序，可执行程序的扩展名为“.exe”。连接过程是由连接程序(也称链接程序或装配程序)完成的。

运行程序是指将可执行程序投入运行，得到程序处理的结果。如果程序运行结果与预测结果不一致，必须重新回到第 3 步(也有可能会从第 1 步开始重新分析问题)，对程序进行编辑修改、编译和运行，直到得到正确的结果为止。

与编译、连接不同，运行可以脱离语言处理环境，直接在操作系统环境下进行。

#### 5. 写出程序的文档

程序是提供给用户使用的，如同正式的产品应当提供产品说明书一样，正式提供给用户使用的程序，必须向用户提供程序说明书。内容应包括程序名称、程序功能、运行环境、程序的载入和启动、需要输入的数据以及使用注意事项等，要为程序的使用、维护做好基础工作。

很多软件能够完成第 3 步和第 4 步的全部过程，这种软件称为 C 语言集成开发系统，如 Code::Blocks、Dev- C++等。在集成开发系统中开发 C 语言程序的过程可以用图 1-1 表示。

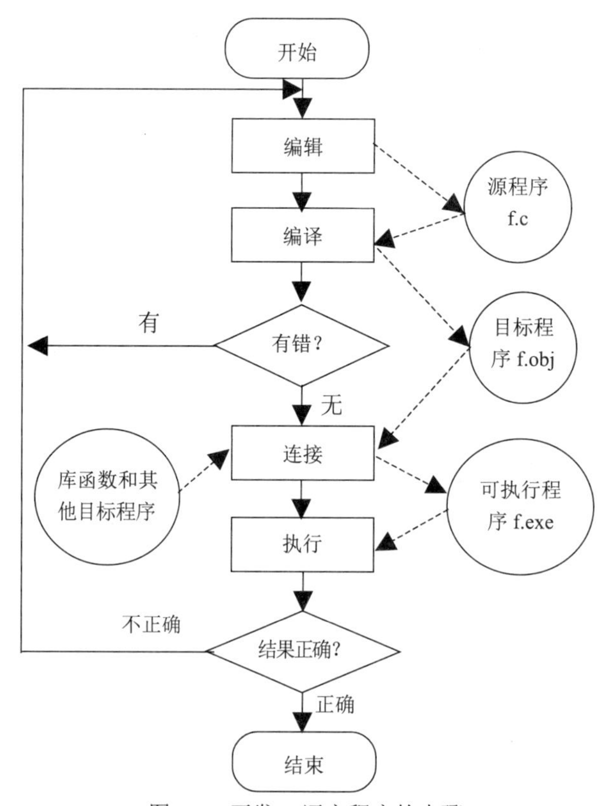


图 1-1　开发 C 语言程序的步骤

# 1.3　C语言程序的上机执行过程

如前所述，编写出C语言程序仅仅是程序设计工作中的一个环节，编写出来的程序需要在计算机上进行调试运行，直到得到正确的运行结果为止。上机调试运行程序一般要经过编辑、编译、连接和运行4个步骤，才能得到程序的运行结果。编辑、编译、连接和运行通常是在C语言集成开发环境中完成的。

## Code::Blocks

Code::Blocks 是一个免费、开源、跨平台的 C/C++ IDE(集成开发环境，Integrated Development Environment)软件，支持 Windows、Linux、Mac OS X 等系统。该软件小巧灵活，具有支持跨平台、代码语法高亮、自动格式化、国际化等功能。

### 1. 编辑C源程序代码

从网上下载 Code::Blocks 免费安装软件，如 Code::Blocks 17.12 版本。下载后先安装 Code::Blocks 软件并启动，主界面如图1-2所示。

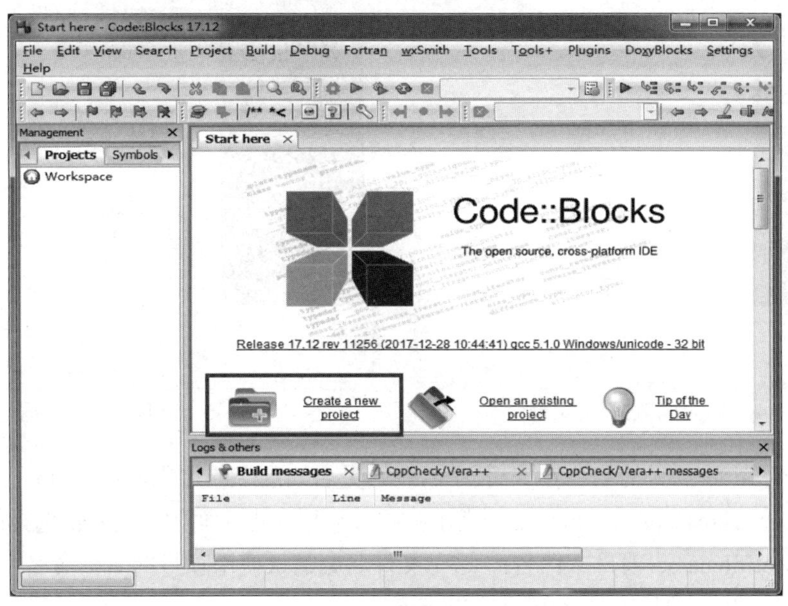


图1-2　Code::Blocks主界面

单击右边窗口中的“Create a new project”图标新建一个项目，或选择菜单“File”→“New”→“Project...”命令新建一个项目，所出现的“New from template”对话框如图1-3所示。

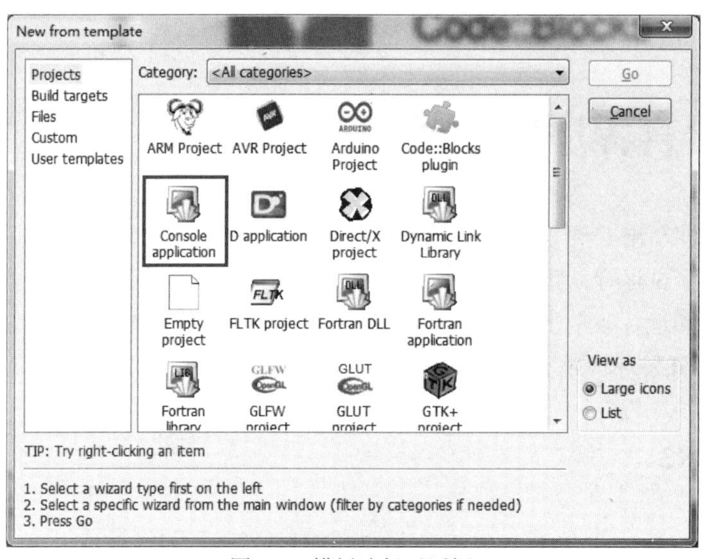


图 1-3　模板选择对话框

选择“Console application”，即控制台应用程序，单击“Go”按钮，在所出现的对话框中单击“Next”按钮，所出现的语言选择对话框如图 1-4 所示，选择“C”选项后单击“Next”按钮。

在如图 1-5 所示的“Console application”对话框中，为新建的项目命名。

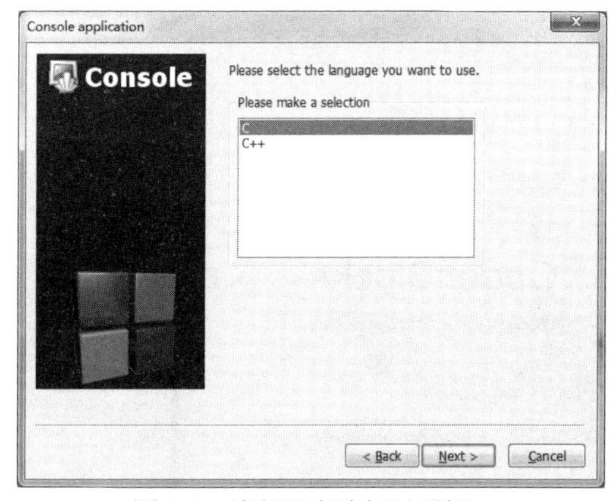


图 1-4　编程语言选择对话框

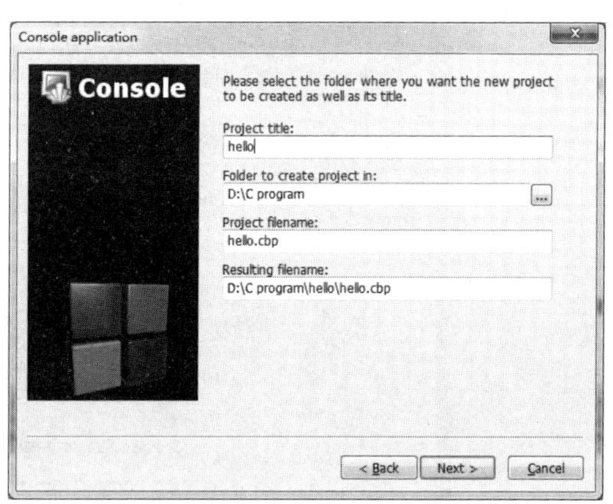


图 1-5　项目命名对话框

- Project title(项目的名称)，一般命名按“见名知意”的原则，如 hello。
- Folder to create project in(项目的保存路径)，可以单击后面的省略号来选择保存的路径。
- Project filename(项目文件名)：这个文件名会默认使用项目的名称命名，如项目的名称为 hello，项目文件名就为 hello.cbp。
- Resulting filename(最终的文件名)：此处会显示带上文件名的最终路径。

单击“Next”按钮，在之后出现的选择编译器及其参数设置的对话框中保留默认值即可，单击“Finish”按钮，会出现“CodeBlocks”窗口，黑体显示的是项目“hello”，单击“Sources”左边的“+”图标使之展开，会看到项目下面的“main.c”文件，双击“main.c”打开该文件，如图 1-6 所示。

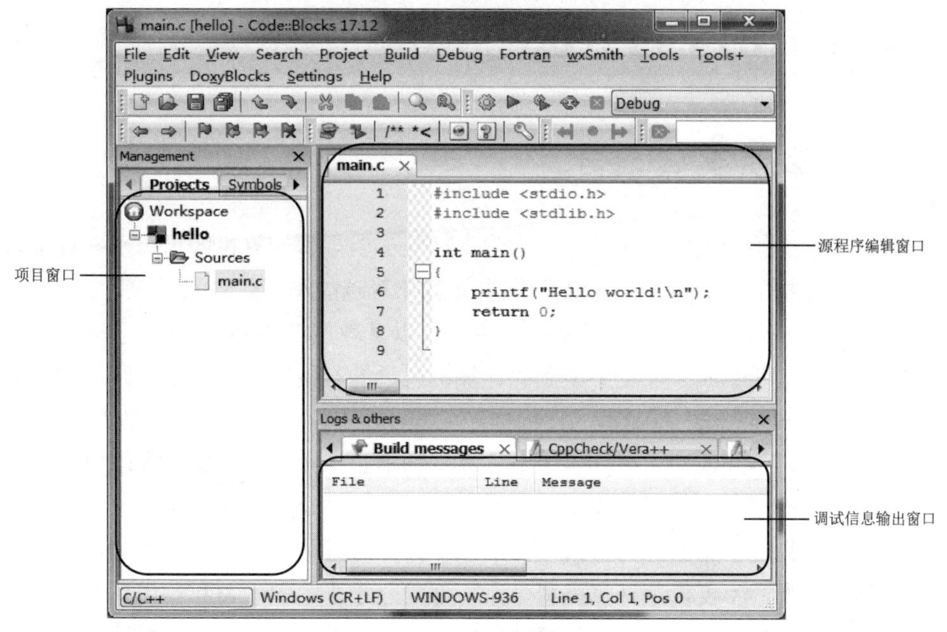


图 1-6　项目“hello”的窗口

窗口说明：

项目窗口：可以列出项目中的所有资源及其他项目。

源程序编辑窗口：可以对源程序文件进行编辑。

调试信息输出窗口：用于输出程序编译、连接过程的各种提示信息。

## 2. 编译、连接和运行程序

在源程序编辑窗口中录入源代码，保存后在工具栏上单击⚙按钮，完成源程序的编译和连接。如果没有错误，在调试信息输出窗口中会显示生成的“.exe”文件。单击工具栏上的▶按钮，运行.exe 文件，若程序正确，将会出现如图 1-7 所示的显示结果。

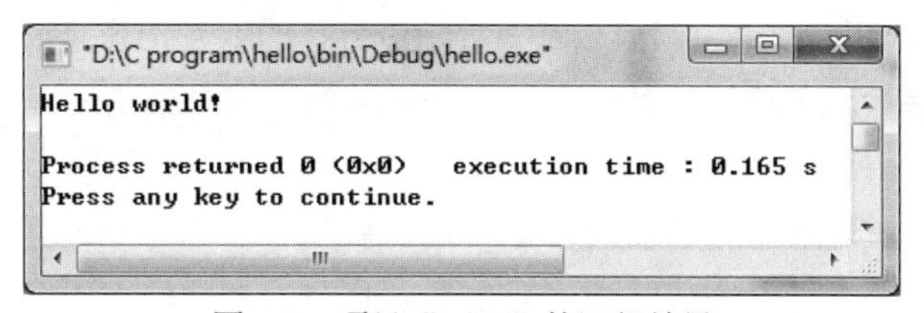


图 1-7　项目“hello”的运行结果

程序调试完成后，在项目“hello”上右击，在弹出的快捷菜单中单击“Close project”命令，关闭该项目，重新创建下一个项目，步骤如前所示。

如果要查看变量或数组等内存空间的数据在程序运行时的变化情况，程序执行的细节、流程，或者程序如果没有编译错误，但运行时有逻辑错误等情况，可以使用 Code::Blocks 中的调试功能去查看和调试程序。

Code::Blocks 调试功能的使用

# 1.4 C 语言的学习方法

## 1.4.1 为什么要学 C 语言

C 语言带给学生的最大好处就是它会为学生打开一扇了解计算机的窗口，在几乎做任何事情都离不开计算机的今天，越了解计算机也就意味着越能利用好计算机。

美国卡内基-梅隆大学计算机科学系前系主任周以真教授在 2006 年发表了一篇著名的文章“Computational Thinking”。文中谈到“计算机科学的教授应当为大学生开一门称为‘怎么像计算机科学家一样思维’的课程，面向非专业的，而不仅仅是计算机科学专业的学生”，这是因为“机器学习已经改变了统计学……计算生物学正在改变着生物学家的思考方式。类似地，计算博弈理论正改变着经济学家的思考方式，纳米计算正改变着化学家的思考方式，量子计算正改变着物理学家的思考方式”，所以“计算思维代表着一种普遍的认识和一类普适的技能，每一个人，不仅仅是计算机科学家，都应热心于它的学习和运用”。对于不太可能成为专职程序员的学生而言，通过学习编程，了解什么是抽象、递归、复用、折中等计算思维，能在各行各业中更有效地利用计算机工具解决复杂问题。

面向过程的程序设计语言历史上出现过很多种，如 BASIC、Pascal、Fortran 等。因为种种原因，用的人越来越少，学习的人也就越来越少了。

进入 Windows 时代，出现了很多面向对象的可视化编程语言，如 VC、Java、VB 等，但这些语言的重要基础之一还是面向过程的知识，初学者往往会先被它们华丽便捷的界面设计所吸引，对最基础的面向过程程序设计方法却无法深入学习。学习 C 语言，将可以更准确地定位于计算机思维训练，更有效地理解计算机的工作原理。

C 语言被广泛应用于设备驱动程序、高性能的实时中间件、嵌入式领域、并发程序设计等，也是 IT 行业交流、笔试、面试时最常用的语言。

在过去的 40 多年里，C 语言已成为最重要、最流行的编程语言之一。它的成长归功于使用过的人都对它很满意。更重要的是很多流行语言、新生语言都借鉴了它的思想、语法，如 C++、Java、C#等。

掌握了 C 语言，其他类似语言就会不学自通。掌握了 C 语言后，再去学习其他面向过程的语言，最多一个星期就能学会，因为“万变不离其宗”，只是语法上有些许改变，而思想却没有更改。

C 语言久经考验，有现成的大量优秀代码和资料。这就使读者能在过去程序的基础上，快速和高效地编写新的算法和函数。C 语言是一门开源语言，在全球著名的开源组织网站和国内的一些论坛中，能找到任何想要的开源代码。C 语言的使用者众多，讨论者也就众多，有数不尽的资料可供学习和使用。

### 1.4.2　如何学习 C 语言

相对于其他的程序设计语言而言，C 语言可使程序员的发挥空间最大、程序的运行效率最高，并给了程序员无限的自由，而这些优点也正是它让初学者又爱又恨的原因。如何才能真正地学好 C 语言呢？

(1) 多练、多读优秀代码。光看教材例题是肯定学不好 C 语言的，只有在熟练掌握例题、理解例题的基础上，多编写程序，通过编写和调试程序，积累丰富的编写和调试程序的经验，才能透过 C 语言窥探到计算机底层原理，掌握基本的程序设计思维。

(2) 多总结。学习完 C 语言的语法规则和基本算法后，要对所学习的知识内容和编写的程序及时进行总结，理清知识的脉络，总结出规律，以便在编写新程序时做到游刃有余。

(3) 多交流。要多与同学交流，与老师交流，通过网络与网友交流。

## 1.5　案例：程序的铭牌

每个程序都应该包含识别该程序的信息，如程序名、功能、编写目的、编写日期、作者等文档说明(铭牌)，以帮助阅读者了解该程序的大致信息。一般将这类信息放在程序开头并以程序注释的形式出现。例如，对例 1-1 加入该程序的铭牌。

程序的铭牌源码

```
/*******************************************
* Name:example1-1.c                        *
* Purpose:print the message of welcome     *
* Author:WangJuanqin                       *
* Date:2020.5.15                           *
*******************************************/
#include <stdio.h>
int main(void)
{
  printf("Hello,World!\n");
  return 0;
}
```

读者可以尝试为自己编写的程序设计一款帅气的铭牌模板，用程序彰显自己的智慧和设计。

## 本章小结

本章介绍了 C 语言程序的基本组成、开发流程、C 语言程序集成开发环境和 C 语言程序设计的学习方法，本章教学涉及的有关知识的结构导图如图 1-8 所示。

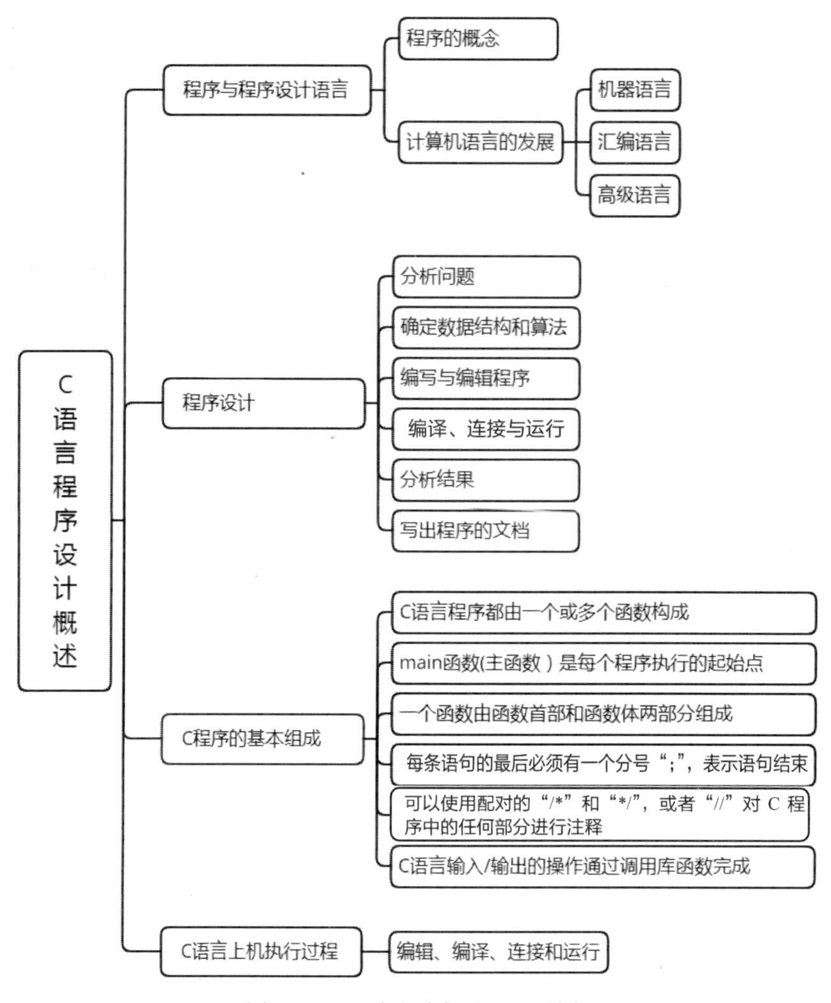


图 1-8　C 语言程序概述知识导图

# 习　题

## 一、单选题

1. C 语言源程序由(　　)组成。

   A. 函数　　　　B. main 函数

   C. 子程序　　　D. 过程

2. 以下关于 C 语言源程序执行的叙述中，正确的是(　　)。

   A. C 语言源程序的执行总是从第一个函数开始，在最后一个函数中结束

   B. C 语言源程序的执行总是从 main 函数开始，在 main 函数中结束

   C. C 语言源程序的执行总是从 main 函数开始，在最后一个函数中结束

   D. C 语言源程序的执行总是从第一个函数开始，在 main 函数中结束

3. 以下说法中，正确的是(　　)。

A. 一个 C 函数中只允许一对花括号

B. 在 C 语言程序中，要调用的函数必须在 main 函数中定义

C. C 语言不提供输入/输出语句

D. C 语言程序中的 main 函数必须放在程序的开始部分

4. C 语言集成开发系统提供了 C 程序的编辑、编译、连接和运行环境，以下可以不在该环境下进行的是(　　)。

A. 编辑和编译　　B. 编译和连接

C. 连接和运行　　D. 编辑和运行

5. 下面描述中，不正确的是(　　)。

A. C 程序的函数体由一系列语句和注释组成

B. 注释内容不能单独写在一行上

C. C 程序的函数说明部分包括函数名、函数类型、形式参数等的定义和说明

D. scanf 和 printf 是标准库函数而不是输入和输出语句

6. 下面描述中，正确的是(　　)。

A. 主函数中的花括号必须有，而子函数中的花括号是可有可无的

B. 一个 C 程序行只能写一条语句

C. 主函数是程序启动时唯一的入口

D. 函数体包含了函数说明部分

## 二、填空题

1. 为解决某一实际问题而设计的语句序列就是______。

2. 在程序设计中，把解决问题的方法和有限的步骤称为______。

3. 一个完整的C程序至少要有一个而且只能有一个_______函数。

4. 高级语言源程序必须经过翻译才能够运行，C 语言采用的翻译方式是______方式。

5. 上机调试运行一个 C 程序要经过编辑、______、连接和运行 4 个步骤，才能得到运行结果。

6. 目标程序文件的扩展名是__________。

7. 程序连接过程是将目标程序、__________或其他目标程序、各种资源等的二进制程序连接成可执行文件。

8. 因为源程序是__________类型的文件，所以它可以用具有文本编辑功能的任何编辑程序完成编辑。

三、编程题

1. 在屏幕上输出：金<br>木<br>水<br>火<br>土

2. 编写程序，从键盘输入两个整数，分别求这两个整数的和、差、积和商，并输出结果。
3. 编写程序，从键盘输入梯形的上底、下底和高的值，求该梯形的面积并输出结果。

# 第2章

# C语言基础

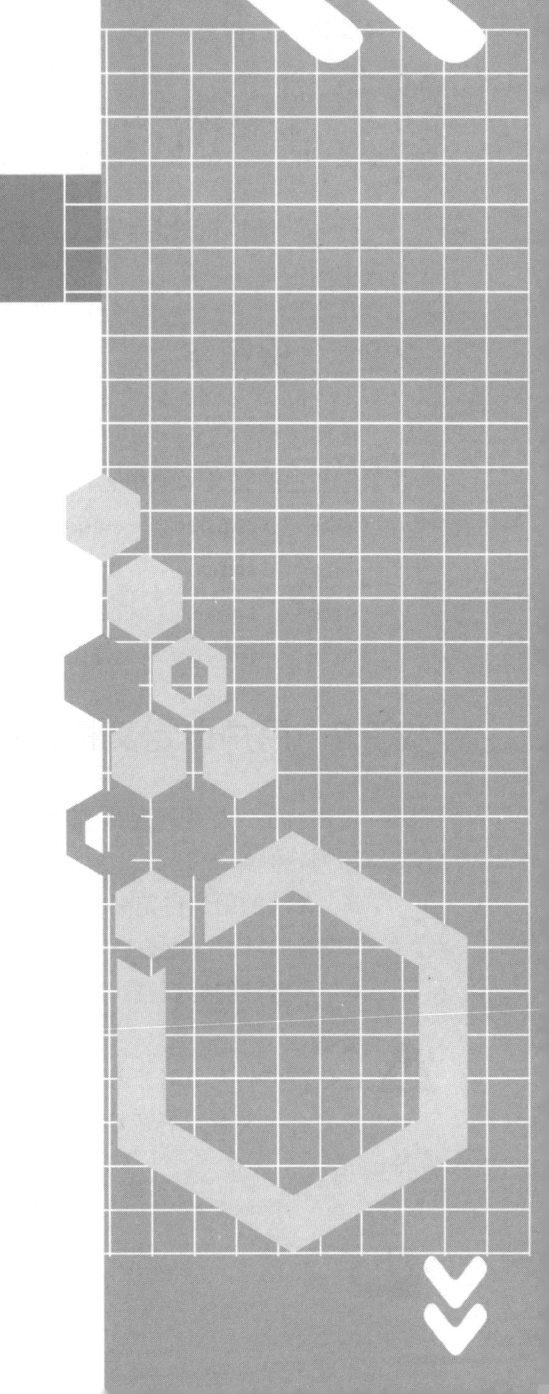

📖 **本章内容提示：**计算机程序设计涉及两个基本问题，一个是对数据的描述，另一个是对操作的描述。计算机程序的主要任务就是对数据进行处理，编写程序也就是描述对数据的处理过程。本章主要介绍 C 语言中与数据描述有关的问题，包括基本数据类型、常量和变量等数据对象，以及 C 语言中有关数据运算的基本概念和运算规则。针对各种类型的数据，详细介绍算术运算(包括自加、自减运算)、关系运算、逻辑运算、赋值运算的运算符、表达式、运算优先级及结合性；介绍运算及赋值过程中的类型转换问题以及与之相关的各种运算符，还介绍 C 语言的输入/输出函数。

📖 **教学基本要求：**掌握 C 语言的基本数据类型、各种数据类型的存储特点及取值范围；熟练掌握 C 语言中常量的表示、变量的定义和使用，掌握各种运算符的应用、表达式的书写，掌握利用格式输入函数为基本数据类型变量赋值的方法和利用格式输出函数正确输出数值的方法。

# 2.1 C 语言的字符集

字符是组成 C 语言的最基本元素。C 语言字符集由字母、数字、空格、下画线、标点等 ASCII 码表中的可视字符组成(在字符串常量、源程序的注释中还可以使用汉字及其他非 ASCII 码表中的字符)。

在编写 C 语言程序时，只能使用 C 语言字符集中的字符，对字母区分大小写。如果使用其他非 ASCII 码表中的字符，编译器将把它们视为非法字符而报错(字符串常量、源程序中的注释除外)。

# 2.2 标识符

C 语言的标识符由字母、数字和下画线组成，其中第一个字符必须是字母或下画线。C 语言中的主要标识符是保留字和用户自定义标识符。

## 2.2.1 保留字

保留字也称关键字，是 C 语言规定的具有特定意义并有专门用途的标识符，用户只能按其预先规定的意义来使用它，不能改变其意义。C 语言可以使用以下 32 个关键字：

| | | | | | | | |
|---|---|---|---|---|---|---|---|
| auto | register | static | extern | void | char | short | int |
| long | signed | unsigned | float | double | struct | union | enum |
| sizeof | typedef | const | if | else | switch | case | default |
| do | for | while | goto | break | continue | return | volatile |

## 2.2.2 用户自定义标识符

用户自定义标识符是用来标识变量名、符号常量名、函数名、数组名、类型名等的有效字符序列。例如：

- 合法的用户自定义标识符：sum、f1、average、_total、Class、day、stu_name、lotus_1_2_3 等。
- 不合法的标识符：M.D.John、$123、#33、3days、a>b、if 等。

**警告：**

C 语言中的大小写字母是两个不同的字符。例如，sum 不同于 Sum，BOOK 不同于 book。

用户自定义标识符不能与保留字同名，也不能与系统预先定义的标识符(如 main、printf 等)同名。

用户自定义标识符的长度要在一定范围内。各编译系统都有自己的规定和限制，一般环境允许取32个字符。

用户自定义标识符的命名应当做到见名知意。例如，sum代表和；aver代表平均值。

# 2.3　数据与C语言的数据类型

数据是对客观事物的符号表示，是所有能被输入到计算机中，且能被计算机处理的符号(数字、字符等)的集合，是计算机操作对象的总称。

数据与数据类型

数据是程序处理的对象，数据在处理时都需要存放在内存中，不同类型的数据在内存中的存放形式不同，对其施加的操作也有区别。例如，整数和实数在内存中的存放形式不同，整数和实数都可以参与算术运算，但整数可以进行求余运算，而实数不能。

因此，在程序中对各种数据进行处理之前，都要对其类型预先进行说明，一是便于为数据分配相应的存储空间，二是说明了程序处理数据时应采用何种运算方法(操作)。C语言的数据类型如图2-1所示。

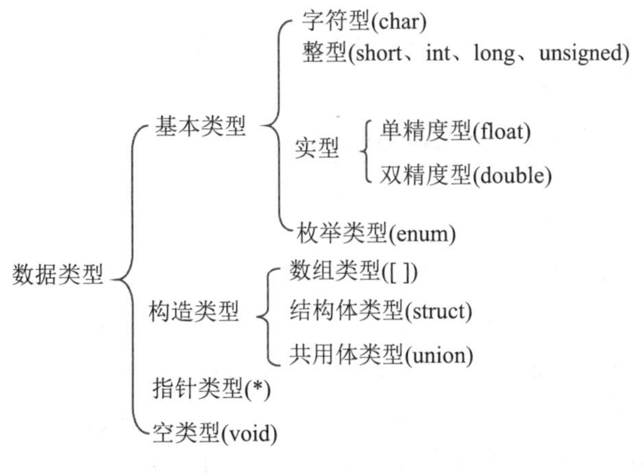


图2-1　C语言的数据类型

数据以变量或常量的形式来描述，每个变量或常量都有数据类型。变量是存储数据的单元，对应某个内存空间，为了便于描述，计算机高级语言中都用变量名来表示其内存空间。所以，程序能在变量中存储值和取出值。

在定义变量时，说明变量名和变量的类型(如int、float)就是告诉编译器要为变量分配多少字节的空间，以及变量中要存储什么类型的数据。数据类型确定了其内存所占空间的大小，从而确定了其存储数据的范围。

C语言为每个类型定义了一个标识符，通常把它们称为类型名。例如，整型用int标识，字符型用char标识。一个类型名由一个或几个关键字组成。

C语言的数据类型比其他一些程序语言要丰富，它有指针类型，还有构造其他多种数据类型的能力。例如，除了数组类型外，C语言还可以构造结构体类型、共用体类型。基本类型结构比较简单，构造类型一般是由其他的数据类型按照一定的规则构造而成的，结构比较复杂。指针类型是 C 语言中使用较为灵活、颇具特色的一种数据类型。

本章主要介绍基本数据类型中的整型、实型和字符型三大类型，其他各种数据类型将在后续章节中详细介绍。

## 2.3.1　整型数据类型

### 1. 整型数据的编码

整型数据的编码有 3 种形式，即原码、反码和补码，整型数据在计算机中存储的是其补码形式。

1) 原码

原码是指将一个数值的绝对值转换为二进制数，在补齐或截取相应字节位后，将最高位用来表示符号，正数为 0、负数为 1 形成的二进制编码。例如：

10 的双字节原码：　0000 0000 0000 1010

-10 的双字节原码：1000 0000 0000 1010

2) 反码

正数的反码与原码相同，负数的反码是将原码除符号位外各位逐一取反后形成的二进制编码。例如：

-10 的双字节反码：1111 1111 1111 0101

3) 补码

正数的补码与原码相同，负数的补码是该数的反码+1 后形成的二进制编码。例如：

-10 的双字节补码：1111 1111 1111 0110

同样，如果-10 用 4 字节表示，则原码、反码、补码表示形式如下：

-10 的四字节原码：1000 0000 0000 0000 0000 0000 0000 1010

-10 的四字节反码：1111 1111 1111 1111 1111 1111 1111 0101

-10 的四字节补码：1111 1111 1111 1111 1111 1111 1111 0110

**警告：**

整型数据在计算机中的存储形式是补码。按存储空间的类型，所占字节数的大小不同。

### 2. 整型数据的表示

在 C 语言中，整型类型以关键字 int 作为基本类型说明符，另外配合 4 个类型修饰符 long、short、signed、unsigned 来改变和扩充基本类型的含义，以适应更灵活的应用。这些修饰符与 int 可以组合成表 2-1 所示的不同整型。其中，方括号中的内容可以省略不写。

C 语言没有规定各种整型类型的表示范围，即在内存中所占的字节数。对于 int 和 long，只规定了 long 类型的表示范围不能小于 int 类型，但也允许它们的表示范围相同。C 语言系统根据各个计算机系统自身的性能，对整型的各类型规定了明确的表示方式和表示范围。

表 2-1　整型数据类型

| 数据类型 | 类型标识符 | 占用内存/B | 所表示数的范围 |
| --- | --- | --- | --- |
| 有符号短整型 | [signed] short [int] | 2 | $-2^{15}$～$2^{15}-1$(−32768～32767) |
| 有符号整型 | [signed] int | 4 | $-2^{31}$～$2^{31}-1$(−2147483648～2147483647) |
| 有符号长整型 | [signed] long [int] | 4 | $-2^{31}$～$2^{31}-1$(−2147483648～2147483647) |
| 无符号短整型 | unsigned short [int] | 2 | 0~$2^{16}-1$(0～65535) |
| 无符号整型 | unsigned int | 4 | 0~$2^{32}-1$(0~4294967295) |
| 无符号长整型 | unsigned long [int] | 4 | 0~$2^{32}-1$(0~4294967295) |

**警告：**

在 Code::Blocks 中，编译器将整型数据和长整型数据都用 4 字节表示(本教材后面所说的整型均占用 4 字节)。

### 3. 整型数据的溢出

当进行整型数据计算时，若计算结果超出了该类型数据表示的范围，这种情况就叫数据溢出。

【例 2-1】编写求两数和的 C 程序并上机运行。

```
#include<stdio.h>
int main()                    /* 求两数和的主函数 */
{ short a,b;                  /* 定义 a、b 为短整型变量 */
  a=32767;                    /* 为变量 a 赋值 32767 */
  b=a+2;                      /* 将变量 a 的值加 2 后赋给变量 b */
  printf("b=%d\n",b);         /* 输出变量 b 的值 */
  return 0;
}
```

预测结果：32769

验证结果：−32767

为什么会出现这种情况呢？

变量 a 中值的二进制数为：0111 1111 1111 1111

变量 b 中值的二进制数为：1000 0000 0000 0001

对于变量 b 的值，首位为 1，表示 b 为负数，而计算机中存储的都是数据的补码，要知道负数的原码，就必须对该补码求补。

变量 b 中值的补码为：1000 0000 0000 0001

对补码求反码，得到：1111 1111 1111 1110

对反码+1，得原码为：1111 1111 1111 1111

将这个数转换为十进制，正好是−32767。

对于这种问题，系统往往不给出错误提示，而要靠程序设计者正确使用内存空间来保证其正确性，所以数据类型的使用要仔细，对运算结果的数量级要有基本估计。

## 2.3.2 实型数据类型

实型数据类型用于表示带小数点的数据，根据表示范围及精度要求的不同，分为单精度类型和双精度类型，实型数据类型表示数据的情况如表 2-2 所示。

表 2-2 实型数据类型

| 数据类型 | 类型标识符 | 占用内存/B | 取值范围 | 有效位 |
|---|---|---|---|---|
| 单精度类型 | float | 4 | $-3.4\times10^{38}\sim3.4\times10^{38}$ | 7 |
| 双精度类型 | double | 8 | $-1.7\times10^{308}\sim1.7\times10^{308}$ | 16 |

实数在计算机中是以指数形式存储的，对于任何形式的实数，均转换成指数形式。例如，将 345.68 转换成 0.34568e3，将 12.45e3 则转换成 0.1245e5 的形式存储。

例如，以在计算机中存储 float 类型数据为例，在内存中占据 4 字节，即 32 位，这 32 位分别存放该数据的符号(即数据的正负符号)、规范化的尾数(小数部分)、阶符(指数的正负符号)和阶码(指数)。例如，0.123456e-2 的存放形式可用图 2-2 示意。实际上计算机中存放的是二进制数，这里仅用十进制数说明其存放形式。至于尾数和阶码各占多少二进制位，标准 C 并无具体规定，由各编译系统自行确定。

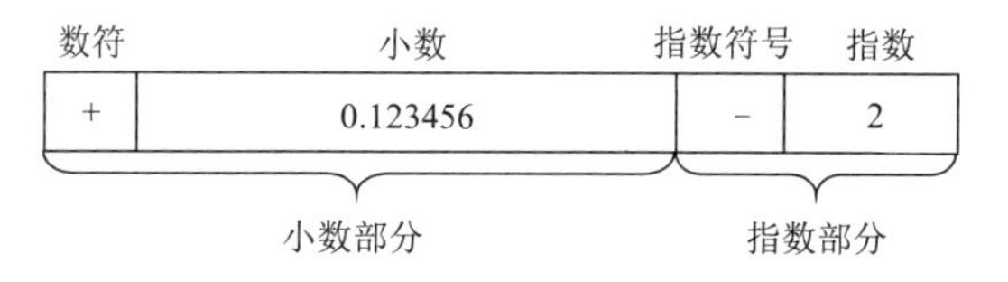


图 2-2 实型数据在计算机中的存放形式

对于实型数据来说，在计算和存储过程中可能会存在一定的误差，如例 2-2 所示。

**【例 2-2】**输出实型数据 a、b 的值。

```
#include<stdio.h>
int main()
{   float a;                        /* 定义变量 a 为单精度类型 */
    double b;                       /* 定义变量 b 为双精度类型 */
    a=-12345.633;
    b=-0.1234567891234567399e15;
    printf("a=%f,b=%f\n",a,b);      /* 输出变量 a、b 的值 */
    return 0;
}
```

程序中为单精度变量 a 和双精度变量 b 分别赋值，不经过任何运算就直接输出变量 a、b 的值。理想结果应该是照原样输出，即

a=-12345.633，b=-0.1234567891234567399e15

但运行该程序后，实际输出结果是：

```
a=-12345.632813,b=-123456789123456.730000
```

因为程序中变量 a 为单精度类型，能存储 7 位有效位，所以输出的前 7 位是准确的；变量 b 为双精度类型，可以存储 16 位有效位，所以输出的前 16 位是准确的。由此可见，由于受计算机存储的限制，使用实型数据会产生一些误差。需要注意实型数据的有效位，应合理使用不同的类型，尽可能减少误差。

### 2.3.3　字符型数据类型

字符型数据即通常的字符，包括计算机所用编码字符集(ASCII 码)中的所有字符。字符型数据在内存中存储的是它们的 ASCII 码值，在计算机中占 1 字节的存储空间。例如，字符'A'在计算机中存储的是其 ASCII 码值 65。

除了占用的存储空间不同外，C 语言把字符型数据当成整型数据来处理，所以字符型数据分有符号和无符号两种类型，与整型数据类型通用。表 2-3 为字符型数据类型的相关内容。

表 2-3　字符型数据类型

| 数据类型 | 类型标识符 | 占用内存/B | 所表示数的范围 |
|---|---|---|---|
| 有符号字符型 | char | 1 | $-2^7$～$2^7$-1(-128～127) |
| 无符号字符型 | unsigned char | 1 | 0~$2^8$-1(0~255) |

ASCII 码的取值范围是 0~127，其中，字符存储时可以用 char 类型表示，也可以用 unsigned char 类型表示。扩展的 ASCII 码的取值范围是 0~255，编码在 128~255 范围内的字符只能用 unsigned char 类型存储。

## 2.4　常量

常量是指在程序运行过程中，其值不能被改变的量。常量是 C 语言中的基本数据对象之一，包括字符常量、整型常量、长整型常量、单精度常量、双精度常量、字符串常量等。

常量

### 2.4.1　整型常量

C 语言中的整型常量可用以下 3 种形式表示。

#### 1. 十进制整型常量

十进制整型常量与数学上的表示形式相同。

例如：123、−123、8、0、−5、30000 等。

### 2. 八进制整型常量

八进制整型常量是以数字 0 开头的八进制数字序列，数字序列中只能含有 0～7 这 8 个数字。

例如：056 表示八进制数 56，等于十进制数 46。

### 3. 十六进制整型常量

十六进制整型常量是以数字 0x 或 0X 开头的十六进制数字序列。数字序列中只能含有 0～9 这 10 个数字和 a、b、c、d、e、f(或 A、B、C、D、E、F)这 6 个字母。

例如：0x123 表示十六进制数 123，等于十进制数 291；0x3A 表示十六进制数 3A，等于十进制数 58。

整型常量的区分：一般数值默认为 int 型，如 123 为 int 型。如果数字后面带有符号，可根据符号区分不同类型，如长整型常量后跟字母 L(或 l)，表示该数为长整型数字，如 123L，表示 123 为长整型。无符号整型常量后跟字母 U(或 u)，表示没有符号的数，如 234U，表示无符号数字 234。

## 2.4.2 实型常量

在 C 语言中，实型常量一般都作为双精度类型来处理，并且只用十进制数表示。实型常量有两种书写格式：小数形式和指数形式。

(1) 小数形式：由符号、整数部分、小数点及小数部分组成。

例如：12.34、0.123、.123、123.、−12.0、−0.0345、0.0，它们都是合法的小数形式的实型常量。

**警告：**

其中的小数点是不可缺少的。例如 123.不能写成 123，因为 123 是整型常量，而 123.是实型常量。

(2) 指数形式：由十进制小数、e、指数(或十进制小数、E、指数)组成。

格式中的 e 或 E 前面的数字表示尾数，e 或 E 表示底数 10，而 e 或 E 后面的指数必须是整数，表示 10 的幂次。例如，12.34e3 表示 $12.34\times10^3$。以下都是合法的指数形式的实型常量：2.5e3、−12.5e−5、0.123E−5、−267.89E−6、0.61256e3。

**警告：**

指数必须是不超过指数数据表示范围的整数，且在 e 或 E 前后必须有数字。例如：e3、3.0e、E−9、10e3.5、.e8、e 都不是合法的指数形式。

**注意：**

实型常量的区分：对于上述两种书写形式的实型常量，系统均默认为是双精度实型常量。如果要明确表示单精度实型常量，可在上述书写形式的末尾分别加上后缀 f(或 F)即可。

例如：2.3f、-0.123F、2e-3f、-1.5e4F 为合法的单精度实型常量，只能有 7 位有效数字。对于超过有效数字位的数位，系统在存储时会自动舍去。

## 2.4.3　字符常量

字符常量是指用一对单引号括起来的一个字符。例如，'x'、'B'、'b'、'$'、'?'、' '(表示空格字符)、'3'都是字符常量，注意其中'B'和'b'是不同的字符常量。

除了以上形式的字符常量外，C 语言还提供了一种特殊的字符常量，即用“\”开头的字符序列，为转义字符。如\n，代表一个“换行”符，这是一种控制字符，在程序中无法用一个一般形式的字符来表示，只能采用特殊形式来表示。常用的转义字符序列及其功能如表 2-4 所示。

字符及字符串常量

表 2-4　转义字符序列及其功能

| 转义字符 | 功能 | 转义字符 | 功能 |
|---|---|---|---|
| \b | 退格 | \\ | 反斜线字符 |
| \f | 走纸换页 | \' | 单引号字符 |
| \n | 换行 | \" | 双引号字符 |
| \r | 回车 | \ddd | 1~3 位八进制数表示的字符 |
| \t | 水平跳格 | \xdd | 1 或 2 位十六进制数表示的字符 |

转义字符是一种特殊形式的字符常量，意思是对“\”后面字符原来的含义进行转换，变成某种特殊约定的含义。

用转义字符可以表示任何可显示或不可显示的字符。在实际应用中，转义字符的应用很常见，例如：

```
printf("a=%f\tb=%f\n",a,b);
```

其中，转义字符\t 指在下一个输出区(一个输出区占 8 列)输出其后的内容。\n 指输出一个回车换行，几乎每个程序中都会有一个或若干这样的转义字符，要注意其使用形式。

## 2.4.4　字符串常量

字符串常量是指用一对双引号括起来的字符序列。这里的双引号仅起到字符串常量边界符的作用，它并不是字符串常量的一部分。例如：

```
"How are you.", "China", " ", "a"
```

**警告：**

不要把字符串常量和字符常量混淆，"a"和'a'是不同的数据，前者是字符串常量，后者是字符常量。C 语言规定，在每一个字符串的末尾自动加上一个转义字符\0(ASCII 码值是 0，对应的字符为空)，作为字符串常量的结束标志。对字符串操作时，这个结束标志是非常重要的。

'a'和"a"在内存中的存放形式如图 2-3 所示，字符常量在内存中占 1 字节，而字符串常量除了每个字符各占 1 字节外，其字符串结束符\0 也要占 1 字节。

| | | | |
|---|---|---|---|
| 字符常量'a'的存储形式 | a | | 1 字节 |
| 字符串常量"a"的存储形式 | a | \0 | 2 字节 |

图 2-3　字符常量和字符串常量的存储示意图

不能将字符串常量存储在字符变量中。C 语言没有专门的字符串变量，如果需要存储和处理字符串，一般用字符数组来实现。有关字符数组的内容在本书第 4 章有详细介绍。

如果字符串常量中出现了双引号，则要用反斜线(\)将其转义，取消原有边界符的功能，使之仅作为双引号字符起作用。例如，要输出字符串：

```
He says:"How do you do."
```

应写成如下形式：

```
printf("He says:\"How do you do.\"");
```

## 2.4.5　符号常量

在 C 程序中，还可以用一个标识符来表示一个常量。也就是说，用指定的标识符表示某个常量，在程序中需要使用该常量时就可直接引用标识符。

C 语言中用宏定义命令对符号常量进行定义，一般形式如下：

```
#define 标识符 常量
```

其中，#define 是宏定义命令的专用定义符，标识符是对常量的命名，常量可以是前面介绍的几种类型常量中的任何一种。这个被指定的标识符就称为符号常量。关于宏定义命令，本书第 10 章有详细介绍。

【例 2-3】已知圆的半径 *r*，求圆的周长 *c* 和圆的面积 *s*。

```
#define PI 3.1416
int main()
{ float r,c,s;
  scanf("%f",&r);
  c=2*PI*r;          /* 编译时用 3.1416 替换 PI */
```

```
    s=PI*r*r;
    printf("c=%f,s=%f\n",c,s);
    return 0;
}
```

在编译预处理时，预处理程序会将程序中宏定义命令之后出现的所有符号常量用宏定义命令中对应的常量一一替代。例如，对于以上宏定义命令，在编译程序前，预处理程序会将程序中的所有 PI 替换为 3.1416。

习惯上人们把符号常量名用大写字母表示，而把变量名用小写字母表示。

使用符号常量的好处是：

(1) 含义清楚，见名知意。比如上面的程序，看 PI 比看 3.1416 更容易知道它代表 π 值。因此定义符号常量时应考虑“见名知意”。

(2) 在需要改变一个常量时能做到“一改全改”，比如要将 π 值改为 3.1415926 时，如用常量，要修改两处，若多次使用 π 值，就要修改多次；而用符号常量，只需修改宏定义处常量的值一次即可。编译前，程序中所有的 PI 都会被替换为 3.1415926。

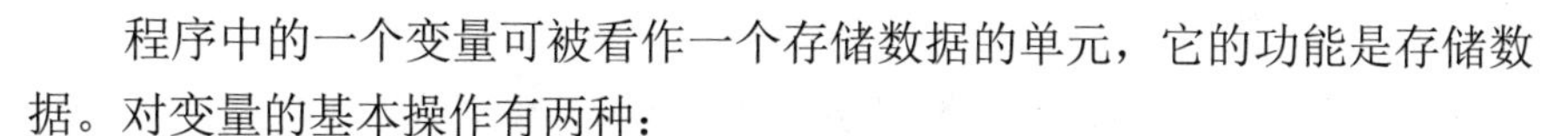

## 2.5　变量

变量是指在程序运行时其值可以改变的量。这里所说的变量与数学中的变量是完全不同的概念。在 C 语言以及其他各种高级程序设计语言中，变量是指数据在内存中的存储单元。

变量

程序中的一个变量可被看作一个存储数据的单元，它的功能是存储数据。对变量的基本操作有两种：

(1) 向变量中存入数据值，这种操作被称作给变量“赋值”。

(2) 取得变量当前值，以便在程序运行过程中使用，这种操作被称为“取值”。

要对变量进行“赋值”和“取值”操作，程序里的每个变量都要有一个变量名，程序是通过变量名来使用变量的。在 C 语言中，变量名作为变量的标识，其命名规则符合标识符的所有规定。

C 语言规定，程序中使用的每个变量都必须“先定义，后使用”。也就是说，首先需要定义一个变量，然后才能使用它。这样使用变量的优点在于：

(1) 只有定义过的变量才可以在程序中使用，这使得变量名的拼写错误容易被发现。

(2) 定义的变量属于确定的类型，编译系统可方便地检查变量所进行运算的合法性。

(3) 在编译时根据变量类型可以为变量分配相应字节的存储空间。

### 1. 变量的定义

在 C 语言中，变量定义的一般形式如下：

```
类型说明符 变量名表;
```

其中，类型说明符是 C 语言的一种有效的数据类型，如整型类型说明符 int、字符型类型说明符 char 等。变量名表的形式是：变量名 1，变量名 2，…，变量名 n。即用逗号分隔的变量名的集合，最后用分号结束定义。例如：

```
int a, b, c;       /* 定义 a、b、c 为整型变量，用来存储整型数据 */
char ch;           /* 定义 ch 为字符变量，用来存储字符型数据 */
double d, e;       /* 定义 d、e 为双精度实型变量，用来存储双精度型数据 */
```

C 语言语法格式较自由，把同类型多个变量的定义写在同一行是允许的。在 C 程序中，除了不能用关键字作为变量名外，可以用任何合法的标识符作为变量名。但是，一般提倡用能说明变量用途的、有意义的名称作为变量名，因为这样的名称对程序的阅读者有一定提示作用，有助于提高程序的可读性。

#### 2. 为变量赋初值

变量初始化是指在定义变量的同时对变量赋初值。例如：

```
int x=10,y=20;         /*变量初始化 */
```

为变量赋初值有两种形式：一种是对变量初始化；另一种是先定义、后赋值。例如：

```
int x,y;
x=10,y=20;             /* 变量赋值 */
```

基本类型的变量都可以初始化，例如：

```
float x=123.45;        /* 定义 x 为实型变量，且赋初值 123.45 */
int a,b,c=10;          /* 给部分变量赋初值，即仅给 c 赋初值 10 */
double pai=3.14;       /* 定义 pai 为双精度实型变量，且赋初值 3.14 */
char ch='a';           /* 定义字符变量 ch，并赋初值'a' */
```

但是，变量初始化不是在程序编译时完成的(后面介绍的外部变量和静态变量除外)，而是在程序运行时为变量赋初值。

**注意：**

如果定义了变量但没有赋值，那么变量中的数据就是一个随机数，这一点在程序设计中一定要注意。

## 2.6 运算符

运算是对数据进行加工的过程，运算符是描述加工类型的符号。C 语言除了提供一般高级语言的算术、关系、逻辑运算符外，还提供了赋值运算符、位操作运算符、自增/自减运算符等。C语言中的运算符有以下几类：

- 算术运算符：+、−、*、/、%、++、--。
- 关系运算符：<、<=、>、>=、==、!=。
- 逻辑运算符：&&、||、!。
- 赋值运算符：=、+=、−=、*=、/=、%=、<、<=、>、>=、|=、&=、^=。
- 位运算符：|、^、&、<<、>>、~。
- 条件运算符：? :。
- 逗号运算符：,。
- 其他：*、&、(type)、()、[]、.、->、sizeof。

学习运算符时应注意运算符功能、运算量个数、运算量类型、运算符优先级、结合方向、结果的类型等。

C 语言的运算符按其在表达式中与运算对象的关系(连接运算对象的个数)，可以分为如下几种。

- 单目运算：一个运算符连接一个运算对象。
- 双目运算：一个运算符连接两个运算对象。
- 三目运算：一个运算符连接三个运算对象。

本节介绍算术运算符、关系运算符、逻辑运算符和赋值运算符，在以后各章将结合有关内容陆续介绍其他运算符。有关C语言的运算符及其结合性详见本书附录B。

## 2.6.1　算术运算

### 1. 基本的算术运算符

C语言允许的算术运算符有：

算术运算(1)

+：加法运算符或取正值运算符，如a+b、+5。

−：减法运算符或取负值运算符，如a−b、−5。

*：乘法运算符，如a*b、4*3。

/：除法运算符，如a/b、5/2。

%：模运算符或求余运算符，如5%7。

其中需要说明的是：

(1) “+”和“−”运算符既具有单目运算功能，即取正值运算和取负值运算，又具有双目运算功能。作为单目运算符使用时，其优先级高于双目运算符。

(2) 在使用除法运算符“/”时要特别注意数据的类型。因为两个整数(或字符)相除，结果是整型；如果不能整除，只取结果的整数部分，小数部分全部舍去。例如：

```
5/2=2
```

若相除的两个数中有一个为实数，所得的商也为实数。例如：

```
5.0/2=2.5
```

(3) 模运算“%”也称求余运算符。该运算符要求两个运算对象都为整型，结果是两数相除所得的余数。一般情况下，余数的符号与被除数的符号相同。例如：

```
5%10=5; -8%5=-3; 8%-5=3
```

(4) 如果参与+、-、*、/运算的两个数中有一个为实数，则结果为 double 型。

### 2. 算术表达式

算术表达式是指用算术运算符将运算对象(也称操作数)连接起来的、符合 C 语法规则、对运算对象进行算术运算的式子。运算对象可以是常量、变量、函数等。

例如：

a*b/c-1.5+ 'a'

就是合法的算术表达式。

**警告：**

使用算术表达式时应注意以下几点。

(1) 算术表达式的乘号(*)不能省略。例如数学式 $b^2-4ac$，相应的 C 语言表达式应该写成 b*b-4*a*c。

(2) 运算符两侧运算对象的类型应一致，如果不一致，系统将自动按转换规则先对操作对象进行转换，然后再进行相同数据类型的运算。

(3) 算术表达式只能使用圆括号改变运算的优先顺序(不要用{}和[])。可以使用多层圆括号，此时左右括号必须配对，运算时从内层括号开始，由内向外依次计算表达式的值。

C 语言不提供乘方运算符，对于乘方运算，可以调用标准库函数中的数学函数来实现。标准库函数中常用函数的功能及有关说明参见附录 D。

例如：将下列数学表达式

$$\frac{6\sin(x+y^2)}{a-\sqrt{x+y+1}}$$

写成符合 C 语言规则的表达式。

转换成的 C 语言表达式为 6*sin(x+y*y)/(a-sqrt (x+y+1))。

其中 sin( )和 sqrt( )都是标准库函数中的成员。

**【例 2-4】**家用台式计算机上硬盘的磁道和扇区如图 2-4 所示。某台计算机上的硬盘共有 9216 个磁道(即 9216 个不同半径的同心圆)，每个磁道分成 8192 个扇区(每个扇区为 1/8192 圆周)，每个扇区可记录 512 字节。电动机使磁盘以 7200 r/min(7200 转/分)的转速匀速转动。磁头在读写数据时是不动的，磁盘每转一圈，磁头沿半径方向跳动一个磁道。

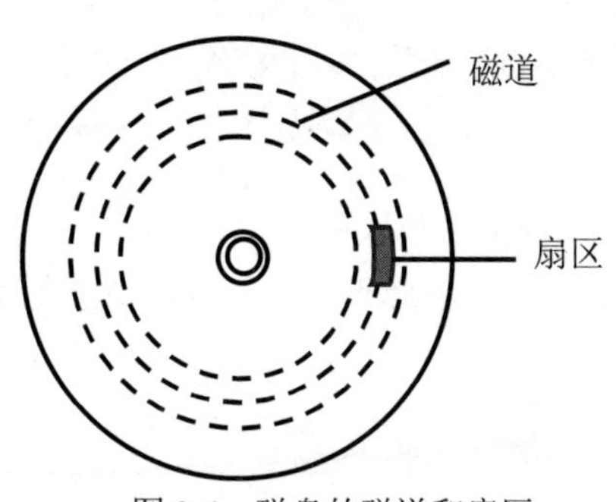


图 2-4 磁盘的磁道和扇区

试计算：

(1) 一个扇区通过磁头所用的时间是多少秒？

(2) 不计磁头转移磁道的时间，计算机 1 秒内最多可以从一个盘面上读取多少字节？

分析：磁盘的转速为 7200 r/min，所以转一周所用的时间为(1/7200)min，即磁盘的转动周期为 *T*=(1/120)s。一个扇区的扫描时间为 *t*=*T*/8192，每个扇区的字节数为 512 字节，1 秒内读取的字节数为 1/t*512。

```
#include<stdio.h>
int main()
{
    double T,t,byte;
    T=1.0/120;
    t=T/8192;
    byte=1/t*512;
    printf("每个扇区的扫描时间：%f 秒\n",t);
    printf("一秒内最多可以读取%f 字节\n",byte);
    return 0;
}
```

程序的运行结果如下：

```
每个扇区的扫描时间：0.000001秒
一秒内最多可以读取503316480.000000字节
```

这是一个非常简单的程序，它由 3 条赋值语句和两条函数调用语句构成。程序的执行过程是按照书写的先后顺序一步步执行的，程序中的每条语句都被执行一次，而且只能被执行一次。

### 3. 自增、自减运算符

算术运算(2)

运算符自增“++”、自减“--”使变量的值增 1 或减 1，其操作对象只能是变量。自增、自减运算符的应用形式为：

- ++i、--i：运算符在变量前面，称为前置运算，表示变量在使用前自动增 1 或减 1。

- i++、i--：运算符在变量后面，称为后置运算，表示变量在使用后自动增 1 或减 1。

**警告：**

使用自增和自减运算符时应注意如下几点：

(1) ++、--运算符只能用于变量，不能用于表达式或常量。所以下列语句形式都是不允许的：

```
5++;  (3*8)++;  ++(a+b)
```

(2) ++、--运算符的前置和后置意义不同，使用时应当注意。前置时是在使用变量之前将其值增 1 或减 1；后置时是先使用变量原来的值，使用完之后再使其值增 1 或减 1。

例如：

```
j=3;  k=++j;                  /* 执行结果为 k=4,j=4 */
j=3;  k=j++;                  /* 执行结果为 k=3,j=4 */
j=3;  printf("%d",++j);       /* 执行结果为 4,j=4 */
j=3;  printf("%d",j++);       /* 执行结果为 3,j=4 */
a=3;b=5;c=(++a)*b;            /* 执行结果为 c=20,a=4 */
a=3;b=5;c=(a++)*b;            /* 执行结果为 c=15,a=4 */
```

(3) 用于++、--运算的变量可以是整型、字符型、浮点型和指针型等类型的变量。

(4) ++、--的结合性是自右向左。

例如，-i++ 等价于-(i++)。

## 2.6.2　关系运算

C 语言提供了关系运算符和逻辑运算符，用来构造 C 程序中的控制条件，实现程序的选择结构和循环结构等控制。

关系运算

关系运算和逻辑运算的结果都是逻辑值，即“真”和“假”。由于 C 语言中没有逻辑型数据，因此 C 语言规定用整型数据来表示运算结果的逻辑值，用整数“1”表示逻辑“真”，用整数“0”表示逻辑“假”。而在运算量需要逻辑值时，将“非 0”视为“真”，将“0”视为“假”进行运算。

### 1. 关系运算符

关系运算实际上是比较运算。C 语言规定的 6 种关系运算符及其有关说明如下：

>：大于，如 a>b、3>7。

>=：大于或等于，如 a>=c、5>=2。

<：小于，如 a<b、6<8。

<=：小于或等于，如 a<=b、3<=b。

!=：不等于，如 a!=b、3!=5%7。

==：等于，如 a==b、3==5*a。

关系运算符都是双目运算符，其结合性是从左向右。优先级分为两级：

高级(6 级)：<、<=、>、>=。

低级(7 级)：==、!=。

关系运算符的优先级低于算术运算符。

### 2. 关系表达式

用关系运算符将两个表达式连接起来的式子称为关系表达式。它的一般形式为：

```
表达式 1 关系运算符 表达式 2
```

例如：

```
a+b<c        /* 等价于(a+b)<c */
(a==b)<(b=10%c)
'A'!='a'     /* 对两个字符作比较 */
```

**说明：**

(1) 关系表达式只有两种可能的结果：描述的关系要么成立，要么不成立。若关系成立，结果用 1 表示；若关系不成立，结果用 0 表示。所以关系表达式的运算结果一定是逻辑值。

(2) 当关系运算符用于比较两个字符时，比较的是字符的 ASCII 码值。

(3) 关系运算符中判断“等于”的符号是“==”而不是“=”。

进行关系运算时，先计算表达式的值，然后再进行关系比较运算。例如：

```
int a=3,b=2,c=1,d,f;
a>b            /* 表达式结果值为 1(真) */
(a>b)==c       /* 表达式结果值为 1(真) */
b+c<a          /* 表达式结果值为 0(假) */
d=a>b          /* 结果：d=1 */
f=a>b>c        /* 结果：f=0 */
```

## 2.6.3　逻辑运算

### 1. 逻辑运算符

C 语言提供了 3 个逻辑运算符：

&&：逻辑与运算符，如 a&&b、a<=x && x<=b。

||：逻辑或运算符，如 a||b、a==b||x==y。

!：逻辑非运算符，如 !a、!a||a>b。

逻辑运算

逻辑运算要求运算对象为“真”(非 0)或“假”(0)。这三个逻辑运算符的运算规则如表 2-5 所示。

表 2-5　逻辑运算符的运算规则

| a | b | a&&b | a\|\|b | !a | !b |
|---|---|---|---|---|---|
| 0 | 0 | 0 | 0 | 1 | 1 |
| 0 | 非 0 | 0 | 1 | 1 | 0 |
| 非 0 | 0 | 0 | 1 | 0 | 1 |
| 非 0 | 非 0 | 1 | 1 | 0 | 0 |

逻辑运算符的优先级是：“!”最高(2 级)，属于单目运算符，“&&”次之(11 级)，“||”最低(12 级)；逻辑运算符的优先级低于所有关系运算符，而“!”的优先级高于算术运算符。

### 2. 逻辑表达式

逻辑表达式是指用逻辑运算符连接表达式形成的式子。逻辑表达式的一般形式为：

```
<单目逻辑运算符>表达式
```

或

```
表达式 1 <双目逻辑运算符> 表达式 2
```

其中的表达式 1、表达式 2 又可以是逻辑表达式，从而形成嵌套形式。

例如：

```
int a=4;b=5;
!a              /* 值为 0 */
a&&b            /* 值为 1 */
a||b            /* 值为 1 */
!a||b           /* 值为 1 */
4&&0||2         /* 值为 1 */
5>3&&2||8<4-!0  /* 值为 1 */
'c'&&'d'        /* 值为 1 */
```

**短路特性**：逻辑表达式求解时，并非所有的逻辑运算符都被执行，只有在必须执行下一个逻辑运算符才能求出表达式的解时，才执行该运算符。

```
a&&b&&c /* 只在 a 为真时，才判别 b 的值；只在 a、b 都为真时，才判别 c 的值 */
a||b||c /* 只在 a 为假时，才判别 b 的值；只在 a、b 都为假时，才判别 c 的值 */
```

综合应用运算符的以上知识，可以将下面常见的描述用相应的逻辑表达式来表示：

(1) 判断变量 x 能不能被 y 整除：x%y==0。

(2) 判断 x 能不能被 2 整除：x%2==0。

(3) 判断输入的三条边 a、b、c 能不能构成三角形：a+b>c&&b+c>a&&a+c>b。

(4) 判断 x 是否属于某区间[a,b]：a<=x&&x<=b。

(5) 闰年的判断方法：能被 4 整除但不能被 100 整除，或者既能被 100 整除也能被 400

整除。试判断 y 是不是闰年：y%4==0&&y%100!=0||y%400==0。

## 2.6.4 赋值运算

### 1. 赋值运算符

赋值运算

赋值运算符用“=”表示，其功能是将一个数据赋给一个变量。例如：

```
n=12;
```

**警告：**

赋值运算符“=”与数学中的等号完全不同，数学中的等号表示等号两边的值是相等的，而赋值运算符“=”是将其右边的数据存放到左边指定的内存变量中。

### 2. 赋值表达式

由赋值运算符将一个变量和一个表达式连接起来的式子称为赋值表达式。它的一般形式为：

**<变量名><赋值运算符><表达式>**

赋值表达式的求解过程：计算赋值运算符右边“表达式”的值，并将计算结果赋值给左边的“变量”。赋值表达式的值就是赋值运算符左边“变量”的值。

例如 a=7;，变量 a 的值为 7，赋值表达式“a=7”的值是 7。

上述一般形式中的表达式也可以是一个赋值表达式，所以可以有下面的式子：

```
a=(b=7);
```

即，将 7 赋予变量 b，表达式 b=7 的值为 7，再赋予变量 a。根据赋值运算符的结合性(从右向左)，上面的表达式等价于 a=b=7。下面是赋值表达式的例子：

```
a=b=c=8;
a=6+(b=3);
a=(b=3)*(c=4);
```

### 3. 复合赋值运算符

在赋值运算符“=”之前加上其他运算符，可以构成复合赋值运算符，用于完成复合赋值运算操作。C 语言中的复合赋值运算符有：

```
+=、-=、*=、/=、%=、<<=、>>=、|=、&=、^=
```

由复合赋值运算符构成的表达式的一般形式为：

**<变量名><复合赋值运算符><表达式>**

该式等价于：

```
<变量名>=<变量名><运算符><表达式>
```

即先对变量和表达式进行指定的复合运算，然后将运算结果赋值给变量。

例如：

```
a*=2        /* 等价于 a=a*2 */
a/=b+5      /* 等价于 a=a/(b+5) */
```

**警告：**

“a*=b+5” 与 “a=a*b+5” 是不等价的，它等价于 “a=a*(b+5)”，这里的括号是必需的。

```
a-=1        /* 等价于 a=a-1 */
a%=3        /* 等价于 a=a%3 */
```

若 a=12，则 a+=a-=a*a 的结果为 a=-264，该式等价于 a=a+(a=a-(a*a))。

若 a=2，则 a+=a*=a-=a*=3；结果为 a=0，该式等价于 a=a+(a=a*(a=a-(a=a*3)))。

**说明：**

(1) 赋值运算符的优先级较低，为 14 级，参见附录 B。

(2) 赋值运算符的结合性为自右向左。

(3) 赋值运算符的左侧必须是变量，不能是常量或表达式。

复合赋值运算符<<=、>>=、|=、&=、^=与位运算有关，将在第 9 章介绍。

## 2.6.5 逗号运算

逗号运算符是“,”，其作用是将多个表达式连在一起。逗号表达式是用逗号运算符连接表达式而组成的式子，它的一般形式为：

```
表达式 1,表达式 2,…,表达式 n
```

逗号表达式的求解过程：先计算表达式 1 的值，再计算表达式 2 的值，…，计算表达式 n 的值，将表达式 n 的值作为整个逗号表达式的结果。

逗号运算符的优先级为 15 级，是所有运算符中最低的，其结合性是自左向右。

例如：

```
a=3*5,a*4                          /* a=15，表达式的值为 60 */
a=3*5,a*4,a+5                      /* a=15，表达式的值为 20 */
x=(a=3,6*3)                        /* 赋值表达式，表达式的值为 18，x=18 */
x=a=3,6*a                          /* 逗号表达式,表达式的值为 18，x=3 */
a=1;b=2;c=3;
printf("%d,%d,%d",a,b,c);          /* 1,2,3 */
printf("%d,%d,%d",(a,b,c),b,c);    /* 3,2,3 */
```

## 2.6.6　条件运算符和条件表达式

条件运算符是 C 语言中唯一的三目运算符。条件运算符的形式是“? :”，由它构成的表达式称为条件表达式，其一般形式为：

条件运算与 sizeof 运算

```
表达式1 ? 表达式2:表达式3
```

功能：先计算表达式 1 的值，若值为非 0，则计算表达式 2 的值，并将表达式 2 的值作为整个条件表达式的结果；若表达式 1 的值为 0，则计算表达式 3 的值，并将表达式 3 的值作为整个条件表达式的结果。

例如：

```
(a==b)? 'Y': 'N'
(x%2==1)? 1:0
(x>=0)? x:-x
(c>= 'a' && c<= 'z')? c-'a'+ 'A':c
```

条件运算符的优先级为 13 级，高于赋值运算符，但低于关系运算符、逻辑运算符和算术运算符。其结合性是自右向左，当多个条件表达式嵌套使用时，每个后续的“:”总与前面最近的、没有配对的“?”相联系。

例如，条件表达式“a>0 ? a/b:a<0 ? a+b:a−b”等价于“a>0 ? a/b: (a<0 ? a+b:a−b)”。

使用条件表达式可以使程序简洁明了。例如，赋值表达式“z=(a>b)?a:b”中使用了条件表达式，很简洁地表示了判断变量 a 与 b 的值、将较大值赋给变量 z 的功能。所以，使用条件表达式可以简化程序。

**【例 2-5】** 从键盘接收一个字符，要求只把输入的小写字母转换成大写字母，其他字符不变，并显示结果。

```
#include<stdio.h>
int main()
{
    char ch,c;
    scanf("%c",&ch);
    c=ch>='a'&&ch<='z'?ch-32:ch;
    printf("%c\n",c);
    return 0;
}
```

## 2.6.7　sizeof 运算符

sizeof 是数据长度测试运算符，其一般形式为：

```
sizeof(exp)
```

其中 exp 表示 sizeof 运算符所要运算的对象，exp 可以是表达式或数据类型名。sizeof 是单目运算符。

功能：求出运算对象在计算机内存中占用的字节数。例如：

```
sizeof(char)            /* 求字符型数据在内存中占用的字节数，结果为 1 */
sizeof(3*1.46/7.28)     /* 求运算结果在内存中占用的字节数，结果为 8 */
```

【例 2-6】用 sizeof 测试所用计算机系统中各种数据类型的数据所占内存的字节数。

```
#include <stdio.h>
int main()
{
  char ch='A';
  int x=7,y=8;
  float a=3.27f,b=6000.0f;
  printf("char:%d\n",sizeof(ch));
  printf("short int:%d  int:%d long int:%d\n",sizeof(short int),sizeof(int),
  sizeof(long int));
  printf("float:%d\n",sizeof(a));
  printf("double:%d   long double:%d\n",sizeof(double),sizeof(long double));
  printf("int express:%d\n",sizeof(x+y));
  printf("float express:%d\n",sizeof(a+b));
  printf("character express:%d\n",sizeof('a'-'0'));
  return 0;
}
```

该程序在 Code::Blocks 中的运行结果如下：

```
char:1
short int:2  int:4  long int:4
float:4
double:8    long double:12
int express:4
float express:4
character express:4
```

## 2.6.8 类型转换

在 C 语言中，整型、实型和字符型数据之间可以进行混合运算。不同类型的数据在进行赋值、混合运算时，要先转换成同一类型，然后再进行运算。

类型转换

类型转换可归纳成两种转换方式：隐式类型转换和强制类型转换。

### 1. 隐式类型转换

隐式类型转换也称自动类型转换，由系统自动完成，这种类型转换不会体现在 C 语言源程序中。但是，程序设计人员必须了解这种自动转换的规则及结果，否则会引起对程序执行结果的误解。

隐式类型转换通常发生在运算、赋值、输出、函数调用中。其中，函数调用转换在实参与形参的类型不一致时转换，具体转换规则在后面的第 6 章中讲述。

1) 运算转换

C 语言允许进行整型、实型、字符型数据的混合运算，在运算时，会将不同类型的数据转换成同一类型后再进行运算。转换规则如图 2-5 所示。

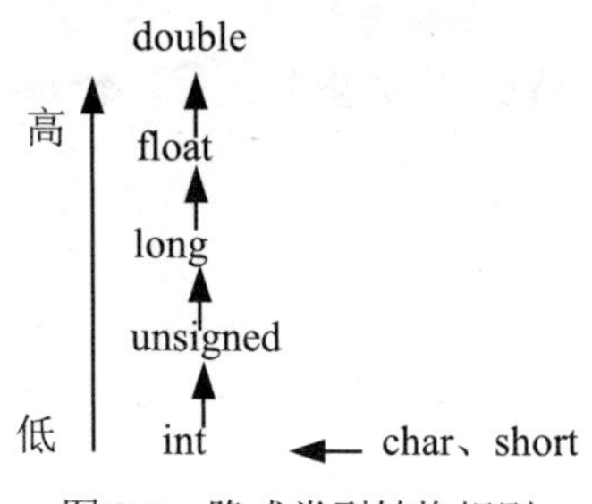


图 2-5　隐式类型转换规则

(1) 横向箭头表示运算时必定发生转换，即运算时将表达式中的所有 char 和 short 型数据转换成 int 型后再进行运算。

(2) 纵向箭头表示当表达式中含有不同类型数据时的转换方向，如 int 型和 double 型的数据进行运算时，先将 int 型转换成 double 型后再进行运算，运算结果为 double 型。

下面给出类型转换的示例，以加深理解。

例如：

```
char ch;    int i;    float f;    double d;
ch / i    +    f*d    -    (f+i)
  int         double         float
  int         double         float
        double
                double
```

以上步骤中的类型转换是由 C 语言编译系统自动完成的。计算机运算时从左向右扫描表达式，先扫描到 ch/i+，由于“/”比“+”优先级高，先计算 ch/i，将 ch 转换成 int 型进行运算，结果为 int 型。再执行运算符“+”和“*”的比较，“*”的优先级较高，“+”先不运算。再向后扫描，遇到“-”，“-”的优先级低于“*”，所以进行 f*d 运算，将 f 转换成 double 型进行运算，结果为 double 型。从左向右有“+”和“-”，“+”在前，先计算“+”，将“+”左边的 int 型转换成 double 型，与其右边的 double 型相加，结果为 double 型。“-”和“(”相比，括号的优先级高，先计算括号里面的，将 int 型转换成 float 型，运算结果为 float 型。最后进行“-”运算，“-”运算符的左边为 double 型，所以将右边的 float 型转换成 double

型，进行“-”运算，结果为 double 型。

2) 赋值转换

在进行赋值运算时，如果赋值运算符两边的数据类型不一致，将由系统进行自动类型转换。转换原则是以“=”左边的变量类型为准，先将赋值符号右边表达式的类型转换为左边变量的类型，然后赋值。

**警告：**

在赋值时要注意以下情况。

(1) 将实型数据(单精度和双精度)赋给整型变量，舍弃实数的小数部分。

例如：

```
float a=6.7;int b;b=a;   /* 则 b 的值为 6。*/
```

(2) 将整型数据赋给单精度和双精度实型变量，数值不变，但以浮点数形式存储到变量中。

例如：

```
float a; int b=5; a=b;   /* 则 a 的值为 5.000000。*/
```

(3) 将 double 型数据赋给 float 型变量时，截取其前面 7 位有效数字，存放到 float 变量的存储单元中(32 位)。但应注意数值范围不能溢出。将 float 型数据赋给 double 型变量时，数值不变，有效位数扩展到 16 位。

(4) 将字符型数据赋给整型变量时，由于字符型数据只占一字节，而整型变量占 4 字节，因此将字符数据(8 位)放到整型变量的低 8 位中。其他位的数据有两种情况：

- 如果所使用的系统将字符处理为无符号字符(unsigned char)，则将字符的 8 位放到整型变量的低 8 位，其余位补 0。
- 如果所使用的系统将字符处理为带符号(char)的字符(如 Code::Blocks)，若字符的最高位为 0，将字符数据(8 位)置于整型变量的低 8 位，整型变量其余位补 0；若字符的最高位为 1，则为整型变量的其余位全补 1。这称为符号扩展，这样做的目的是使数值保持不变。

(5) 将 int、short、long 型数据赋给 char 型变量时，只是将其低 8 位原封不动地送到 char 型变量(即截断)。

(6) 不同类型的整型数据间的赋值是按照存储单元的存储形式直接传送的。将长整型数赋值给短整型变量时，截断直接传送；将短整型数赋值给长整型变量时，低位直接传送，高位根据被传送整数的符号进行符号扩展。

**【例 2-7】**从键盘输入身高(cm)的整数值，显示出标准体重(kg)的实数值。成人标准体重的计算公式为：标准体重=(身高−100)×0.9。

分析：该计算为整型和 double 型的数据混合运算，结果为 double 型。根据存储数据精度的需要，可将结果存储在 float 型变量中。

```
#include<stdio.h>
```

```
int main()
{
  int height;
  float weight;
  printf("please input your height (cm):");
  scanf("%d",&height);
  weight=(height-100)*0.9;
  printf("your standard weight is %f kg",weight);
  return 0;
}
```

2. 强制类型转换

强制类型转换的一般形式为：

```
(类型名)表达式
```

其中，表达式是任何一种类型的表达式。强制类型转换运算的含义是将右边表达式的值转换成括号中指定的数据类型。这是一种显式的数据类型转换方式。

例如：

```
(double)n       /* 将n强制转换成double型。*/
(int)(a*b)      /* 将a*b的结果强制转换成整型。注意，不要写成 int (a*b)。*/
(int)a*b        /* 将a强制转换成整型后，再与b相乘求出结果。*/
```

说明：强制转换得到所需类型的中间值，原变量的类型不变。

【例2-8】强制类型转换示例。

```
#include<stdio.h>
int  main()
{
    float x;
    int i;
    x=3.6;
    i=(int)x;
    printf("x=%f,i=%d",x,i);
    return 0;
}
```

结果为：

```
x=3.600000,i=3
```

## 2.7　数据的输入/输出

一个功能相对独立的程序一般包括三部分：第一部分为变量提供数据(数据输入)，第二部分为计算处理部分，第三部分为结果输出。

C 语言没有输入/输出语句。数据的输入/输出通过调用 C 的标准库函数来实现。在使用标准库函数时，需要用预编译命令"#include"将有关的"头文件"包含到用户源文件中，"头文件"中包含了与所用函数有关的说明信息。标准输入/输出函数在头文件"stdio.h"中则说明，要使用它们，可在源程序文件开头部分使用#include<stdio.h>命令。

## 2.7.1 字符数据的输入/输出

### 1. putchar()函数

字符输入输出

putchar( )函数为字符输出函数，该函数调用的一般形式为：

```
putchar(ch);
```

其中，ch 可以是一个字符常量或字符变量。

功能：向终端(显示器)输出一个字符 ch(可以是可显示的字符，也可以是控制字符或其他转义字符)。

例如：

```
putchar('y');        /* 输出字符 y */
putchar('\n');       /* 输出一个回车换行字符 */
putchar('\101');     /* 输出字符 A */
putchar('\'');       /* 输出字符' */
```

### 2. getchar()函数

getchar( )函数为字符输入函数，该函数调用的一般形式为：

```
ch=getchar();
```

功能：从终端(键盘)接收一个字符，将该字符赋给字符变量 ch。

说明：该函数没有参数，但括号不能省略；ch 为字符变量。

【例 2-9】从键盘输入一个字符，并在显示器上输出该字符。

```
#include<stdio.h>
int main()
{ char c;
  c=getchar();
  putchar(c);
  return 0;
}
```

## 2.7.2　格式化输出/输入函数

scanf( )和 printf( )函数是 C 语言编程中使用最为频繁的两个函数，它们用来格式化输入和输出数据。scanf( )函数读取用户从键盘输入的数据，并把数据传递给程序；printf( )函数读取程序中的数据，并把数据显示在屏幕上。把这两个函数结合起来，就可以建立人机双向通信，如图 2-6 所示，这让使用计算机更加饶有趣味。

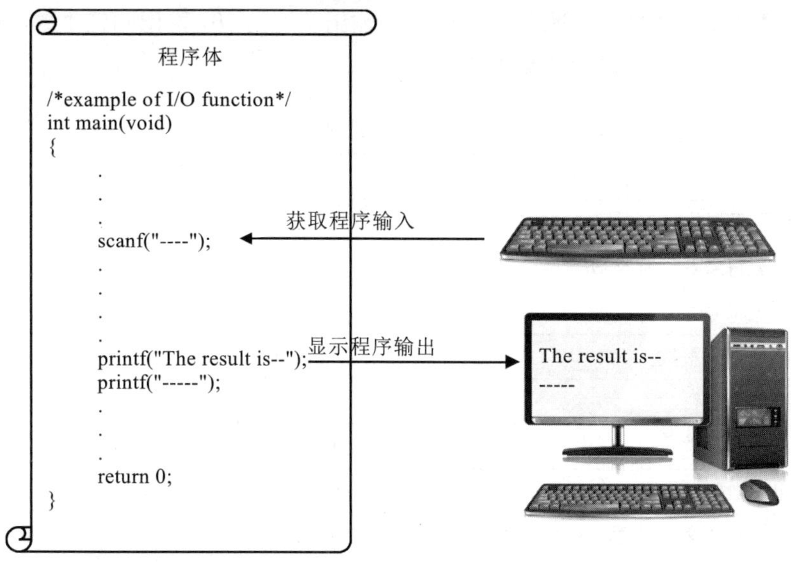


图 2-6　程序中的 scanf( )和 printf( )函数

### 1. 格式输出函数 printf( )

printf( )函数调用的一般形式为：

```
printf(格式字符串，输出项表);
```

数据格式输出(1)

功能：按格式字符串中的格式依次输出“输出项表”中的各个数据。

说明：格式字符串用于说明输出项表中各输出项的输出格式，即输出数据的格局安排。输出项表列出要输出的项(常量、变量或表达式)，输出项可以没有，也可以有多个。如果有多个，各输出项之间用逗号分开。

例如：

```
printf("How are you\n");            /* 输出：How are you 并换行 */
printf("r=%d,s=%f\n",2,3.14*2*2); /* 输出： r=2,s=12.560000 */
```

格式字符串中有两类字符：

(1) 非格式字符，非格式字符(或称普通字符)一律按原样输出。

例如：

```
printf("a=%d,b=%f\n",a,b);
```

“a=”、“,”、“b=”按原样输出。

(2) 格式字符，用于指定输出格式。

格式字符的一般形式为：

```
%[附加格式说明符]格式符
```

比如%d、%10.2f 等。其中，%d 格式符表示以十进制整型格式输出数据，而%f 表示以实型格式输出数据，附加格式说明符“10.2”表示输出宽度为 10，输出两位小数。常用的 printf 格式符见表 2-6，附加格式说明符见表 2-7。

表 2-6　格式符

| 格式符 | 功能 | 例如 | 结果 |
|---|---|---|---|
| d、i | 输出带符号十进制整数 | int a=567; printf ("%d",a); | 567 |
| o | 输出无符号八进制整数 | int a=65; printf("%o",a); | 101 |
| x、X | 输出无符号十六进制整数 | int a=255; printf("%x",a); | ff |
| u | 输出无符号整数 | int a=567; printf("%u",a); | 567 |
| c | 输出单个字符 | char a=65; printf("%c",a); | A |
| s | 输出一串字符 | printf("%s", "ABC"); | ABC |
| f | 输出实数(6 位小数) | float a=567.789;printf("%f",a); | 567.789001 |
| e、E | 以指数形式输出实数(尾数含 1 位整数、6 位小数，指数至多 3 位) | float a=567.789; printf("%e",a); | 5.677890e+002 |
| g、G | 选用 f 与 e 格式中输出宽度较小的格式，且不输出无意义的 0 | float a=567.789; printf("%g",a); | 567.789 |

表 2-7　printf 附加格式说明符

| 附加格式说明符 | 功能 |
|---|---|
| m(m 为正整数) | 数据输出宽度为 m，数据长度<m，左补空格，否则按实际输出 |
| .n(n 为正整数) | 对于实数，n 是输出的小数位数；对于字符串，n 表示输出前 n 个字符 |
| - | 数据左对齐输出，默认时右对齐输出 |
| + | 指定在有符号数的正数前显示正号(+) |
| 0 | 输出数值时指定左面不使用的空位置自动填 0 |
| # | 在八进制和十六进制数前显示前导 0、0x |
| l | 在 d、o、x、u 前，指定输出 long 型数据；在 e、f、g 前，指定输出 double 型数据 |

说明：

(1) 格式符除 X、E、G 外必须用小写字母，否则无效。

例如：printf("%D", 10);输出%D 而不是 10。

(2) 对于允许大写格式的 X、E、G，输出结果中含有字母的，字母用大写表示。比如：int a=255; printf("%X",a);，结果为 FF。

(3) 如果输出字符串中包含%，则需要连续使用两个%。

例如：printf("a=%d%%", 10);，输出 a=10%。

(4) 格式符与输出项的个数应相同，按先后顺序一一对应。

(5) 输出转换：格式符与输出项的类型不一致时，自动按指定格式输出。

数据格式输出(2)

参照下面的例题来理解附加格式说明符的意义。

【例 2-10】输出数据时使用 m.n 格式。

```
#include<stdio.h>
int main()
{   int a=1234;
    float f=123.456;
    char ch='a';
    printf("12345678901234567890123456789012345678901234567890\n");
    printf("%8d,%2d\n",a,a);
    printf("%f,%8f,%8.1f,%.2f,%.2e,%g\n",f,f,f,f,f,f);
    printf("%3c\n",ch);
    return 0;
}
```

程序执行结果为：

```
12345678901234567890123456789012345678901234567890
    1234,1234
123.456001,123.456001,     123.5,123.46,1.23e+002,123.456
  a
```

说明：为理解屏幕上的输出位置，可参照程序中先输出的一行“1234567890123...”，以它为标尺行。

【例 2-11】输出字符串时使用 m.n 格式。

```
#include<stdio.h>
int main()
{
    static char a[]="Hello,world!";
    printf("12345678901234567890123456789012345678901234567890\n");
    printf("%s\n%15s\n%10.5s\n%2.5s\n%.3s\n",a,a,a,a,a);
    return 0;
}
```

程序执行结果为:

```
12345678901234567890123456789012345678901234567890
Hello,world!
   Hello,world!
     Hello
Hello
Hel
```

【例 2-12】输出数据时使用-。

```
#include<stdio.h>
int main()
{
    int a=1234;
    float f=123.456;
    static char c[]="Hello,world!";
    printf("12345678901234567890123456789012345678901234567890\n");
    printf("%8d,%-8d#\n",a,a);
    printf("%10.2f,%-10.1f#\n",f,f);
    printf("%10.5s,%-10.3s#\n",c,c);
    return 0;
}
```

程序执行结果为:

```
12345678901234567890123456789012345678901234567890
    1234,1234    #
    123.46,123.5      #
     Hello,Hel       #
```

【例 2-13】输出数据时使用 0、+。

```
#include<stdio.h>
int main()
{   int a=1234;
    float f=123.456;
    printf("12345678901234567890123456789012345678901234567890\n");
    printf("%08d\n",a);
    printf("%010.2f\n",f);
    printf("%0+8d\n",a);
    printf("%0+10.2f\n",f);
    return 0;
}
```

程序执行结果为:

```
12345678901234567890123456789012345678901234567890
00001234
0000123.46
+0001234
+000123.46
```

【例 2-14】输出数据时使用#。

```
#include<stdio.h>
int main()
{
    int a=123;
    printf("1234567890123456789012345678901234567890123456789O\n");
    printf("%o,%#o,%X,%#x\n",a,a,a,a);
    return 0;
}
```

程序执行结果为：

```
12345678901234567890123456789012345678901234567890
173,0173,7B,0x7b
```

格式说明符的一般形式和意义如下所示：

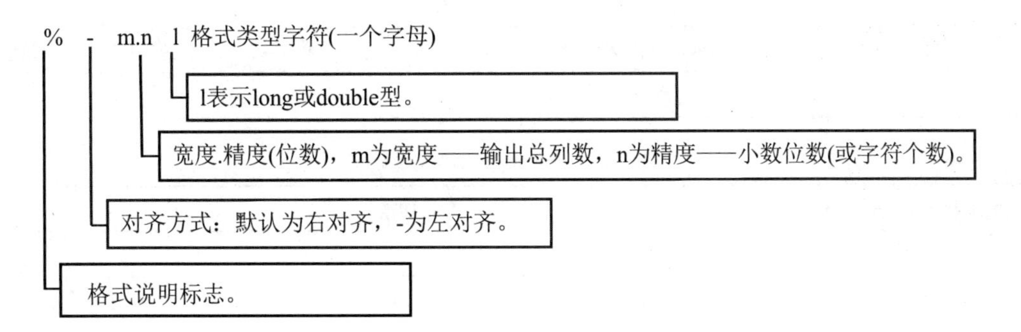


总结：格式输出函数就是用输出项表中的各项数据，替换格式字符串中的格式字符，与非格式字符一起组成一个完整的字符串并输出。

### 2. 格式输入函数 scanf( )

与格式输出函数 printf( )相对应的是格式输入函数 scanf( )。

scanf( )函数调用的一般形式为：

```
scanf(格式字符串，地址列表);
```

数据格式输入(1)

功能：按格式字符串中规定的格式，从键盘读取输入的数据，并依次赋给指定地址。

说明：“格式字符串”与 printf()函数中的“格式字符串”大部分相同，但不能显示格式说明符以外的字符，即不能显示提示信息，格式说明符以外的字符要原样输入。

“地址列表”是要接受输入值的各变量地址，变量地址由“&”后跟变量名组成，&是取址运算符，如&a 表示变量 a 的地址。

例如 scanf("%d,%f",&a,&b)，若要将 3 赋给 a，将 2.43 赋给 b，输入数据时要在键盘上输入“3,2.43”，若采用其他的输入方式，a和b均得不到预期的值。

格式字符串的一般形式为：

```
%[附加格式说明符]格式符
```

scanf格式符有d、i、o、x、u、c、s、f、e、g等，功能如表2-8所示。

附加格式说明符有m、h、l、*等，功能如表2-9所示。

表2-8　scanf格式符

| 格式符 | 功能 |
|---|---|
| d、i | 用于输入有符号十进制数，为整型变量赋值 |
| o | 用于输入无符号八进制数，为无符号整型变量赋值 |
| u | 用于输入无符号十进制数，为无符号整型变量赋值 |
| X、x | 用于输入无符号十六进制数，为无符号整型变量赋值 |
| c | 用于输入单个字符，为字符型变量赋值 |
| s | 用于输入字符串，为字符数组赋值 |
| f或e(E) | 用来输入单精度数，可以是小数形式或指数形式，为单精度类型变量赋值 |
| g(G) | 与f或e的作用相同 |

表2-9　scanf附加格式说明符

| 附加格式说明符 | 功能 |
|---|---|
| m(m为正整数) | 指定输入数据所占的宽度 |
| l或L | 用于d、o、x、u前，指定输入long型数据；用于e、f、g前，指定输入double型数据 |
| * | 读入对应的输入项后，不赋给变量，用于输入时跳过一些数据 |

说明：

(1) 输入double型数据时必须用%lf或%le，在printf()函数中输出double型数据可以用%f或%e。

数据格式输入(2)

(2) 格式字符串中不包含普通字符，输入数据时可以用空格、回车键或TAB键作为数据的分隔符。

```
scanf("%d%d%d",&a,&b,&c);
```

输入序列为：2␣3␣4　(␣表示空格，→表示TAB键，↙表示回车键)

可以是：2→3→4

可以是：2␣␣␣3→␣4

也可以是：2↙

3↙

4↙

等组合，变量可以得到输入的数据。

(3) 格式字符串中包含的普通字符必须按原样输入，例如：

```
scanf("%d:%d:%d",&a,&b,&c);
```

应输入序列：2:3:4↙，数据之间用“:”分隔。

```
scanf("a=%d",&a);
```

应输入序列：a=2↙，其中 a=这样的辅助信息也必须输入。否则，变量得不到预期的数据。

(4) 可以指定输入数据所占的列数，系统自动按它截取所需的数据。

```
scanf("%3d%3d%3d",&a,&b,&c);
```

若输入：123456789↙　　　则 a 的值为 123，b 的值为 456，c 的值为 789

若输入：12␣3456␣789↙　则 a 的值为 12，b 的值为 345，c 的值为 6

```
scanf("%3c",&a);
```

若输入 efghijk↙，则 a 的值为 e，因为 a 变量只能存储一个字符。

(5) 用%c 输入字符时，空格、TAB 键和回车键等也作为有效字符被接收，例如：

```
scanf("%c%c%c",&a,&b,&c);
```

若输入：efg↙　　　则 a 的值为 e，b 的值为 f，c 的值为 g。

若输入：e␣f␣g↙　　则 a 的值为 e，b 的值为␣，c 的值为 f，其中的分隔符也作为有效字符被接收。

(6) 输入数据时，赋值规则是：遇到空格、跳格(TAB 键)、回车键、宽度结束或非法输入时认为数据输入结束。

**【例 2-15】**格式数据输入示例。

```
#include<stdio.h>
int main()
{
    int a,b,d; char c;
    scanf("%d%d%c%3d",&a,&b,&c,&d); //其中的 3 用于限制获取输入内容的宽度
    printf("a=%d,b=%d,c=%c,d=%d",a,b,c,d);
    return 0;
}
```

如果输入序列为：10␣11A12345↙

输出结果为：

```
10 11A12345
a=10,b=11,c=A,d=123
```

说明：

(1) 对于整型变量 a，获得“10”，遇到空格表示为 a 赋值结束。

(2) 对于整型变量 b，获得“11”。对于整型变量来说，后面的字符“A”是非法输入，所以为 b 赋值结束。

(3) 对于字符型变量 c，刚好对应单字符'A'，为 c 赋值结束。

(4) 对于整型变量 d，本来可以获得赋值 12345，但因为被限制只能获取 3 位，故截取 12345 的前三位 123。

(5) 如果 11 后加一个空格，则这个空格会被赋给变量 c，因为空格也是一个字符。

注意：

printf 格式字符串经常以\n 结尾，但在 scanf 格式字符串的末尾放置换行符通常是一个坏主意。对于 scanf()函数来说，格式字符串中的换行符等价于空格，两者都会引发 scanf()函数等待下一个数据(非分隔符)输入，比如 scanf("%d\n",&a)这样的格式字符串可能会导致交互式程序一直“挂起”，直到用户输入一个非分隔符为止。

## 2.8 案例：鸡兔同笼

进阶提高

“鸡兔同笼”是我国隋朝时期数学著作《孙子算经》中的一个有趣而具有深远影响的题目。“今有雉兔同笼，上有三十五头，下有九十四足，问雉兔各几何”。

鸡兔同笼源码

分析：设有鸡(雉)$x$ 只，兔 $y$ 只，鸡和兔的总头数为 $h$，总脚数为 $f$。根据题意可以写出下面的方程式：

$$\begin{cases} x + y = h \\ 2x + 4y = f \end{cases} \xrightarrow{\text{可推出 } x\text{、}y \text{ 的表达式}} \begin{cases} x = \dfrac{4h - f}{2} \\ y = \dfrac{f - 2h}{2} \end{cases}$$

本例中 $h$ 和 $f$ 的值已知，可以使用赋值语句将数据直接写到程序中，计算后输出结果。

```
#include <stdio.h>
int main()
{
  int x,y,h,f;
  h=35;
  f=94;
  x=(4*h-f)/2;
  y=(f-2*h)/2;
  printf("笼中的鸡是%d 只，兔子是%d 只\n",x,y);
  return 0;
}
```

运行结果为：

```
笼中的鸡是23只，兔子是12只
```

# 本章小结

本章介绍了 C 语言基本数据类型中的整型、实型和字符型数据类型，变量、常量的基本概念，数据在计算机中的存储，算术、关系、逻辑、赋值等运算符与运算规则的基础知识，以及数据的输入/输出函数。这些内容是 C 语言中的基础知识，内容多且繁杂，需要在理解的基础上反复记忆和熟练应用，以达到通过编写简单的程序解决生活中问题的目的。本章涉及的有关知识的结构导图如图 2-7 所示。

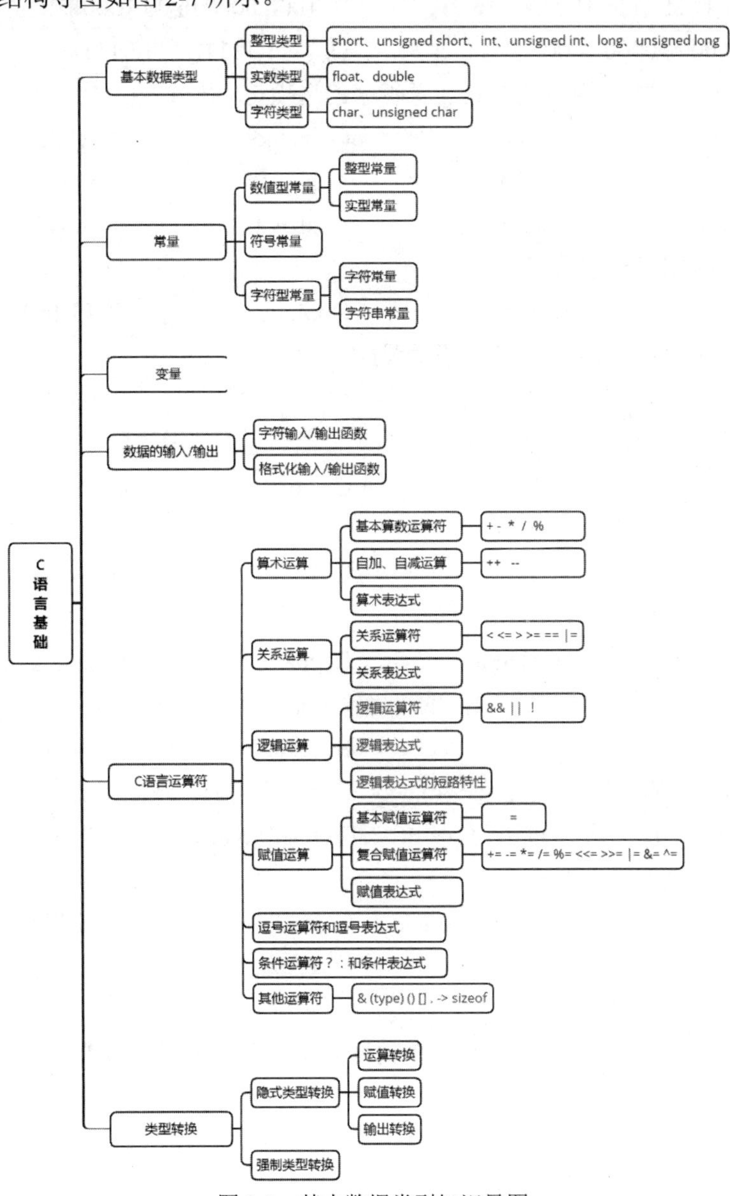


图 2-7　基本数据类型知识导图

# 习　题

## 一、单选题

1. 整型(int)数据在内存中的存储形式是(　　)。

A. 原码　　B. 补码　　C. 反码　　D. ASCII 码

2. 在 C 语言中，整数-8 在内存中的存储(占 2 字节)形式是(　　)。

A. 1111 1111 1111 1000　　B. 1000 0000 0000 1000

C. 0000 0000 0000 1000　　D. 1111 1111 1111 0111

3. 下列四组选项中，均不是 C 语言关键字的选项是(　　)。

A. define IF typeprintf　　B. gect char case　　C. include scanf sizeof　　D. whilc pow go

4. 以下选项中不合法的用户标识符是(　　)。

A. abc.c　　B. file　　C. Main　　D. PRINT

5. 下列常数中不能作为 C 语言常量的是(　　)。

A. 0xA6　　B. 4.5e-2　　C. 3e2　　D. 0584

6. 以下可以正确表示字符型常量的是(　　)。

A. "c"　　B. '\t'　　C. "\n"　　D. 297

7. 字符串"\\\22a,0\n"的长度是(　　)。

A. 8　　B. 7　　C. 6　　D. 5

8. 下面的变量定义中，(　　)是正确的。

A. char：a, b, c;　　B. char a; b; c;　　C. char a, b, c;　　D. char a, b, c

9. 若 int a,b,c;，则为它们输入数据的正确输入语句是(　　)。

A. read(a,b,c);　　B. scanf(" %d%d%d" ,a,b,c);

C. scanf(" %D%D%D" ,&a,%b,%c);　　D. scanf(" %d%d%d",&a,&b,&c);

10. 若有 float a,b,c;，要通过语句 scanf(" %f %f %f" ,&a,&b,&c);分别为 a、b、c 输入 10、22、33。以下不正确的输入形式是(　　)。

A.10<br>22<br>33　　B. 10.0,22.0,33.0　　C. 10.0<br>22.0　　D. 10 22<br>33<br>33.0

11. 若在键盘上输入 283.1900，想使单精度实型变量 c 的值为 283.19，则正确的输入语句是(　　)。

A. scanf(" %f",&c);　　B. scanf(" %8.4f",&c);

C. scanf(" %6.2f",&c);　　D. scanf(" %8",&c);

12. 执行语句 printf(" |%10.5f|\n",12345.678);，输出的是(　　)。

A. |2345.67800|　　B. |12345.6780|　　C. |12345.67800|　　D. |12345.678|

13. 若 a 为 int 型，且 a=125，执行下列语句后的输出是(　　)。

```
printf("%d,%o,%x\n",a,a+1,a+2)
```

A. 125,175,7D　　B. 125,176,7F　　C. 125,176,7D　　D. 125,175,2F

14. 使用语句 scanf("x=%f,y=%f",&x,&y);，输入变量 x、y 的值(␣代表空格)，正确的输入是(　　)。

A. 1.25,2.4　　B. 1.25␣2.4　　C. x=1.25,y=2.4　　D. x=1.25␣y=2.4

15. 表达式(　　)的值是 0。

A. 3/5　　B. 3/5.0　　C. 3%5　　D. 3<5

16. 已知 int i, a; 执行语句 i=(a=2*3,a*5),a+6;后，变量 i 的值是(　　)。

A. 6　　B. 30　　C. 12　　D. 36

17. 已知字母 A 的 ASCII 码为十进制数 65，且 ch 为字符型变量，则执行语句 ch='A'+'6'-'3';后，ch 中的值为(　　)。

A. E　　B. 68　　C. 不确定　　D. C

18. 表达式 5>3>1 值是(　　)。

A. 0　　B. 1　　C. 3　　D. 表达式语法错误

19. 设 x、y、t 均为 int 型变量，则执行语句 x=y=3; t= ++x || ++y; 后，y 的值为(　　)。

A. 3　　B. 不定值　　C. 4　　D. 1

20. 已有下列语句组：int x;scanf("%d",&x);，能正确计算并输出 x 绝对值的语句是(　　)。

A. printf("%d 的绝对值是:%d\n",x,x>=0?x:-x);

B. printf("%d 的绝对值是:%d\n",x,x<=0?x:-x);

C. printf("%d 的绝对值是:%d\n",x,x<0?x:-x);

D. printf("%d 的绝对值是:%d\n",x,!x<=0?x:-x);

21. 已有下列语句组：float x,y;scanf("%f%f",&x,&y);，如果 x 为点的横坐标，y 为点的纵坐标，能正确判断点(x,y)在第一象限的逻辑表达式是(　　)。

A. x>0&&!y<0　　B. x>0||y>0　　C. x>0&&y>0　　D. !x<0||!y<0

22. 下列选项中用于判断 ch 是否是字母的表达式是(　　)。

A. ( 'a' <= ch <= 'z' ) || ( 'A' <= ch <= 'Z' )

B. ( 'a' <= ch <= 'z' ) && ( 'A' <= ch <= 'Z' )

C. ( ch >= 'a' && ch <= 'z' ) && ( ch >= 'A' && ch <= 'Z' )

D. ( ch >= 'a' && ch <= 'z' ) || ( ch >= 'A' && ch <= 'Z' )

23. 设 a 为整型变量，以下不能正确表达数学关系：10<a<15 的 C 语言表达式是(　　)。

A. 10<a<15　　B. a==11|| a==12 || a==13 || a==14

C. a>10 && a<15　　D. !(a<=10) && !(a>=15)

24. 下列只有当整数 x 为奇数时，其值为“真”的表达式是(　　)。
   A. x%2==0　　B. !(x%2==0)　　C. (x-x/2*2)==0　　D. !(x%2)

## 二、填空题

1. 在 C 语言程序中，用关键字____________定义基本整型量，用关键字____________定义单精度实型变量，用关键字____________定义双精度实型变量。

2. 已知字母 A 的 ASCII 码为 65，以下程序的输出结果是____________。

```
#include<stdio.h>
int main()
{   char c1='A',c2='Y';
    printf("%d,%d\n",c1,c2);
    return 0;
}
```

3. 当运行以下程序时，在键盘上从第一列开始输入 9876543210↙(此处↙代表回车)，则程序的输出结果是____________。

```
#include<stdio.h>
int main()
{   int a; float b,c;
    scanf(" %2d%3f%4f",&a,&b,&c);
    printf(" \na=%d,b=%f,c=%f\n",a,b,c);
    return 0;
}
```

4. 若定义 double a,b,c;，要求为 a、b、c 分别输入 10、20、30。输入序列为(␣表示空格)：
␣10.0␣␣20.0␣␣30.0↙
则正确的输入语句是____________。

5. 假设变量已正确定义并赋值，写出满足下列条件的 C 语言表达式。

① 与数学式 $\sqrt{(x_2-x_1)^2+(y_2-y_1)^2}$ 对应的 C 表达式：____________________。

② 取 number 的个位数字：________________________。

③ 取 number 的十位数字：________________________。

④ 取 number 的百位数字：________________________。

⑤ number 是奇数：____________________________。

⑥ number 是 5 的倍数：_________________________。

## 三、编程题

1. 编程定义一个 int 型的变量，初值为 97，依次按字符、十进制、八进制、十六进制格式输出该变量的值。

2. 编写程序，输入时间 10:27 并把它转换成分钟后输出(从零点整开始计算)。

3. 已知地球半径为6371 km，编写程序，求地球的表面积和体积。

4. 假设一名工人一个月的工资是4367元，试计算发工资时人民币各面值(由大到小)的张数。

5. 假设有3个电阻并联，阻值分别为5Ω、15Ω、20Ω，编程求并联后的电阻值。

(提示：设$R$为总电阻，并联的三个电阻分别为$R_1$、$R_2$、$R_3$，3个电阻并联后总电阻的计算公式为$\frac{1}{R}=\frac{1}{R_1}+\frac{1}{R_2}+\frac{1}{R_3}$。)

6. 从键盘输入一个4位正整数，编程将此4位数逆置后输出。如输入1234，输出4321。

7. 要求输入一个华氏温度 $F$，编程计算并输出与之对应的摄氏温度 $C$。公式为：$C=\frac{5}{9}(F-32)$。

8. 由键盘任意输入3个数字字符('0'~'9')，将其转换为对应的数字并输出。比如输入的是数字字符'3'，转换为数字3并输出。

9. 执行下列程序，按指定方式输入(␣表示空格)，判断能否得到指定的输出结果?若不能，请修改程序，使之能得到指定的输出结果。

输入：　2␣3␣4↙

输出：　a=2,b=3,c=4

　　　　x=6,y=24

程序：

```
int main()
{ int a, b, c, x, y;
  scanf("%d, %d, %d", a, b, c);
  x=a*b; y=x*c;
  printf("%d %d %d", a, b, c);
  printf("x=%f\n",x, "y=%f\n",y);
  return 0;
}
```

# 第3章

# 程序设计基本结构

📖 **本章内容提示**：结构化程序设计的基本思想是任何程序都可以由顺序、选择和循环三种基本结构，通过组合、嵌套而构成。本章主要介绍顺序结构、选择结构和循环结构的语法规则、执行过程、注意事项和递推法、迭代法和穷举法等基本算法。

📖 **教学基本要求**：掌握程序设计三大基本结构的特点、语句和语法规则，重点掌握选择和循环结构中的重要算法，达到能根据实际需要，正确选择和使用控制结构编写应用程序的要求。

1996 年，计算机科学家 Bohm 和 Jacopini 证明了这样一个事实：“任何简单或复杂的程序都可以由顺序结构、选择结构和循环结构这三种基本结构组合而成”。所以，这三种结构就被称为程序设计的基本结构，也是结构化程序设计必须采用的结构。

# 3.1　顺序结构

程序执行的顺序按照语句书写顺序从前向后顺次执行，这种结构称为顺序结构。仅含有顺序结构的程序其特点是算法简单，只能解决最简单的问题。

顺序结构程序设计

【例 3-1】随着人年龄的增加，成年人的肺活量会逐渐减少，假如用 V 表示人的肺活量(单位：升)，用 h 表示人的身高(单位：英寸)，用 age 表示年龄，则这几个量近似地满足关系式：V=0.104×h−0.018×age−2.69。请设计一款计算肺活量的程序，输入身高、年龄，输出肺活量。

分析：从键盘输入数据，根据已知的公式对数据进行计算，然后输出计算结果。在设计程序时应注意根据需要声明不同类型的变量，用于存储输入的数据及计算的结果。

```
#include <stdio.h>
int main()
{
  float height,V;
  int age;
  printf("请输入您的身高(厘米)，年龄\n");
  scanf("%f,%d",&height,&age);
  height=0.3937008*height;/* 将厘米转换成英寸，1 厘米=0.3937008 英寸 */
  V=0.104*height-0.018*age-2.69;
  printf("您的肺活量大约是%f 升\n",V);
  return 0;
}
```

【例 3-2】从键盘输入三角形的三条边的值，计算三角形的面积。

分析：已知三角形的三条边 a、b、c，可以用海伦公式来求该三角形的面积。海伦公式为：$s=\sqrt{p(p-a)(p-b)(p-c)}$，其中 p=(a+b+c)/2。该任务的算法实现流程如图 3-1 所示。

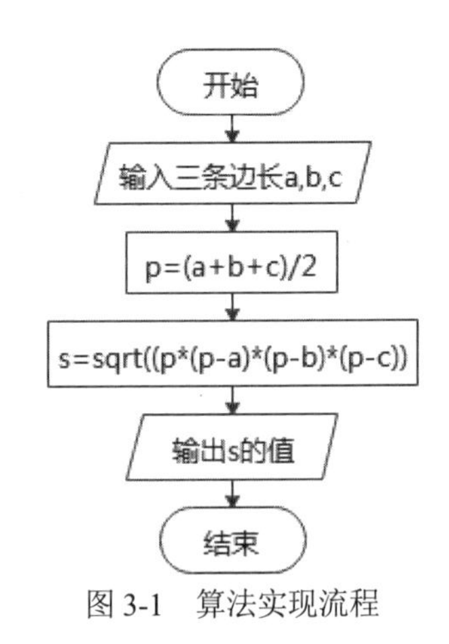

图 3-1　算法实现流程

```
#include<stdio.h>
#include<math.h>     /* 文件 math.h 内含开平方函数
sqrt()的声明，所以必须包含进来 */
int main()
{  float a,b,c,p,s;
   printf("Input three edges of triangle:\n");
   scanf("%f,%f,%f",&a,&b,&c);
```

```
    p=(a+b+c)/2;
    s=sqrt(p*(p-a)*(p-b)*(p-c));
    printf("the area of the triangle is %f\n",s);
    return 0;
}
```

当输入的三条边分别为 3、4、5 时，运行结果如下：

```
3,4,5
the area of the triangle is 6.000000
```

针对这个程序，说明如下：

(1) 这个程序要求从键盘获得三个数，但并没有说明需要什么类型的数据，所以选择了可以带小数的单精度数。

(2) 因为变量定义为单精度数，所以为变量赋值时选用的输入格式控制符为“%f”。

(3) 在输入时我们可以看到 3、4、5 之间有逗号，这是因为 scanf()函数的输入格式控制符中包含了非格式控制符“,”，如果这三个数不用逗号分隔，变量 a、b、c 将无法正确赋值。

(4) 测试程序的数据之所以选择 3、4、5，是因为由这三个边长组成的三角形的面积为 6。我们可以轻易预测程序的运行结果，以便当输出程序真正的结果时，可以据此判断程序正确与否。

这是一个仅含顺序结构的程序，如果从键盘输入的三条边的值不能构成三角形，程序会得到错误的结果。这个问题顺序结构是解决不了的。

能否在输入三角形的三条边的值后先判断是否能构成三角形。如果能构成三角形，则计算该三角形的面积；如果不能，则输出不能构成三角形的信息。这是可以的，可以采用下面的选择结构。

## 3.2　条件判断——选择结构

根据某种条件的成立与否而采用不同的程序段进行处理的程序结构称为选择结构。C 语言中能够实现选择结构的语句有 if 语句和 switch 语句。

### 3.2.1　if 语句

if 语句根据分支的多少，可以分为单分支 if 语句、双分支 if 语句和多分支 if 语句。

选择结构程序设计-if 语句

#### 1. 简单条件判断——单分支 if 语句

单分支 if 语句的流程图如图 3-2 所示，语句的一般形式如下：

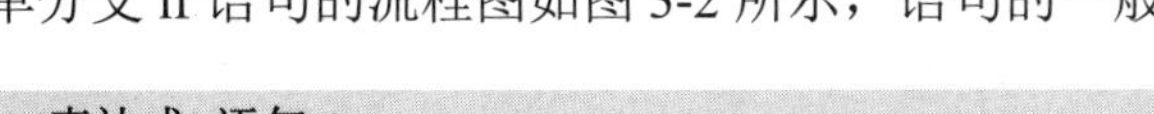

```
if(表达式)语句1;
```

功能：计算表达式的值，若为“真”(非 0)，则执行其后的语句 1；若表达式的值为“假”(0)，则跳过语句 1，执行 if 语句的下一条语句。

说明：括号中的表达式为控制条件，表达式的值非零时为“真”，零时为“假”。

**复合语句**

语句 1 从语法上应是一条语句，若需要在此执行多条语句，必须用花括号{}将它们括起来，构成复合语句，复合语句在语法上被作为一条语句来处理。

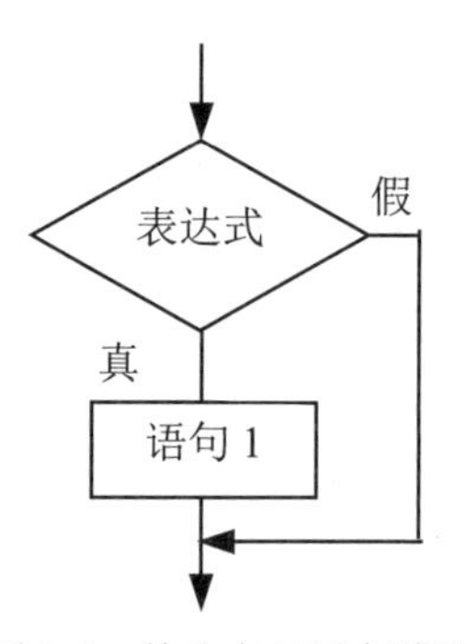


图 3-2　单分支 if 语句流程图

控制条件通常用关系表达式或逻辑表达式来构造，由于控制条件的“真”和“假”用非零和零表示，因此也可以用一般表达式来构造控制条件。

**【例 3-3】**重新改写例 3-2，加入条件，当三条边能构成三角形时输出三角形的面积。

分析：由于题目并没有说明三条边构不成三角形的时候执行什么操作，因此当能构成三角形时计算面积，否则就什么也不用做。

```
#include<stdio.h>
#include<math.h>
int main()
{
    float a,b,c,p,s;
    printf("Input three edges of triangle:\n");
    scanf("%f,%f,%f",&a,&b,&c);
    if(a+b>c && b+c>a && c+a>b)
    {
        p=(a+b+c)/2;
        s=sqrt(p*(p-a)*(p-b)*(p-c));
        printf("the area of the triangle is %f\n",s);
    }
    return 0;
}
```

程序说明：

(1) 尽管这个程序只要求计算能构成的三角形的面积，但在上机验证时，必须提前设计好两组数据：一组能构成三角形，另一组不能构成三角形，以验证程序的正确性。

(2) 当条件成立时计算并输出三角形的面积，需要三条语句，这三条语句都是在条件成立时才被执行，所以必须将这三条语句组成一条复合语句，即用“{ }”括起来。如果没有这一对“{ }”，if 条件只对紧跟它的第一个分号前的语句有效。

(3) 通过验证可以知道，当输入的三条边构不成三角形时，程序没有任何提示。这样的程序会给用户莫名其妙的感觉，所以当构不成三角形时，应该有相应的提示信息才合适。

【例 3-4】输入 3 个数，按从大到小的顺序输出。

分析：假设 3 个数分别是 a、b 和 c，通过两次比较，即 a 与 b、a 与 c 比较，把它们中的最大者存放在 a 中，最后将 b 和 c 比较，把剩下两数中的最大者(3 个数中的次大者)存放在 b 中，c 中自然存放的是最小者。然后依次输出 a、b 和 c 的值。

```
#include <stdio.h>
int main()
{   int a, b, c, t;
    printf("Please input a,b,c\n");
    scanf( "%d,%d,%d", &a, &b, &c);
    if (a<b) { t=a; a=b; b=t;}   /* a 和 b 的值交换，a 中存放 a、b 两个数中较大的数 */
    if (a<c) { t=a; a=c; c=t;} /* a 和 c 的值交换，a 中存放最大数 */
    if (b<c) { t=b; b=c; c=t;} /* b 和 c 的值交换，c 中存放最小数 */
    printf("%d >= %d >=%d\n", a, b, c);
    return 0;
}
```

程序说明：

(1) 从此程序可以看出，if 单分支一般用于对数据进行检测，即对输入的 3 个数进行检测。如果不符合要求，则调整；如果符合要求，则不进行任何操作，使数据保持原样。

(2) 此程序是对输入的 3 个数进行排序，是多种数据排序方法的基础方法。

### 2. 两条岔路的选择——双分支 if 语句

单分支 if 语句指出条件为“真”时做什么，而未指出条件为“假”时做什么。当有两种选择，而且这两种选择的条件互逆时，双分支 if 语句就可以派上用场了。

双分支 if 语句的一般形式如下：

```
if(表达式) 语句 1
else 语句 2
```

功能：计算表达式的值，若表达式的值为“真”，执行语句 1，并跳过语句 2，继续执行后续语句；若表达式的值为“假”，跳过语句 1，执行语句 2，然后执行后续语句。双分支 if 语句的执行流程如图 3-3 所示。

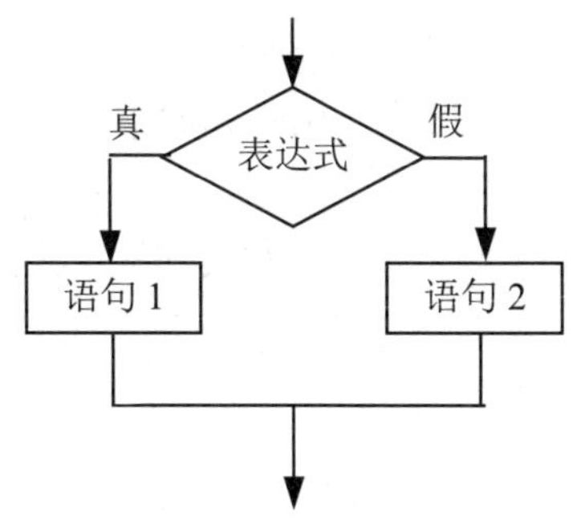


图 3-3　双分支 if 语句流程图

注意：

if 和 else 后面的语句 1 和语句 2 只能是一条语句，如果想包括更多条语句，就需要使用花括号{}将它们括起来，使之成为一条复合语句。

例如：

```
if(a>0) {b=1;c=2;}
else d=3;
```

如果没有用花括号{}将它们括起来，上述程序在编译时会出现“没有跟 else 配对的 if 语句”的错误提示，想想为什么？

**【例 3-5】**改写例 3-3，要求在三条边构不成三角形时输出相应的提示信息。

分析：因为只有两种选择，而且这两种选择的条件互逆，非此即彼，所以刚好满足使用双分支 if 语句的条件。

```
#include<stdio.h>
#include<math.h>
int main()
{
    float a,b,c,p,s;
    printf("请输入三边的值:\n");
    scanf("%f,%f,%f",&a,&b,&c);
    if(a+b>c && b+c>a && c+a>b)
    {
        p=(a+b+c)/2;
        s=sqrt(p*(p-a)*(p-b)*(p-c));
        printf("这个三角形的面积为: %f\n",s);
    }
    else
        printf("三边构不成三角形!\n");
    return 0;
}
```

程序说明：

(1) 在程序中可以使用作为提示信息的汉字。

(2) 当语句组为一条语句时，可以用“{ }”括起来，也可以不用，如本例中 else 之后的输出语句。

**【例 3-6】**身高预测。有关生理卫生知识和数理统计分析表明，影响小孩成人后身高的因素有遗传、饮食习惯与坚持体育锻炼等，小孩成人后的身高与其父母的身高及自身的性别密切相关。假设 fatherH 为其父身高，motherH 为其母身高，则身高预测公式为：

男孩成人时身高=(fatherH+motherH)*0.54 (cm)

女孩成人时身高=(fatherH*0.923+motherH)/2 (cm)

此外，如果喜爱体育锻炼，那么可增加身高 2%；如果有良好的卫生饮食习惯，那么可增加身高 1.5%。

设计一款程序，从键盘输入性别(输入字母 F 表示女性，字母 M 表示男性)、父母身高、是否喜爱体育锻炼(输入字母 Y 表示喜爱，字母 N 表示不喜爱)、是否有良好的饮食习惯(输入字母 Y 表示饮食习惯良好，字母 N 表示饮食习惯不好)等数据，输出预测的此人的身高。

```
#include<stdio.h>
int main()
{
    char sex;                /* 孩子的性别 */
    char sports;             /* 是否喜欢体育运动 */
    char diet;               /* 是否有良好的饮食习惯 */
    float myHeight;          /* 孩子身高 */
    float fatherH;           /* 父亲身高 */
    float motherH;           /* 母亲身高 */
    printf("Are you a boy(M) or a girl(F)?");
    scanf(" %c", &sex);
    printf("Please input your father's height(cm):");
    scanf("%f", &fatherH);
    printf("Please input your mother's height(cm):");
    scanf("%f", & motherH);
    printf("Do you like sports(Y/N)?");
    scanf(" %c", &sports);
    printf("Do you have a good habit of diet(Y/N)?");
    scanf(" %c", &diet);
    if (sex == 'M' || sex == 'm')
        myHeight = (fatherH + motherH) * 0.54;
    else
        myHeight = (fatherH * 0.923 + motherH) / 2.0;
    if (sports == 'Y' || sports == 'y')
     myHeight = myHeight * (1 + 0.02);
    if (diet == 'Y' || diet == 'y')
        myHeight = myHeight * (1 + 0.015);
    printf("Your future height will be %f(cm)\n", myHeight);
    return 0;
}
```

### 3. if 语句嵌套

若 if 语句中的语句又是 if 语句，则构成嵌套的 if 语句。

if 语句嵌套的一般形式：

选择结构程序设计-if 语句嵌套

```
if(表达式1)
    if(表达式2) 语句1
    else 语句2
else
```

```
    if(表达式 3) 语句 3
    else 语句 4
```

其中内嵌的 if 语句和外层的 if 语句可以是单分支 if 语句或双分支 if 语句，注意使用嵌套语句时 if 和 else 的配对关系。

C 语言规定：else 总是与它前面最近的同一复合语句内的没有配对的 if 配对。

如果是以下嵌套关系：

```
if(表达式 1)
    if(表达式 2) 语句 1
else
    if(表达式 3) 语句 2
    else 语句 3
```

如果希望第一个 else 与第一个 if 配对，就要用花括号去改变配对关系，应写成：

```
if(表达式 1)
    {if(表达式 2) 语句 1 }
else
    if(表达式 3) 语句 2
    else 语句 3
```

**【例 3-7】**从键盘上输入 a、b、c 的值，求一元二次方程 $ax^2+bx+c=0$ 的根。

分析：对于一元二次方程 $ax^2+bx+c=0$，要考虑其系数 a、b、c 各种可能的取值情况。求解流程图如图 3-4 所示。

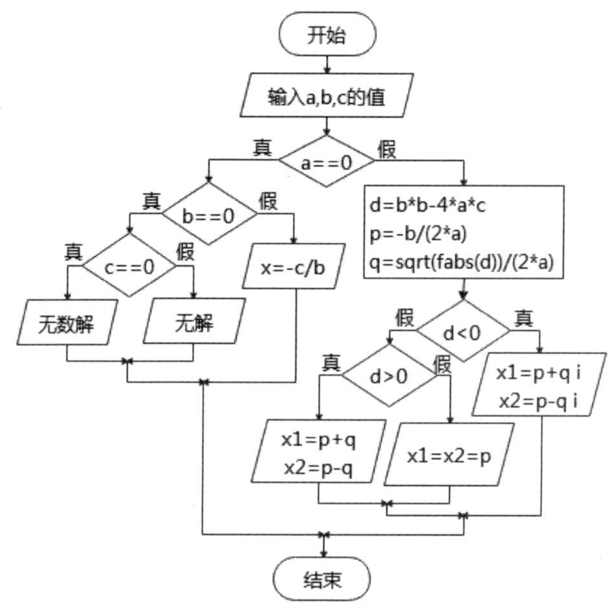


图 3-4　一元二次方程的求解流程图

```
#include<stdio.h>
#include<math.h>
int main( )
{
    float a,b,c,d,p,q;
    printf("输入a,b, c: ");
    scanf("%f,%f,%f",&a,&b,&c);
    if(a==0)
        if(b==0)
            if(c==0)
                printf("方程有无数解! \n");
            else
                printf("方程无解! \n");
        else
            printf("x=%g\n",-c/b); /* 解一元一次方程 */
    else            /* 解一元二次方程 */
    {   d = b*b - 4*a*c;
        p=-b/2/a;
        q=sqrt(fabs(d))/2/a;
        if(d>0)
            printf("x1=%g,x2=%g\n",p+q,p-q);
        else if(d==0)
            printf("x1=x2=%g\n",p);
        else
            printf("x1=%g+%gi,x2=%g-%gi\n",p,q,p,q);
    }
    return 0;
}
```

程序说明：

(1) 程序中包含三个双分支语句和一个三分支语句，调试程序时要注意嵌套关系。

(2) 程序的缩进格式对于程序的理解和调试有很大帮助，读者可以试一下，不缩进将会如何？

(3) 引入中间变量 p、q 的目的是简化后面的表达式，在以后的编程中，当某个表达式较复杂而又需要被多次引用时，可以参考这种方法。

(4) 对于虚根输出格式控制字符串，要分清哪些是格式控制字符，哪些是非格式字符。

(5) 对于多分支语句程序的调试，每一种可能性都要考虑到。对于本程序，由于包括 6 个分支，有 6 种可能性，因此在设计测试数据时要尽可能做到“不漏测任何一种可能性，不重复测任何一种可能性”。

(6) 设计的测试数据最好能方便手工计算结果。

#### 4. 多分支 if 语句

如果需要判定一系列的条件，一旦其中某一个条件为真就立刻停止，最好的方法是使用多分支 if 语句。多分支 if 语句具有“无论分支多少，仅能选择其一”的特性。

选择结构程序设计-if 多分支

多分支 if 语句的语法格式如下，流程图如图 3-5 所示。

```
if (表达式1)   语句1;
else if (表达式2)  语句2;
...
else if (表达式n) 语句n;
else 语句n+1;
```

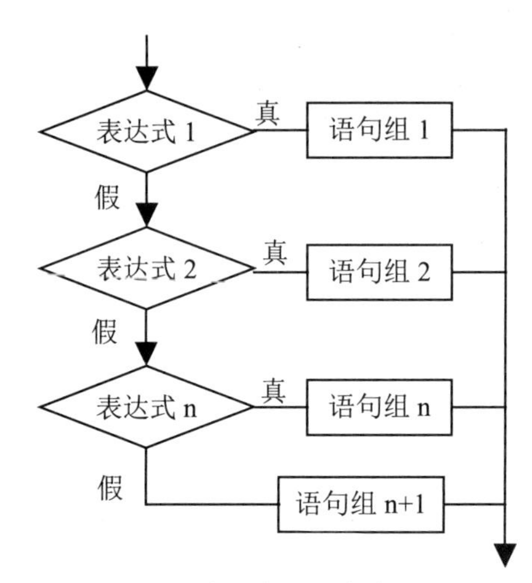


图 3-5　多分支 if 语句流程图

功能：依次判断各个表达式 i(i=1,2,…,n)的值，若遇到第一个为真的表达式 j(1≤j≤n)，则执行对应的语句组 j，整个多分支 if 语句执行结束；若所有表达式的值都为假，则执行 else 后面的语句组 n+1，整个多分支 if 语句执行结束。

说明：语句组可以是一条语句，也可以是多条语句。如果是多条语句，必须用“{ }”括起来。

【例 3-8】从键盘输入三角形的三边，判断这三条边构成的三角形的形状，有如下可能：

(1) 三边构不成三角形(有两边之和小于或等于第三边)。

(2) 构成锐角三角形(三边能构成三角形且两小边的平方和大于第三边的平方)。

(3) 构成直角三角形(三边能构成三角形且两小边的平方和等于第三边的平方)。

(4) 构成钝角三角形(三边能构成三角形且两小边的平方和小于第三边的平方)。

分析：这里有四个分支，所以需要用到一个 if、两个 else if 和一个 else。为了简化条件表达式的书写，可以提前对输入的三个数由小到大进行排序。

```
#include<stdio.h>
int main()
{
    float a,b,c,t;
    printf("请输入三边的值:\n");
```

```
    scanf("%f,%f,%f",&a,&b,&c);/* 以下对三条边按由小到大的顺序排序 */
    if (a>b) {t=a;a=b;b=t;}     /*{}中包含三个分号，所以有三条语句，必须用{}括起来 */
    if (a>c) t=a,a=c,c=t;       /* 只有一个分号，为一个逗号表达式，不必用{}括起来 */
    if (b>c) t=b,b=c,c=t;       /* 排序结束，以下判断三角形的形状 */
    if (a+b<=c)
       printf("三边构不成三角形!\n");
    else if (a*a+b*b>c*c)
       printf("三边构成锐角三角形!\n");
    else if (a*a+b*b==c*c)
       printf("三边构成直角三角形!\n");
    else
       printf("三边构成钝角三角形!\n");
    return 0;
}
```

程序说明：

对三个数排序用了三个单分支 if 语句，其中的 t=a,a=b,b=t;用于交换两个变量的值，这种用法会在以后经常见到，请读者认真思考其交换原理。

**【例 3-9】**已知某公司员工的保底薪水为 2000 元，员工某月所接工程的利润 profit(整数)与利润提成的关系如下，计算员工当月的薪水：

profit<=1000　没有提成

1000<profit<=2000 提成 10%

2000<profit<=5000 提成 15%

5000<profit<=10000 提成 20%

10000<profit　提成 25%

```
#include<stdio.h>
int main()
{
   int profit;
   float salary,commission;
   printf("Please input the profit:\n");
   scanf("%d",&profit);
   if(profit<=1000) commission=0;
   else if(1000<profit && profit<=2000)    commission=10;
   else if(2000<profit && profit<=5000)    commission=15;
   else if(5000<profit && profit<=10000)   commission=20;
   else       commission=25;
   salary=2000+profit*commission/100;
   printf("You should be paid %.2f(yuan)\n", salary);
   return 0;
}
```

程序说明：程序中的多分支 if 语句也可以写成如下形式：

```
if(profit<=1000) commission=0;
```

```
else if(profit<=2000)    commission=10;
else if(profit<=5000)    commission=15;
else if(profit<=10000)   commission=20;
else  commission=25;
```

省略一些条件，程序的运行效率会更高，因为当第一个 if 分支的条件成立时，执行后面的语句 commission=0;，其后的分支不会被检测。当第一个 if 分支不成立时，即 1000<profit 时才检测第二个分支，所以可以省略判断条件 1000<profit。如果 profit<=2000 成立，profit 的值一定满足 1000<profit && profit<=2000，其他类似。

## 3.2.2 switch 语句

switch 语句是多分支选择语句，其特点是各分支清晰而直观。该语句的一般形式是：

选择结构程序设计-switch 语句

```
switch(表达式)
{   case 常量表达式 1: 语句 1
    case 常量表达式 2: 语句 2
    ......
    case 常量表达式 n: 语句 n
    default: 语句 n+1
}
```

功能：首先计算 switch 后表达式的值，然后将该值依次与 case 后的常量表达式 i(i=1,2,…,n)相比较。若表达式的值与常量表达式 i 相等，则停止比较，从该常量表达式 i 后的语句开始，执行剩下的所有语句，除非遇到 break 语句，则退出 switch 语句。若所有的常量表达式 i 均不等于表达式的值，则从 default 处开始执行。

说明：

(1) 在 switch 语句中，括号中的表达式和 case 后的常量表达式必须是整型、字符型或枚举型，不能是 float 或 double 型。

(2) case 之后的各常量表达式必须互不相同，否则会出现互相矛盾的现象。

(3) case 与常量表达式之间一定要加空格。

(4) 语句 i(i=1,2,…,n)可以是一条或多条语句，是多条语句时不必用{ }将它们括起来。语句 i 处也可以没有语句，程序执行到此会自动向下顺序执行。

(5) 如果执行完某个 case 后面的语句后不想再顺序执行，而是要直接退出 switch 语句，可以使用 break 语句，强制立即退出 switch 语句。

break 语句的一般形式为：

```
break;
```

功能：终止它所在的 switch 语句或循环语句(后面章节会介绍)的执行。

说明：break 语句只能出现在 switch 语句或循环语句中。

(6) default 语句一般出现在所有 case 语句之后，也可以出现在 case 语句之前或两个 case 语句之间。一条 switch 语句中最多只能出现一条 default 语句。

(7) switch 只能进行相等性检查，“case 常量表达式”只起语句标号作用，不在此处进行条件判断，在此不能出现条件表达式和逻辑表达式，也不能出现变量，例如，不能出现 x>4 这样的条件表达式。

**【例 3-10】**从键盘输入一个公元元年以后的年份，判断并输出该年的生肖。

分析：因为每十二年生肖会循环出现，所以可以根据“年份%12”来判断生肖。通过简单推算可知，当余数为 0 时是猴年，以此类推，可以用 switch 语句完成任务。

```
#include<stdio.h>
int  main()
{   int year,x;
    printf("请输入年份:");
    scanf("%d",&year);
    x=year%12;
    printf("%d 年的生肖是: ",year);
    switch(x)
    {   case 0: printf("猴\n");break;
        case 1: printf("鸡\n");break;
        case 2: printf("狗\n");break;
        case 3: printf("猪\n");break;
        case 4: printf("鼠\n");break;
        case 5: printf("牛\n");break;
        case 6: printf("虎\n");break;
        case 7: printf("兔\n");break;
        case 8: printf("龙\n");break;
        case 9: printf("蛇\n");break;
        case 10: printf("马\n");break;
        default: printf("羊\n");break;
    }
    return 0;
}
```

**【例 3-11】**用 switch 语句实现如下任务：从键盘上输入一名学生的成绩，输出该学生的成绩和等级(90～100：A 级，80～89：B 级，60～79：C 级，0～59：D 级)。

分析：在 switch 语句中，“case 常量表达式”中不能用关系表达式。为了区分各分数段，将区间[0,100]每 10 分划为一段，则 x/10 的值为 10,9,…,1,0，共 11 段，用 case 后的常量表示分数段号。例如，x=76，则 x/10 的值为 7，所以 x 在 7 段，即 70≤x<79，属于 C 级。若 x/10 不在区间[0,10]，则表明 x 是无效成绩，在 default 分支处理。

```
#include<stdio.h>
int  main()
```

```
{   int x ;
    printf("Please input x:\n");
    scanf("%d", &x);
    switch(x/10)
    {
        case 10:
        case 9: printf("x=%d →A\n", x); break;
        case 8: printf("x=%d →B\n", x); break;
        case 7:
        case 6: printf("x=%d →C\n", x); break;
        case 5:
        case 4:
        case 3:
        case 2:
        case 1:
        case 0: printf("x=%d →D\n", x); break;
        default : printf("x=%d data error!\n", x);
    }
    return 0;
}
```

程序说明：当 x/10 等于 0、1、2、3、4、5 时执行的程序代码相同，只需在 case 0 处写上这段程序代码，case 1 到 case 5 均空白。这样，当 x/10 等于 1、2、3、4、5 时，其后无语句，程序会自动顺序向下执行，所以均会执行 case 0 处的程序段。同样，case 10 与 case 9、case 6 与 case 7 也依此处理，从而大大减少了程序冗余。

## 3.3　一遍又一遍——循环结构

选择结构可以实现根据不同的情况，采取不同措施的程序设计。而在有些问题中，需要在一定条件下不断重复执行某种操作，这就需要用循环结构来完成了，这个条件被称为循环条件，不断重复执行的操作被称为循环体。

根据循环条件与循环体的位置关系，将循环分为前测试循环和后测试循环两类。前测试循环是先判断循环条件是否成立，若成立，执行循环体，直到条件不成立为止。后测试循环是先执行一次循环体，再判断条件是否成立，如果成立，继续执行，否则结束循环。

C 语言中能够实现循环结构的语句有 while 循环语句、for 循环语句和 do…while 循环语句。

### 3.3.1　while 循环语句

循环结构程序设计
-while 语句

while 循环语句属于前测试循环，while 循环语句的一般形式为：

```
while(表达式)
```

循环体语句

执行过程：首先计算表达式的值，若为“真”，则将循环体语句执行一遍，执行完毕后，重复这种先计算、再判断条件、执行循环体语句的过程，直到表达式的值为“假”时，结束while循环语句，继续执行while循环语句后面的程序。while循环语句的执行流程如图3-6所示。

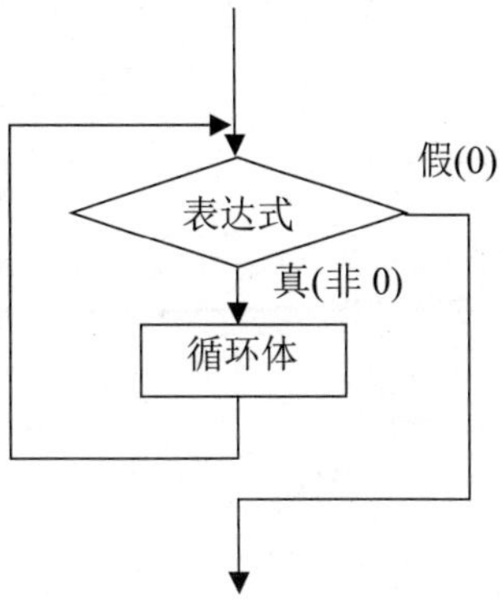

表达式
假(0)
真(非0)
循环体

图3-6　while循环语句的执行流程图

说明：

(1) 表达式是控制循环的条件，它可以是任意合法的表达式。

(2) 若循环体内有多条语句，则必须用一对花括号把它们括起来，成为复合语句。

(3) while循环语句的特点是：先判断，后执行。若表达式一开始就为“假”，则循环体一次也不执行。

【例3-12】求表达式s=1+2+3+…+100的和。

分析：要求1,2,3,⋯,100的累加和，可以先声明一个变量i，初值为1，让i的值从1变化到100。再声明一个变量s，初值为0，在i每次变化前执行s=s+i，即可完成累加。

```
#include<stdio.h>
int  main( )
{
   int s,i;                                /* 声明两个变量 s、i */
   s=0;                                    /* s 赋初值为 0  */
   i=1;                                    /* i 赋初值为 1  */
   while(i<=100)                           /* 如果 i<=100，循环体得以执行  */
   {
      s+=i;                                /* 将当前的 i 值累加到 s 中  */
      i++;                                 /* i 自加，也就是取下一个值  */
   }                                       /* 返回到 while 处，进行下一次条件判断 */
   printf("1+2+3+……+100=%d\n", s);         /* 循环结束后，输出累加结果 */
   return 0;
}
```

循环执行过程中各变量的值如表3-1所示。

表3-1　循环执行过程中各变量的值

| 执行次数 | 执行语句 s=s+i 后 s 的值 | 执行语句 i=i+1 后 i 的值 |
|---|---|---|
| 1 | s=0+1=1 | i=1+1=2 |
| 2 | s=1+2=3 | i=2+1=3 |
| 3 | s=1+2+3=6 | i=3+1=4 |

(续表)

| 执行次数 | 执行语句 s=s+i 后 s 的值 | 执行语句 i=i+1 后 i 的值 |
|---|---|---|
| … | … | … |
| 98 | s=1+2+3+…+98=4851 | i=98+1=99 |
| 99 | s=1+2+3+…+99=4950 | i=99+1=100 |
| 100 | s=1+2+3+…+99+100=5050 | i=100+1=101 |

程序说明：

(1) 程序中的变量 i 用于控制循环次数，通常称 i 为循环变量。

(2) 变量 s 用于存放累加结果，通常称 s 为累加器变量。

(3) 如果循环体中没有 i++;语句，则 i 的值始终为 1，循环条件一直成立，就会形成死循环。

## 3.3.2 for 循环语句

for 循环语句是 C 语言中使用最频繁的一种前测试循环控制语句。for 循环语句的一般形式为：

循环结构程序设计-for 语句

```
for(表达式 1; 表达式 2; 表达式 3)
循环体语句
```

for 循环语句的执行过程如下：

(1) 先求解表达式 1。

(2) 求解表达式 2，若值为真(非 0)，则执行 for 循环语句中的循环体语句，然后执行下面的第(3)步。若为假(值为 0)，则结束循环，转到第(5)步。

(3) 求解表达式 3。

(4) 转回上面的第(2)步继续执行。

(5) 循环结束，执行 for 循环语句下面的一条语句。

for 循环语句的执行流程图如图 3-7 所示。

在实际编程中，表达式 1 通常是为循环变量赋初值，表达式 2 是控制循环的条件表达式，表达式 3 通常是改变循环变量值的表达式。所以 for 循环语句的形式也可写成如下形式：

```
for(循环变量赋初值; 循环条件; 循环变量增值)
循环体语句;
```

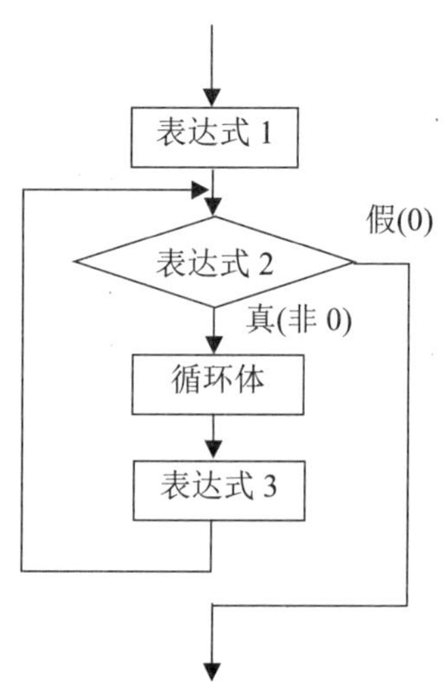


图 3-7 for 循环语句的执行流程图

【例 3-13】用 for 循环语句来实现例 3-12。

```
#include<stdio.h>
int main()
{
    int s,i;
    s=0;
    for(i=1; i<=100; i++)
        s+=i;
    printf("1+2+3+……+100=%d\n", s);
    return 0;
}
```

```
{
    int s,i;
    s=0;
    i=1;
    while (i<=100)
    {
        s= s+i;
        i++;
    }
    printf ("1+2+3+……+100=%d\n", s);
}
```

右侧是例 3-12 中用 while 循环语句解决相同问题的代码，对比以上两段程序可以看出，对于这类问题，for 循环要比 while 循环紧凑得多。

for 循环语句的使用说明：

(1) for 循环语句中的表达式 1、表达式 2、表达式 3 可以是任意类型的表达式，都可省略，但分号不可省略。

如果表达式 2 省略，即不判断循环条件，也就是认为表达式 2 始终为真，循环会无休止地执行下去。

例如：for(i=1; ;i++) s=s+i;为死循环。

(2) for 循环是先判断循环条件，然后执行循环体语句。也就是说，如果开始时循环条件不成立，循环体一次也不执行。例如：

```
x=10;
for(y=10;y!=x;++y)
printf("%d",y);
```

上述程序段中的循环体不被执行。这样，整个循环语句只相当于执行了表达式 1，即 y=10;。

(3) for 循环的循环体可以是多条语句，这些语句必须放在一对花括号中。例如：

```
int x;
double z;
for(x=100;x!=65;x-=5)
{   z=sqrt((double)x;
    printf("The square root of %d: %.2f\n",x,z);
}
```

如果没有花括号，则只有离 for 最近的第一个“;”前的语句算作循环体。读者可以判断下面这段程序的循环体是哪条语句：

```
int s,i;
s=0;
```

```
for(i=1;i<=100;i++);
    s= s+i;
    printf("1+2+3+……+100=%d\n", s);
```

由于 for 语句这一行的末尾加了一个分号，因此循环体也就是分号前面的语句，而分号前并没有语句，所以这个循环只是一个空循环。也就是说，这个 for 循环没有循环体。这是初学者最容易犯的错误。

(4) 表达式 1 和表达式 3 可以是简单的表达式，也可以是逗号表达式，即包含一个以上的简单表达式，中间用逗号间隔，例如：

```
for(sum=0,i=1;i<=100;i++) sum=sum+i;
```

或

```
for(sum=0,i=1,j=100;i<=j;i++,j--) sum=sum+i+j;
```

(5) 三个表达式的位置可以改变，但效果相同。例如，以下几组语句的运行结果相同：

```
a:   for(i=1;i<=5;i++)
          printf("%d",i);
b:   i=1;
     for(;i<=5;i++)
        printf("%d",i);
c:   i=1;
     for(; i<=5;)
     {
        printf("%d",i);
        i++;
     }
d:   i=1;
     for( ; ;)
     {
        printf("%d",i);
        i++;
        if(i>5) break;
     }
```

(6) 注意防止出现“死循环”，例如：

```
int x=1;
for(;x=10;x++)
    printf("%d ",x);
```

该程序会输出无数个“10”而不能正常终止。

### 3.3.3　do…while 循环语句

do…while 循环是一种后测试循环，该语句的一般形式为：

```
do
{
    循环体语句
}
while(表达式);
```

执行过程：首先执行一次循环体语句，然后计算表达式(循环控制条件)的值，若为“真”，则再次执行循环体语句，然后再判断，如此重复，直到表达式的值为假(0)时结束循环，执行 do…while 循环语句的后续程序，执行流程如图 3-8 所示。

从执行过程可以看出，该循环语句中的循环体至少被执行一次，而执行 while 语句时如果第一次条件判断不成立，循环体一次也不会被执行。

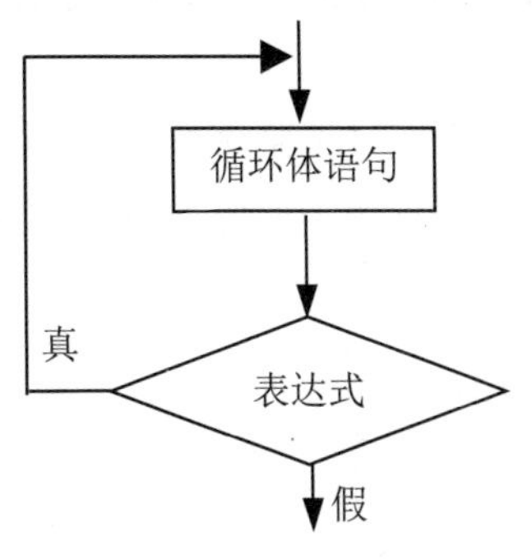


图 3-8　do…While 循环语句的执行流程图

**注意：**

do…while 循环语句中 while 后面的分号很重要，如果漏掉该分号，会出现语法错误。

**【例 3-14】** 从键盘输入两个整数，求这两个数的最大公约数。

分析：假设两个数分别是 m 和 n，可以分别用 m 和 n 除以从 m(也可以是 n)和 1 之间的每一个数，只要有一个数能被 m 和 n 整除，这个数就是最大公约数。但这种算法效率较低。

一般使用“辗转相除法”求最大公约数，算法为：

(1) r=m%n。

(2) 若 r=0，则最大公约数就是 n，结束循环。

(3) 否则让 m=n，n=r，转第(1)步。

```
#include<stdio.h>
int main()
{
    int m,n,r;
    printf("请输入两个整数: ");  /* 输入数据前的提示信息 */
    scanf("%d%d",&m,&n);        /* 注意格式控制符 */
    do
    {
        r = m % n;              /* 求两个数的余数 */
        m=n;                    /* 将 n 值赋给 m; */
        n=r;                    /*  将 r 值赋给 n; */
    }
```

```
    while(r!=0);                /* 如果余数不为 0，循环继续 */
    printf("两个数的最大公约数为：%d\n",m);
    /* 当判断 r 为 0 时，因为前面的赋值操作，n 的值已经被赋给了 m，所以最大公约数在 m 变量中。 */
    return 0;
}
```

类似题目：编写程序，要求用户输入一个分数，然后将其约分为最简分式。

```
Enter a fraction:8/12
In lowest terms:2/3
```

要求分数的最简分式，要先计算分子、分母的最大公约数，然后将分子、分母除以最大公约数。

如果使用 for 循环语句或 while 循环语句(前测试循环)，需要将循环条件写在循环体之前。而本程序中 r 的值是在循环体中才获得的，循环之前是没有值的，除非在循环之前先求一次 r。C 源程序代码如下：

```
#include<stdio.h>
int main()
{
    int m,n,r;
    printf("请输入两个整数：");
    scanf("%d%d",&m,&n);
    r = m % n;    /* 循环外先求一次，以方便写循环条件 */
    while(r!=0)   /* 如果余数不为 0，进入循环 */
    {
        m=n;
        n=r;
        r = m % n;
    }
    printf("两个数的最大公约数为：%d\n",n);
    return 0;
}
```

虽然能完成任务，但求余数的表达式出现了两次，不如用 do…while 循环语句简洁。

当然，能用 while 循环的地方也就可以用 for 循环，C 源程序代码如下：

```
#include<stdio.h>
int main()
{
    int m,n,r;
    printf("请输入两个整数：");
    scanf("%d%d",&m,&n);
    for(r = m % n;r!=0;)
    {
        m=n;
```

```
        n=r;
        r = m % n;
    }
    printf("两个数的最大公约数为: %d\n",n);
    return 0;
}
```

for 循环语句中省略了表达式 3，也可以将 r=m%n 当成表达式 3，读者可以自己试一下。虽然这样看起来程序紧凑了，但结构不清晰，在编程中不鼓励这种写法。

### 3.3.4 break 和 continue 语句

前面介绍过 break 语句可以用在 switch 语句中，使流程跳出 switch 语句，执行 switch 语句的后续语句。

break 语句也可以用在循环语句中，终止循环的执行。

continue 语句用在循环语句中，用来结束本次循环，提前进入下一次循环，而不是结束整个循环。

辅助控制语句

#### 1. break 语句

break 语句的一般形式为：

```
break;
```

功能：终止它所在的 switch 语句或循环语句的执行。break 语句与 for 语句结合后的执行流程如图 3-9 所示。

说明：break 语句只能出现在 switch 语句或循环语句的循环体中。

**【例 3-15】**从 100～999 中找出第一个满足能被 3 和 7 同时整除的数。

分析：可以用循环产生 100～999 的每个数 n，在循环体中寻找满足条件的数，一旦找到，立即用 break 语句结束循环。

```
#include<stdio.h>
int main()
{
    int n;
    for(n=100; n<=999; n++)
        if(n%3==0 && n%7==0)
        {
            printf("%d \n",n);
            break;
        }
return 0;
}
```

若要找出这个范围内全部满足条件的数，去掉 break 语句即可。

2. continue 语句

continue 语句的一般形式为：

```
continue;
```

功能：结束本次循环(而不是终止整个循环)，即跳过循环体中 continue 语句的后续语句，开始执行下一次循环的判断条件。continue 语句在 for 循环中的执行流程如图 3-10 所示。

说明：continue 语句只能出现在循环语句的循环体中。

【例 3-16】 输出两位数中所有能同时被 3 和 5 整除的数。

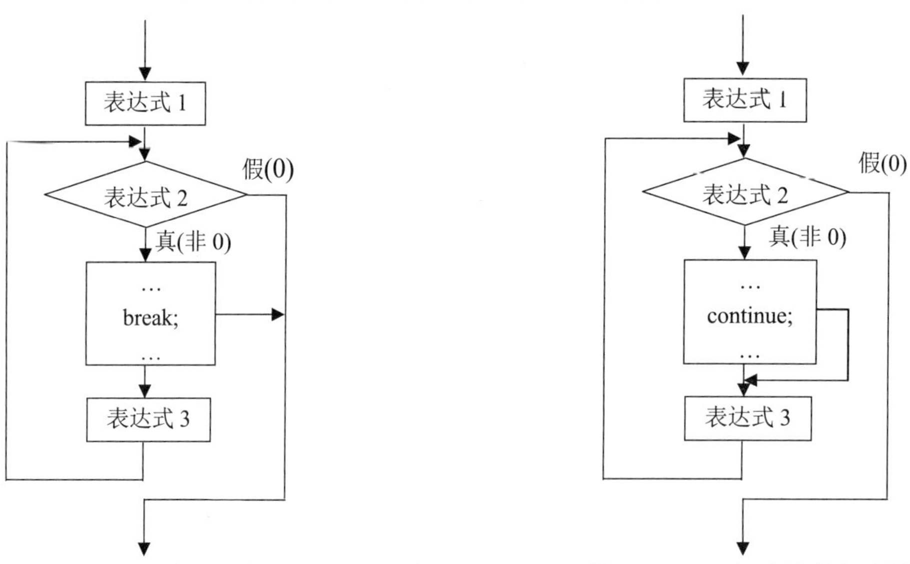


图 3-9 break 语句执行流程图　　图 3-10 continue 语句执行流程图

分析：和上一例相比，只是需要将不满足条件的数越过即可。

```
#include<stdio.h>
int main()
{ int n;
  for(n=10;n<100;n++)
   {   if(n%3!=0 || n%5!=0) continue; /* n 不满足条件，结束本次循环 */
       printf(" %5d", n);       /* 当上一条件满足时，这一行语句会被跳过 */
   }
   return 0;
}
```

continue 语句和 break 语句的区别：

(1) continue 语句只能出现在循环语句的循环体中；而 break 语句既可以出现在循环语句中，也可以出现在 switch 语句中。

(2) break 语句终止它所在的循环语句的执行；而 continue 语句不是终止它所在的循环语句的执行，而是结束本次循环，并开始下一次循环条件的判断。

### 3.3.5　三种循环语句的比较

C 语言中实现循环结构的语句有 while、for 和 do…while 语句。下面对它们进行比较。

循环语句的区别及循环嵌套

(1) 三种循环语句均可处理同一个问题，它们可以相互替代。

(2) for 和 while 语句先判断循环控制条件，后执行循环体；而 do…while 语句是先执行循环体，后进行循环控制条件的判断。for 语句和 while 语句可能一次也不执行循环体；而 do…while 语句至少执行一次循环体。

例如：

```
#include<stdio.h>
int  main()
{   int i,sum=0;
    scanf("%d",&i);
    while(i<=10)
    {  sum+=i;
   i++;
    }
    printf("%d",sum);
    return 0;
}
```

```
#include<stdio.h>
int  main()
{   int i,sum=0;
scanf("%d",&i);
do
    {   sum+=i;
i++;
}while(i<=10);
printf("%d",sum);
return 0;
}
```

当输入值为 10 时，以上两个程序的运行结果相同，即均为 10(i=11、sum=10)；而当输入值为 11 时，运行结果则不同，第一个程序输出 0(i=11、sum=0)，第二个程序输出 11(i=12、sum=11)，因为第一个程序的循环体一次也没有执行，而第二个程序的循环体被执行了一次。

所以可以得出结论：在第一次循环条件判断为真时，三种循环语句的执行结果相同，没有区别；而在第一次循环条件判断为假时，它们是有区别的，for 和 while 语句的循环体一次也没有执行，而 do…while 语句则执行了一次循环体。

### 3.3.6　循环嵌套

循环语句的循环体可以是任何合法的 C 语句。若一个循环语句的循环体中包含了另一循环语句，则构成了循环嵌套，称为多重循环。

三种循环语句(for、while、do…while)可以互相嵌套。

循环嵌套的特点：外循环执行一次，内循环要执行完全部循环。

例如，以下程序演示了循环嵌套的执行过程及循环变量值的变化。

```
#include<stdio.h>
int main()
{   int i,j;
    for(i=0; i<6; i++)
    {
        for(j=0; j<6; j++)
            printf("%d%d ",i,j);
        putchar('\n');
    }
}
```

程序的运行结果如下：

```
00 01 02 03 04 05
10 11 12 13 14 15
20 21 22 23 24 25
30 31 32 33 34 35
40 41 42 43 44 45
50 51 52 53 54 55
```

从程序运行结果可以看出，当外层循环变量 i 的值为 0(i=0)时，内层循环变量 j 的值从 0 变化到 5，j=6 时退出内层 j 循环；然后外层循环变量 i 的值增加 1(i=1)，内层循环变量 j 的值仍然从 0 变化到 5，j=6 时退出，如此重复，直到外层循环变量 i 的值为 6 时，退出 i 循环。所以，执行多重循环时，对外层循环变量的每一个值，内层循环的循环变量都会从初值变化到终值。即对外层循环的每一次循环，内层循环要执行完整个循环语句。

【例 3-17】打印如图 3-11 所示的九九乘法口诀表。

分析：观察相乘的两个数，第一行，均为 1；第二行，第一个数取 1、2，而第二个数始终为 2；第三行，第一个数为 1、2、3，第二个数始终为 3；…；第九行，第一个数取 1、2、3、…、9，第二个数始终为 9。根据以上分析及循环嵌套的特点，为实现该问题，可以使用循环嵌套，外循环循环 9 次，循环变量的值从 1 取到 9，内循环变量的值从 1 起，终止于外循环循环变量的值。

```
1×1=1
1×2=2  2×2=4
1×3=3  2×3=6   3×3=9
1×4=4  2×4=8   3×4=12  4×4=16
1×5=5  2×5=10  3×5=15  4×5=20  5×5=25
1×6=6  2×6=12  3×6=18  4×6=24  5×6=30  6×6=36
1×7=7  2×7=14  3×7=21  4×7=28  5×7=35  6×7=42  7×7=49
1×8=8  2×8=16  3×8=24  4×8=32  5×8=40  6×8=48  7×8=56  8×8=64
1×9=9  2×9=18  3×9=27  4×9=36  5×9=45  6×9=54  7×9=63  8×9=72  9×9=81
```

图 3-11　九九乘法口诀表

```
#include<stdio.h>
int main()
{   int i,j;
    for(i=1;i<=9;i++)
```

```
    {   for(j=1;j<=i;j++)
            printf("%d*%d=%-4d",j,i,i*j);
        printf("\n");
    }
    return 0;
}
```

程序说明：注意格式输出控制字符串的写法，“%-4d”要求以整型数输出，每个数占 4 列，靠左对齐。

# 3.4　应用举例

学习了控制结构以后，就可以解决较为复杂的问题。现以常见的典型问题为例，对问题进行归类，讲解进行程序设计时对问题的分析，以及程序设计的思想、方法和规律，并对同类问题的程序设计方法进行总结。

## 3.4.1　一般计算问题

在进行程序设计时，通常会遇到需要通过简单累加、累积、计数或统计等进行求解的问题。这类问题的关键是确定每次累加(乘)、统计的项是什么，通过循环方式实现多次重复操作，从而得到运算结果，这是程序设计中最基本的问题之一。

### 1. 累加、累积

若求解问题通过分析后，其本质是累加、累积问题，程序设计的基本思路是：首先，确定每次累加(乘)的对象(数据)是什么，这些对象具有何种规律，构造计算数据对象的表达式(如 i=i+1)；其次，构造出累加(乘)的运算表达式(s=s+i)，对产生的数据进行累加(乘)；最后，确定实现重复运算的控制方法(循环控制)。

在上述思路的基础上，设计求解问题的算法，依据算法编写程序。

【例 3-18】编程求 n 的阶乘(n!)。

基于上述基本思路，阶乘问题分析和求解的基本方法是：

(1) n!=1*2*3*…*n，每次相乘的数分别为 1,2,3,…,n，每一项相乘的数据有如下变化规律：是一个自然数，如果 i 的初值为 0，可以用式子 i=i+1 一次产生一个自然数 i，运行多次可以构造所有要累乘的每一项数据。

(2) 每次累乘的数是 i，可以用 s=s*i 构造累乘运算表达式，每次实现一个数据的累乘。

(3) 计算 n 个 i 累乘，则需要循环操作 n 次，构造执行 n 次的循环控制。

```
#include<stdio.h>
int  main()
{   int i,s,n;
```

```
    s=1;
    scanf("%d",&n);
    for(i=1;i<=n;i++)
    s= s*i;
    printf("s=%d\n", s);
    return 0;
}
```

**警告：**

这里的 n 不能太大，否则会出现“溢出”错误，因为累积器 s 的数据类型为整型，能存放的最大整数为 2147483647。

上例中，若问题是 1+2+3+…+n，则具体分析解法见之前章节，比较它们间的异同，找出规律。

以下同类题目与上例的算法相同，只是对累加的数 x 进行了适当变换，注意其数据类型。

- $1+\frac{1}{2}+\frac{1}{3}+\cdots+\frac{1}{n}$ (累加的数据用 i=i+1 产生，累加为：f=f+1.0/i)
- 1！+2！+3！+…+n! (累加的项为 n!，可用 i=i+1;和 s=s*i;产生，累加为：f=f+s)
- $\frac{1}{1\times2}+\frac{1}{2\times3}+\cdots+\frac{1}{n\times(n+1)}$ (累加的项为 i=i+1;，累加为：f=f+1.0/( i*(i+1))
- 用公式$\frac{\pi}{4}=1-\frac{1}{3}+\frac{1}{5}-\frac{1}{7}+\cdots$求 π 的近似值，直到最后一项的绝对值小于 $10^{-6}$为止。(见下面的例题分析)
- $a+aa+aaa+\cdots+\underbrace{aa\cdots aa}_{n个a}$ (累加的项为 x=x*10+a;，累加为：f=f+x)
- $\cfrac{1}{2+\cfrac{1}{2+\cfrac{1}{2+\cfrac{1}{2+\cfrac{1}{2+\frac{1}{2}}}}}}$ (无累加，设 A 的初值为$\frac{1}{2}$，要求解的项用$A=\frac{1}{2+A}$产生)

对于累加和累乘题目，总结如下：

(1) 用一条或若干条语句(类似于 i=i+1)运算产生要累加或累乘的每一项或每一项的主要项。

(2) 用一条语句，比如 f=f*x(f=f+x)，将产生的项累加或累乘(或者省略此步)。

(3) 依据题目命题，结合前面两项，构造合适的循环语句和条件。

通过本节举例分析，对同类问题可以达到举一反三的效果。

**【例 3-19】**计算 s=1+1/2+1/3+…+1/100。

```
#include<stdio.h>
int main()
```

```
{   int i; float s;
    s=0;
    i=1;
    while(i<=100)
    {
        s=s+1.0/i;
        i++;
    }
    printf("s=%f\n", s);
return 0;
}
```

运行程序，输出结果是：s=5.187378。

本例实际与例 3-11 一样，是若干项的求和问题。不同的是，累加的项由整数换成了分数。因此，例 3-11 中的 s+=i 在本例中应换成 s+=1.0/i，最后结果是实数，故变量 s 应是浮点型。若用 s+=1/i，则得到错误结果：s=1.000000。这是因为 i 是整型变量，当 i>1 时，1/i 的值为 0(两个整型数相除不保留商的小数部分)。s 中只累加了第一项 1/1，所以 s=1.000000。1.0/i 可以保留商的小数部分，故程序中采用 s+=1.0/i。若将变量 i 定义为实型变量，则 1/i 也可以保留商的小数部分。

**【例 3-20】** 计算 π 的近似值。公式如下：$\pi/4\approx1-1/3+1/5-1/7+\cdots$ 直到累加项的绝对值小于 $10^{-4}$ 为止(即求和的各项的绝对值均大于等于 $10^{-4}$)。

分析：本例仍然可以看作若干项累加的问题，只是累加的项的符号正负交替出现。若不考虑正负号，可用下列程序段完成求和：

```
s=0; i=1;
while(1.0/i>=1.0e-4)
{  s+=1.0/i;
   i+=2;
}
```

为了反映各项的正负号，用 k*1.0/i 表示要累加的项，其中 k 是 1 或−1。i=1 时，累加项是 1.0/1，k=1; i=3 时，累加项是−1.0/3, k=−1；…正负号总是交替出现。第一项为正数，故 k 的初值为 1，以后每累加一项，就执行 k=−k;语句，使 k 的值交替为 1 或−1。

```
#include<stdio.h>
int  main()
{  int i, k; float s;
   s=0; k=1; i=1;
   while(1.0/i>=1.e-4)   /* 累加项的绝对值必须大于或等于 10^-4 */
   {  s+=k*1.0/i;
      i+=2;
      k=-k;              /* 得到下一项的符号(正或负) */
   }
   s=4*s;
   printf("pai=%f\n", s);
```

```
    return 0;
}
```

运行程序，输出结果是：pai=3.141397

### 2. 计数与统计

若求解的问题通过分析后，其本质是计数(简单累加：n=n+1)、统计(分类计数、累加 s=s+x 或求均值 p=s/n 等)，程序设计的基本思路是：首先，确定每次计数或统计的处理对象是什么；其次，对这些对象进行处理(统计或计数)的依据是什么，有哪些处理条件；再次，构造统计或计数运算的表达式，形成每次重复操作的内容(循环体)；最后，确定实现重复运算的控制方法(循环控制)。

循环结构程序设计-统计

**【例 3-21】**从键盘任意输入一串字符，分别统计其中大写字母、小写字母、数字、其他字符的个数。

分析：从键盘任意输入一个字符可使用 c=getchar( )，输入一串字符时可与循环结合，可输入多次，当接收到的字符是回车换行符('\n')时停止，可使用 while((c=getchar( ))!='\n')。一次循环可输入一个字符，处理该字符，下次重新接收新字符并赋给 c 变量，再次处理。在循环体中处理字符 c，分四种情况，设计多分支选择语句，条件成立时，分别进行计数即可。

```
#include<stdio.h>
int main()
{   char c;
    int digcou=0;                          /* 定义整型变量为计数器并初始化为 0 */
    int capcou=0;
    int smacou=0;
    int othercou=0;
    printf("c = ?");
    while((c = getchar())!='\n')           /* 循环输入字符后赋给 c */
    {
        if(c>='0' && c<='9')
        digcou++;                          /* 统计数字字符 */
        else if(c>='A' && c<='Z')
        capcou++;                          /* 统计大写字母 */
        else if(c>='a' && c<='z')
        smacou++;                          /* 统计小写字母 */
        else
        othercou++;                        /* 统计其他字符 */
    }
    printf("数字字符有%d 个\n",digcou);    /* 输出字符个数 */
    printf("大写字母有%d 个\n",capcou);
    printf("小写字母有%d 个\n",smacou);
    printf("其他字符有%d 个\n",othercou);
    return 0;
}
```

## 3.4.2　穷举法求解问题

穷举法也叫枚举法或列举法，基本思想是根据提出的问题，列举出所有的可能情况，并依据问题中给定的条件检验哪些情况是想要的(符合要求的)，并将符合要求的情况输出。这种方法常用于解决“是否存在”或“有多少种可能”等类型的问题，如判断质数、不定方程求解等。在实际应用中，许多问题需要用穷举法来解决。

循环结构程序设计-穷举法

穷举法的一般解题模式为如下。

(1) 问题解的可能搜索范围：用循环或循环嵌套语句实现。

(2) 写出检验符合问题解的条件。

(3) 优化程序，以便缩小搜索范围，减少程序运行时间。

【例 3-22】判断给定整数是否是素数。

分析：素数是指一个自然数 n，只能被 1 和它本身整除，例如 2,3,5,7,⋯。根据定义，要判断一个数 n 是否是素数，可以测试自然数 n 能否被 2,3,⋯,n−1 整除，只要能被其中一个数整除，n 就不是素数，否则就是素数。程序中可以设立标志量 flag，flag 为 0 时，k 不是素数；flag 不为 0 时，k 是素数。

```
#include<stdio.h>
int main()
{
    int i, k, flag;
    scanf("%d",&k );
    flag=1;        /* 先假设 k 是素数 */
    for(i=2; i<k; i++)
        if(k%i==0)
        {
            flag=0;
            break;
        }
        if(flag==1)
            printf("%d is a prime\n",k);
        else
            printf("%d is not a prime\n",k);
        return 0;
}
```

程序优化：可以证明，k 若不能被 2,3,⋯, $\sqrt{k}$ 整除，则 k 是素数。$\sqrt{k}$ <=k, 可以减少循环次数，提高效率。所以程序中 for 语句的 i<k 可以改为 i<=sqrt (k)，但要在程序开头增加预处理命令#include<math.h>，因为 sqrt( )函数要在 math.h 文件中声明。

【例 3-23】马克思手稿中的趣味数学题：有 30 个人，其中有男人、女人和小孩，在一家饭馆里吃饭共花了 50 先令，每个男人各花 3 先令，每个女人各花 2 先令，每个小孩各花 1 先令，问男人、女人和小孩各有几人？

分析：设男人为 $x$，女人为 $y$，小孩为 $z$，根据题意，可列出以下两个方程。三个未知量，两个方程，不能唯一解出方程，可以用穷举法，找出符合条件的解。

解方程组

$$\begin{cases} x+y+z=30 \\ 3x+2y+z=50 \end{cases}$$

根据题意可知，男人不会超过 16 人，女人不会超过 25 人。

```
#include<stdio.h>
int main()
{
    int x,y,z;
    printf("Man \t Women \t Childern\n");
    for(x=0; x<=16; x++)
        for(y=0; y<=25; y++)
        {
            z = 30 - x - y;
            if(3*x+2*y+z == 50)
                printf("%3d \t %5d \t %8d\n",x,y,z);
        }
    return 0;
}
```

同类题目：“韩信点兵”。韩信是汉高祖刘邦的手下大将，他英勇善战，智谋超群，为建立汉朝立下了汗马功劳。据说他在点兵的时候，为了保住军事机密，不让敌人知道自己部队的实力，采用下述点兵方法：先令士兵从 1 到 3 报数，结果最后一个士兵报 2；再令士兵从 1 到 5 报数，结果最后一个士兵报 3；又令士兵从 1 到 7 报数，结果最后一个士兵报 4。这样，韩信很快就算出了自己部队士兵的总人数。请编写程序计算韩信的部队至少有多少人。

## 3.4.3 递推和迭代法求解问题

递推：从前面的结果计算推出后面的结果。解决递推问题必须具备两个条件：

(1) 初始条件。

(2) 递推关系(或递推公式)。

迭代(iterate)：不断以计算的新值取代原值的过程。

循环结构程序设计-迭代及循环嵌套

在进行程序设计时，递推问题一般可以用迭代方法来处理；但若使用数组进行递推问题的求解，则可以不用迭代法来处理。

递推和迭代算法是用计算机解决问题的一种基本方法。它们利用计算

机运算速度快、适合执行重复性操作的特点，让计算机对一组指令(或一些步骤)重复执行，在每次执行这组指令(或这些步骤)时，都从变量的原值推出它的一个新值，从新值(替代原值)又推出下一组新值等，进而实现对复杂问题的求解。

迭代法又分为精确迭代和近似迭代。求斐波那契(Fibonacci)数列为精确迭代，“牛顿迭代法”为近似迭代。

求数列通常是给出数列的初始几项(或最后几项)和递推公式(或规律)，求解出数列中的其他项。

**【例 3-24】**求斐波那契数列。已知数列的前两项均为 1，从第三项开始，每一项为其前两项之和，求该数列的前 20 项。

分析：设 f1、f2 分别为数列中的第 1 项和第 2 项，f 为后一项，则有 f=f1+f2。第 3 项到第 20 项用循环语句求出，已知第 1 项和第 2 项，在求出第 3 项后，使 f1 和 f2 分别代表数列中的第 2 项和第 3 项，以便求出第 4 项，以后以此类推，求出其他项。

| | 1 | 1 | 2 | 3 | 5 |
|---|---|---|---|---|---|
| 第一次计算 | f1 | f2 | f | | |
| 第二次计算 | | f1 | f2 | f | |
| 第三次计算 | | | f1 | f2 | f |

基本算法：

(1) 设置第一项 f1 和第二项 f2 的值。

(2) 递推计算下一项 f=f1+f2。

(3) 变量迭代：f1=f2，f2=f。

(4) 重复步骤(2)和(3)。

```
#include<stdio.h>
int main()
{
    long f, f1, f2; int i;
    f1 = f2 = 1;
    printf("%10ld%10ld", f1,f2);
    for(i=3; i<=20; i++)                /* 计算第 3 项到第 20 项 */
    {
        f=f1+f2;                        /* 递推出第 i 项 */
        printf("%10ld", f);
        if(i%4==0) printf("\n");        /* 控制每行输出 4 个数 */
        f1=f2; f2=f;                    /* 为下一步递推做准备 */
    }
    return 0;
}
```

以上程序还可以改进。当 f1+ f2 → f 时，f1 对下次递推已无作用，所以用 f1 存放当前递推结果是很自然的，即 f1=f1+f2。由于 f1 已更新，同理，本次递推后，f2 已经无用了，下次递推公式为 f2+ f1 →f2，用 f2 存放当前递推结果。

请看：

1　1　2　3　5　8……

↓　↓

f1 + f2→f1

　　f2 + f1→f2

　　　　f1 + f2 →f1

　　　　　　f2 + f1 → f2

　　　　　　　　……

这样，在循环体中可用如下语句进行递推：

```
f1=f1+f2;
f2=f2+f1;
```

一次计算可产生两项，循环次数减少一半。下面是改进后的程序：

```
int  main( )
{
   long f1,f2; int i;
   f1 = f2 =1;
   printf("%10ld%10ld", f1,f2);
   for(i=2; i<=10; i++)  /* 产生第 3 项到第 20 项 */
   {
      f1 = f1+f2;
      f2 = f2+f1;
      printf("%10ld%10ld", f1,f2);
      if(i%2==0) printf("\n"); /* 每行输出 4 个数 */
   }
   return 0;
}
```

【例 3-25】用迭代法求正数 a 的算术平方根。

分析：已知求 a 的算术平方根的迭代公式如下

$$x_n = \frac{1}{2}(x_{n-1} + \frac{a}{x_{n-1}})$$

迭代步骤为：

(1) 先确定 a 的平方根的初值 $x_0$。例如 $x_0$=0.5*a，并代入迭代公式进行计算，所得的 $x_1$ 是 a 的平方根的首次近似值。它可能与 a 的平方根有很大误差，需要修正。

(2) 把 $x_1$ 作为 $x_0$，代入迭代公式进行计算，得到新的 $x_1$，此次的 $x_1$ 比上次的 $x_1$(即本次的 $x_0$)更接近于 a 的平方根。

(3) 当$|x_1-x_0|>=\varepsilon$时，表示近似值的精度不够，转步骤(2)继续迭代。其中，ε 是一个很小的正数(程序中用 eps 表示)，用来控制误差，ε 越小，误差越小，但迭代次数也越多。当$|x_1-x_0|<\varepsilon$时，表示 $x_1$ 就是 a 的平方根。

```
#include<math.h>
int main( )
{
    double x0, x1, a, eps=1.e-5;
    do
    {
        printf("Please input a number(>=0):");
        scanf("%lf", &a);
    }while(a<0);      /* 该循环保证输入的值是大于等于 0 的数据 */
    x0 = a/2;
    x1 = 0.5*(x0+a/x0);
    while(fabs(x1-x0) >= eps)
    {
        x0=x1;
        x1=0.5*(x0+a/x0);
    }
    printf("sqrt(%f)=%f\n",a,x1);
    return 0;
}
```

同类题目：用牛顿迭代法求解方程 $f(x)=x^3-2x^2+4x+1=0$ 在 $x=0$ 附近的根。

分析：有些一元方程式(尤其是一元高次方程)的根是难以用解析法求出来的，只能用近似方法求根，各种近似求根的方法有迭代法、二分法、弦截法等。这里只介绍牛顿迭代法(又称“牛顿切线法”)，与一般迭代法相比，它具有更高的收敛速度。牛顿迭代法求根几何示意图如图 3-12 所示。

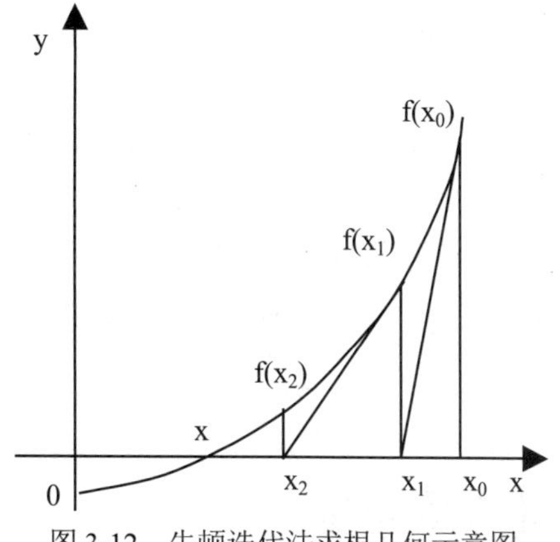


图 3-12　牛顿迭代法求根几何示意图

假设函数 $f(x)$ 在某一区间内为单调函数(即在此范围内函数值单调增加或单调减小)，而且有一个实根，用牛顿迭代法求 $f(x)$ 的根的方法为：

(1) 大致估计实根可能的范围，任选一个接近于真实根 $x$ 的近似根 $x_0$。

(2) 通过 $x_0$ 求出 $f(x_0)$ 的值。在几何意义上就是绘制直线 $x=x_0$ 与曲线 $f(x)$ 交于 $f(x_0)$。

(3) 过$f(x_0)$绘制曲线$f(x)$的切线，交$x$轴于$x_1$。

由图 3-12 可以看出：

$$f'(x_0)=\frac{f(x_0)}{x_0-x_1}$$

故：

$$x_1=x_0-\frac{f(x_0)}{f'(x_0)}$$

(4) 由$x_1$求出$f(x_1)$。

(5) 再过$f(x_1)$绘制$f(x)$的切线，交$x$轴于$x_2$($x_2$的求法同$x_1$)。

(6) 再通过$x_2$求$f(x_2)$。

(7) 重复以上步骤，求出$x_3,x_4,x_5,\cdots,x_n$(用公式$x_n=x_{n-1}-\frac{f(x_{n-1})}{f'(x_{n-1})}$)，直到前后两次求出的近似根之差的绝对值$|x_n-x_{n-1}|\leqslant\varepsilon$为止($\varepsilon$是一个很小的数)，此时就认为$x_n$是足够接近于真实根的近似根。

读者可根据以上描述编写程序。

总结：利用迭代法解决问题，需要做好以下三方面的工作：

(1) 确定迭代变量。

在可以用迭代法解决的问题中，至少存在一个直接或间接地不断由旧值递推出新值的变量，这个变量就是迭代变量。

(2) 建立迭代关系式。

所谓迭代关系式，是指如何从变量的前一个值推出下一个值的公式(或关系)。迭代关系式的建立是解决迭代问题的关键，通常可以用顺推或倒推的方法来完成。

(3) 用循环对迭代过程进行控制。

在何时结束迭代过程，这是编写迭代程序必须考虑的问题。不能让迭代过程无休止地重复执行下去。迭代过程的控制通常可分为两种情况：一种是所需的迭代次数确定，可以计算出来；另一种是所需的迭代次数无法确定。对于前一种情况，可以构建一个固定次数的循环来实现对迭代过程的控制；对于后一种情况，需要进一步分析出用来结束迭代过程的条件。

### 3.4.4 用嵌套的循环求解问题

【例 3-26】求 10 与 40 之间的所有素数。

分析：在例 3-22 中介绍了如何判断给定的整数 k 是否是素数，即用循环考查 k%i (i=2,3,…,k−1)。若存在某个 i 使 k%i 为 0，则 k 不是素数，否则 k 是素数。k 是通过输入提供的。本例要求 10 与 40 之间的所有素数，可以在外加一层循环，用于提供要考查的整数：k=10,11,…,39,40。即外层循环提供要考查的整数 k，内层循环则判断 k 是否是素数。

```
#include<stdio.h>
#include<math.h>
int main( )
{   int flag, i, k;
    for(k=11; k<=40; k+=2) /* 偶数不是素数，所以产生 10 与 40 之间的奇数，
    减少一半的循环次数 */
    {   flag=1;
        for(i=2; i<sqrt(k)&&flag; i++)
        if(k%i==0) flag=0;
        if(flag==1) printf("%4d", k);
    }
    return 0;
}
```

【例 3-27】输出如下图形：

```
   *
  ***
 *****
*******
```

循环结构程序设计-平面打印

分析：以上图形中，行和每行打印内容之间的关系如下所示，如果行用循环控制，循环变量为 i，则每行和每行打印内容之间关系的规律可通过如下分析得出。

| 行 | 空格 | *号的个数 |
|---|---|---|
| 1 | 4 | 1 |
| 2 | 3 | 3 |
| 3 | 2 | 5 |
| 4 | 1 | 7 |
| i | 4-i+1 | 2*i-1 |

```
#include<stdio.h>
int main()
{ int i,j;
  for(i=1; i<=4; i++)
  { for(j=1; j<=4-i+1; j++)
     putchar(' ');              /* 打印空格 */
    for(j=1; j<=2*i-1; j++)
    putchar('*');               /* 打印星号 */
    printf("\n");
  }
  return 0;
}
```

对于其他图形的输出，可参考本例的分析，找出每行和每行打印内容之间的依赖关系，用循环嵌套可实现问题的求解。

**总结：**循环嵌套解决的问题，体现了循环嵌套的特点，即外面的循环执行一次，里面的循环要从初值执行到终值才结束。利用此特点，可实现求解符合此特征的实际问题。

## 3.5 案例：基因信息处理

进阶提高

设计欢迎界面和简单的菜单，要求实现如下功能：

(1) DNA 序列的处理：计算序列的长度；碱基 A、T、C、G 所占百分比；输出该序列所对应的另一条单链。

基因信息处理源码

(2) RNA 序列的处理：计算序列的长度；碱基 A、U、C、G 所占百分比；输出转录该序列的 DNA 序列。

(3) 未知序列的处理：判断该序列的类型(DNA/RAN/UNDETERMINED)(若 U 为 0%，则是 DNA；若 T 为 0%，则是 RNA；若 U 和 T 都为 0%，则为 UNDETERMINED)。

说明：DNA 分子是以 4 种脱氧核苷酸为单位连接而成的长链，这 4 种脱氧核苷酸分别含有 A、T、C、G 四种碱基，遗传信息蕴藏在 4 种碱基的排列顺序之中。DNA 分子由两条链组成，两条链上的碱基按照碱基互补配对的原则 A↔T、C↔G 连接，形成碱基对，两条链按反向平行方式盘旋成双螺旋结构。

RNA 是另一类核酸，它由基本单位核苷酸连接而成，核苷酸含有 A、U、C、G 四种碱基，可以存储遗传信息。

DNA 转录形成 RNA 的过程：在细胞核内，以 DNA 的一条链为模板，按照碱基互补配对的原则 A→U、T→A、C↔G，合成 RNA，使 DNA 上的遗传信息传递到 mRNA 上。

**设计思路：**

设计菜单，在每个选项下用循环控制从键盘输入基因序列，进行统计，并同时进行处理就可以了。

通过本案例可学习菜单的设计，训练综合应用本章所学知识解决专业或生活中问题的能力，并能举一反三，设计一款解决专业问题的小软件。

```
#include<stdio.h>
#include<stdlib.h>
int main()
{
    int count,countA,countC,countG,countT,countU,choice;
    char gene;
    printf("\n\n\t*********************************************\n");
    printf("\t*            欢迎使用                       *\n");
    printf("\t*         基因信息处理系统                  *\n");
```

```
    printf("\t*                               By nwsuaf *\n");
    printf("\t*                          Date:2020.5.21 *\n");
    printf("\t*******************************************\n\n\n");
    system("pause");   /* 使程序暂停，“请按任意键继续…” */
    /* 以上程序显示欢迎界面 */
    do
    {   system("cls");   /* 清屏 */
        printf("\n\n\n**************************************************\n\n");
        printf("\t\t1:DNA sequence\n");
        printf("\t\t2:RNA sequence\n");
        printf("\t\t3:Unknow sequence\n");
        printf("\t\t4:Quit\n");
        printf("\n**************************************************\n\n");
        printf("Please input your choice:");
        scanf("%d%*c",&choice);
        /* 显示简单菜单 */
        count=0;
        countA=0;   /* 碱基 A 的计数器 */
        countC=0;   /* 碱基 C 的计数器 */
        countG=0;   /* 碱基 G 的计数器 */
        countT=0;   /* 碱基 T 的计数器 */
        countU=0;   /* 碱基 U 的计数器 */
        switch(choice)
        { case 1:
            /* 对一条 DNA 信息进行处理：输出与之对应的另一条碱基序列，
               对该 DNA 序列中的碱基进行计数 */
            printf("Please input the sequence of DNA:\n");
            while((gene=getchar())!='\n')
            {   count++;
                if(gene=='A'||gene=='a')
                {   printf("T");
                    countA++;
                }
                else if(gene=='G'||gene=='g')
                {   printf("C");
                    countG++;
                }
                else if(gene=='C'||gene=='c')
                {   printf("G");
                    countC++;
                }
                else if(gene=='T'||gene=='t')
                {   printf("A");
                    countT++;
                }
                else
```

```
            printf("%c",3);/* 用 ASCII 码是 3 的字符代替 */
        }
        /* 计算 DNA 序列的长度和每种碱基在整个序列中所占的百分比 */
        printf("\nLength of the sequence is %d\n",count);
        printf("Ratio of A: %.2f%%\n", (float)countA/count*100);
        printf("Ratio of T: %.2f%%\n", (float)countT/count*100);
        printf("Ratio of C: %.2f%%\n", (float)countC/count*100);
        printf("Ratio of G: %.2f%%\n", (float)countG/count*100);
        break;
    case 2:
    /* 对 RNA 信息进行处理：输出转录 RNA 的 DNA 序列中的碱基序列，
       对 RNA 序列中的碱基进行计数 */
        printf("Please input the sequence of RNA:\n");
        while((gene=getchar())!='\n')
        {   count++;
            if(gene=='A'||gene=='a')
            {   printf("T");
                countA++;
            }
            else if(gene=='G'||gene=='g')
            {  printf("C");
                countG++;
            }
            else if(gene=='C'||gene=='c')
            {   printf("G");
                countC++;
            }
            else if(gene=='U'||gene=='u')
            {   printf("A");
                countU++;
            }
            else
                printf("%c",4); /* 用 ASCII 码是 4 的字符代替 */
        }
        /* 计算 RNA 序列的长度和每种碱基在整个序列中所占的百分比 */
        printf("\nLength of the sequence is %d\n",count);
        printf("Ratio of A: %.2f%%\n", (float)countA/count*100);
        printf("Ratio of U: %.2f%%\n", (float)countU/count*100);
        printf("Ratio of C: %.2f%%\n", (float)countC/count*100);
        printf("Ratio of G: %.2f%%\n", (float)countG/count*100);
        break;
    case 3:
        /* 对输入的基因信息进行处理 */
        printf("Please input the sequence:\n");
        while((gene=getchar())!='\n')
        {   count++;
```

```
            if(gene=='A'||gene=='a')
                countA++;
            else if(gene=='G'||gene=='g')
                countG++;
            else if(gene=='C'||gene=='c')
                countC++;
            else if(gene=='U'||gene=='u')
                countU++;
            else if(gene=='T'||gene=='t')
                countT++;
        }
        if(countU!=0)
            printf("The sequence is RNA\n");
        else if(countT!=0)
            printf("The sequence is DNA\n");
        else
            printf("The sequence is UNDETERMINED\n");
        break;
    case 4:
        exit(0);/* 退出程序 */
    }
    system("pause");
  }
  while(1);
}
```

system()函数说明：

**功能**：发出一个 DOS 命令，通过 system( )函数执行命令和在 DOS 窗口中执行命令的效果是一样的，所以只要在“运行”窗口中可以使用的命令都能通过 system( )传递。如果写入了可执行文件的路径及文件名，就可以运行它。

**函数原型**：int system(char *command);

**头文件**：stdlib.h

例如：

```
system("cls");        /* 清屏 */
system("pause");      /* 可以实现冻结屏幕，便于观察程序的执行结果 */
system("color 0A");  /* 调用 color 命令可改变控制台的前景色和背景色，color 后面的参数 0
                        是背景色代号，A 是前景色代号。各颜色代码如下：0=黑色 1=蓝色 2=
                        绿色 3=湖蓝色 4=红色 5=紫色 6=黄色 7=白色 8=灰色 9=淡蓝色
                        A=淡绿色 B=淡浅绿色 C=淡红色 D=淡紫色 E=淡黄色 F=亮白色 */
system("mkdir F:\hello\world"); /* 在 F:盘建立一个文件夹 hello，在 hello 下面建立
                                    一个文件夹 world。*/
```

# 本章小结

顺序结构、选择结构和循环结构是结构化程序设计的三大基本结构，任何程序都可以通过这三种基本结构组合、嵌套而成。学习掌握这三大基本结构，掌握实现这三种基本结构的语句和语法规则是编程的基础，熟练掌握这三种基本结构的常用算法，可以为后续章节的学习打好基础。本章教学涉及的有关知识的结构导图如图 3-13 所示。

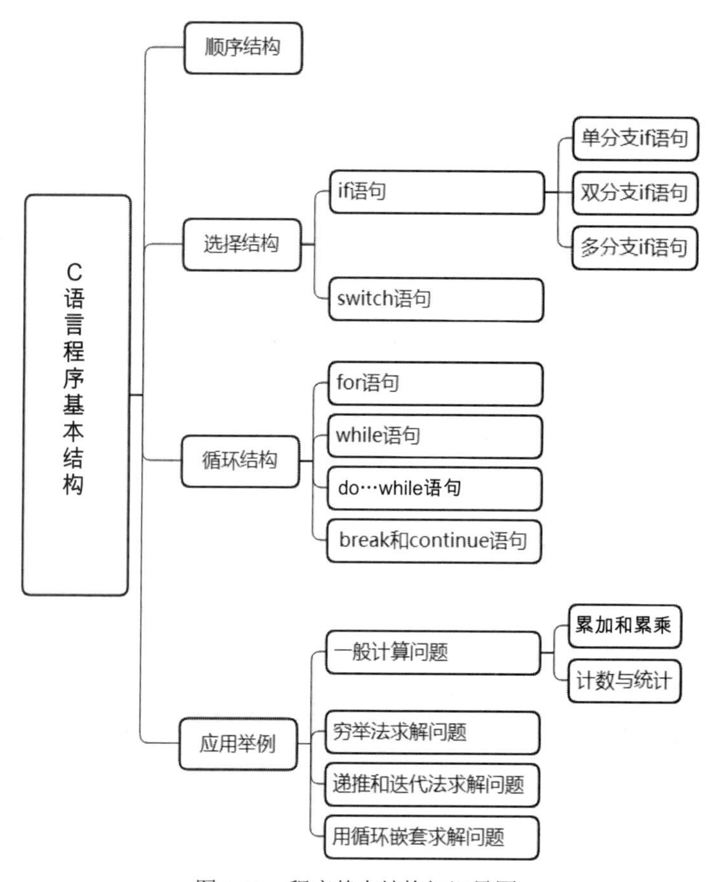


图 3-13　程序基本结构知识导图

# 习　　题

一、单选题

1. if 语句的控制条件可以是(　　)。

A. 可以用任何表达式　　B. 只能用关系表达式

C. 只能用逻辑表达式　　D. 只能用关系表达式或逻辑表达式

2. 若希望当 A 的值为奇数时，表达式的值为“真”；A 的值为偶数时，表达式的值为“假”，则以下不满足要求的表达式是(　　)。

A. A%2==1　　B. !(A%2==0)　　C. !(A%2)　　D. A%2

3. 以下能正确表达 x>=2 或 x<=−2 的 C 语言逻辑表达式是(　　)。

A. x>=2|x<=−2　　B. x>=2&&x<=−2　C. x>=2||x<=−2　　D. x>=2 or x<=−2

4. 语句 printf("%d",(a=2)&&(b= −2));的输出结果是(　　)。

A. 无输出　　B. 结果不确定　　C. −1　　D. 1

5. 为了避免嵌套的条件分支语句 if-else 的二义性，C 语言规定：C 程序中的 else 总是与(　　)组成配对关系。

A. 缩排位置相同的 if　　B. 在其之前未配对的 if

C. 在其之前未配对的最近的 if　　D. 同一行上的 if

6. 已知 int x=10, y=20, z=30;，以下语句执行后 x、y、z 的值是(　　)。

```
 if(x>y)
z=x;x=y;y=z;
```

A. x=10,y=20,z=30　　B. x=20,y=30,z=30

C. x=20,y=30,z=10　　D. x=20,y=30,z=20

7. 以下程序的输出结果是(　　)。

```
int main()
{ float x=2,y;
  if(x<0) y=0;
  else if(x<5&&!x) y=1/(x+2);
  else if(x<10) y=1/x;
  else y=10;
  printf("%f\n",y);
  return 0;
}
```

A. 0.000000　　B. 0.250000　　C.　0.500000　　D. 10.000000

8. 已知整型变量 a、b=100、c、x=10、y=9，执行以下程序段后，a、b、c 的值分别是(　　)。

```
a=(--x==y++)? --x:++y;
if(x<9)b=x++; c=y;
```

A. 9、9、9　　B. 8、8、10　　C. 1、11、10　　D. 9、10、9

9. 已知整型变量 x=10、y=20、z=30，执行下列程序段后，x、y 和 z 的值分别是(　　)。

```
if(x>y) z=x,x=y,y=z;
```

A. 10、20、30　　B. 20、30、30　　C. 20、30、10　　D. 20、30、20

10. 与 y=(x>0?1:x<0?-1:0);的功能相同的 if 语句是(　　)。

A. if(x>0) y=1;
　　else if(x<0) y=-1;
　　else y=0;

B. if(x)
　　if(x>0)y=1;
　　else if(x<0)y=-1;
　　else y=0;

C. y=-1
　　if(x)
　　if(x>0) y=1;
　　else if(x==0) y=0;
　　else y=-1;

D. y=0;
　　if(x>=0)
　　if(x>0)y=1;
　　else y=-1;

11. 下面的程序段所表示的数学函数关系是(　　)。

```
y=-1;
if(x!=0) { if(x>0) y=1;}
else y=0;
```

A. $y=\begin{cases} -1 & (x<0) \\ 0 & (x=0) \\ 1 & (x>0) \end{cases}$

B. $y=\begin{cases} 1 & (x<0) \\ -1 & (x=0) \\ 0 & (x>0) \end{cases}$

C. $y=\begin{cases} 0 & (x<0) \\ -1 & (x=0) \\ 1 & (x>0) \end{cases}$

D. $y=\begin{cases} -1 & (x<0) \\ 1 & (x=0) \\ 0 & (x>0) \end{cases}$

12. 若执行以下程序时从键盘上输入 3␣4(␣表示空格)，则输出结果是(　　)。

```
int main()
{ int a,b,s;
  scanf("%d%d",&a,&b);
  s=a;
  if(a<b) s=b;
  s*=s;
  printf("%d\n",s);
  return 0;
}
```

A. 14　　B. 16　　C. 18　　D. 20

13. 若 a 和 b 均是整型变量，以下正确的 switch 语句是(　　)。

A. switch (a/b)
　　{ case 1: case 3.2: y=a+b; break;
　　　case 0: case 5: y=a-b;
　　}

B. switch (a*a+b*b);
　　{ case 3:
　　　case 1: y=a+b; break ;
　　　case 0: y=b-a; break; }

C. switch a
  { default : x=a+b;
  case 10 : y=a-b;break;
  case 11 : y=a*d; break; }

D. switch(a+b)
  { case 10: x=a+b; break;
  case 11: y=a-b; break;
  }

14. 语句 while(!E);中的表达式!E 等价于(　　)。

A. E==0　　B. E!=1　　C. E!=0　　D. E==1

15. 下面程序的功能是将从键盘输入的一对数，由小到大排序输出，当输入一对相等数时结束循环，请选择填空(　　)。

```
#include<stdio.h>
int main()
{int a,b,t;
 scanf("%d%d",&a,&b);
 while(___________)
    {if(a>b)
      {t=a;a=b;b=t;}
     printf("%d,%d\n",a,b);
     scanf("%d%d",&a,&b);
   }
  return 0;
}
```

A. !a=b　　B. a!=b　　C. a==b　　D. a=b

16. 假设有如下程序段：

```
int k=10;
while(k=0) k=k-1;
```

则下面描述中正确的是(　　)。

A. while 循环执行 10 次　　B. 循环是无限循环

C. 循环体语句一次也不执行　　D. 循环体语句执行一次

17. 以下程序执行后 sum 的值是(　　)。

```
#include<stdio.h>
int main()
{ int i , sum;
  for(i=1;i<6;i++) sum+=i;
  printf("%d\n",sum);
  return 0;
}
```

A. 15　　B. 14　　C. 不确定　　D. 0

18. 下列程序的执行结果是(　　)。

```
a=1;b=2;c=3;
```

```
while(a<b<c) {t=a;a=b;b=t;c--;}
printf("%d,%d,%d",a,b,c);
```

A. 1,2,0　　B. 2,1,0　　C. 1,2,1　　D. 2,1,1

19. 下面的 for 语句(　　)。

```
for(x=0,y=10;(y>0)&&(x<4);x++,y--);
```

A. 是无限循环　　B. 循环次数不定　　C. 循环执行 4 次　　D. 循环执行 3 次

20. 执行语句 for(i=1;i++<4;);后，i 的值是(　　)。

A. 3　　B. 4　　C. 5　　D. 不定

21. 下列程序段(　　)。

```
x=3;
do{ y = x--;
   if(!y) { printf("x"); continue; }
   printf("#");
} while(1<=x<=2);
```

A. 输出##　　B. 输出##x　　C. 是死循环　　D. 有语法错误

22. 若有 int x;，则执行下列程序段后输出的是(　　)。

```
for(x=10; x>3; x--)
{ if(x%3) x--; --x; --x;
  printf("%d ",x);
}
```

A. 6 3　　B. 7 4　　C. 6 2　　D. 7 3

23. 有以下程序段，输出结果是(　　)。

```
int x=3;
do
{ printf("%d",x-=2); }
  while (!(--x));
```

A. 1　　B. 3 0　　C. 1 -2　　D. 死循环

24. 下列说法中正确的是(　　)。

A. break 用在 switch 语句中，而 continue 用在循环语句中。

B. break 用在循环语句中，而 continue 用在 switch 语句中。

C. break 能结束循环，而 continue 只能结束本次循环。

D. continue 能结束循环，而 break 只能结束本次循环。

25. 求满足式子 $1^2+2^2+3^2+\cdots+n^2<=1000$ 的 n，下列正确的语句是(　　)。

A. for(i=1,s=0;(s=s+i*i)<=1000;n=i++);

B. for(i=1,s=0;(s=s+i*i)<=1000;n=++i);

C. for(i=1,s=0;(s=s+i*++i)<=1000;n=i);

D. for(i=1,s=0;(s=s+i*i++)<=1000;n=i);

26. 下列程序结束之时，j、i、k 的值分别是(　　)。

```
#include<stdio.h>
int main()
{ int a=10,b=5,c=5,d=5,i=0,j=0,k=0;
  for(;a>b;++b) i++;
  while(a>++c) j++;
  do k++; while(a>d++);
  return 0;
}
```

A. j=5,i=4,k=6　　B. j=4,i=5,k=6　　C. j=6,i=5,k=7　　D. j=6,i=6,k=6

27. 以下程序的输出结果是(　　)。

```
#include<stdio.h>
int main()
{ int i;
  for(i=1;i<=5;i++)
  {  if(i%2)
       printf("*");
         else
       continue;
       printf("#");
  }
  printf("$\n");
  return 0;
}
```

A. *#*#*#$　　B. #*#*#*$　　C. *#*#$　　D. #*#*$

28. 若 i、j 已定义为 int 型，则以下程序段中，内循环体 x=x+1;的总的执行次数是(　　)。

```
x=0;
for(i=5;i;i--)
  for(j=0;j<4;j++) x=x+1;
```

A. 20　　B. 24　　C. 25　　D. 30

29. 下面程序的输出结果是(　　)。

```
#include<stdio.h>
int main()
{ int i,j; float s;
  for(i=6;i>4;i--)
  { s=0.0;
```

```
    for(j=i;j>3;j--)s=s+i*j;}
    printf("%f\n",s);
    return 0;
}
```

A. 135.000000　　B. 90.000000　　C. 45.000000　　D. 60.000000

30. 有以下程序，从第一列开始输入数据 2473<CR>(<CR>代表回车符)，则程序的输出结果为(　　)。

```
#include<stdio.h>
int main()
{ int c;
  while((c=getchar())!='\n')
  {  switch(c-'2')
     { case 0:
       case 1:putchar(c+4);
       case 2:putchar(c+4);break;
       case 3:putchar(c+3);
       default:putchar(c+2);break;
     }
  }
 printf("\n");
 return 0;
}
```

A. 668977　　B. 668966　　C. 6677877　　D. 6688766

31. 若有：

```
do { i=a-b++; printf("%d",i);}
while(i);
```

则 while 中的 i 可用(　　)代替。

A. i==0　　B. i!=1　　C. i!=0　　D. 以上均不对

32. 在下列选项中，没有构成死循环的程序段是(　　)。

A. int i=100;
   while(1)
   {　i=i%100+1;
      if(i>100) break;
   }

B. for(;;);

C. int k=1000;
   do{++k;}
   while(k>=10000);

D. int s=36;
   while(s);--s;

## 二、填空题

1. 对于 if 语句的控制表达式，只有其值为________________时表示逻辑“真”，其值为________________时表示逻辑“假”。

2. 下列程序段的输出结果是________________。

```
int n='c';
switch(n++)
{ default: printf("error");break;
  case 'a':case 'A':case 'b':case 'B':printf("good");break;
  case 'c':case 'C':printf("pass");
  case 'd':case 'D':printf("warn");
}
```

3. 若从键盘输入 52，则以下程序段的输出结果是________________。

```
# include<stdio.h>
int main()
{ int a;
  scanf("%d",&a);
  if(a>50) printf("%d",a);
  if(a>40) printf("%d",a);
  if(a>30) printf("%d",a);
  return 0;
}
```

4. 表示“整数 x 的绝对值大于 5”时值为“真”的 C 语言表达式是________________。

5. 表示“整数 x 能被 y 整除”的 C 语言表达式是________________。

6. 能正确表达“当整数 x 的值是[1,10]或[200,210]范围内的奇数时，输出 x”的 if 语句是________________。

7. 下列程序段的输出结果是________________。

```
int i=0,k=100,j=4;
if(i+j) k=(i=j)?(i=1):(i=i+j);
printf("k=%d\n",k);
```

8. 当 a 的值为 014 和 0x14 时，下列程序段的执行结果分别是________________。

```
if(a=0xA || a >12)
if(011&&10==a) printf("%d!\n",a);
else printf("Right!%d\n",a);
else printf("Wrong!%d\n",a);
```

9. 以下程序的输出结果是________________。

```
#include<stdio.h>
```

```
int main( )
{ int a=0, b=0, c=0;
  if(a=b+c) printf("*** a=%d\n", a);
  else printf("$$$ a=%d\n", a);
  return 0;
}
```

10. 下列程序的输出结果是________________。

```
#include<stdio.h>
int main()
{ int x=1, y=0, a=0, b=0;
  switch(x)
  { case 1: switch(y)
    { case 0: a++; break;
      case 1: b++; break;
    }
    case 2: a++; b++;
  }
  printf("a=%d, b=%d\n" , a, b);
  return 0;
}
```

11. 若下列程序执行后 t 的值为 4，则执行时输入的 a、b 值的范围是________________。

```
#include<stdio.h>
int main()
{ int a,b,s=1,t=1;
  scanf("%d,%d", &a,&b);
  if(a>0) s+=1;
  if(a>b) t+=s;
  else if(a==b) t=5;
  else t=2*s;
  printf("s=%d,t=%d\n",s,t);
  return 0;
}
```

12. 用以下程序将两个数按从小到大的顺序输出，请将下列程序补充完整。

```
#include<stdio.h>
int main()
{
  float a, b, ;
  scanf(______, &a, &b);
  if(a>b)
  { t=a;
    ________;
    b=t;
```

```
  }
  printf("%f, %f\n",a,b);
  return 0;
}
```

13. 用以下程序把大写字母 A~Z 转换成对应的小写字母 a~z，其他字符不转换。

```
#include<stdio.h>
int main()
{ char  ch;
  scanf(_______________);
  ch=(_______________)?ch+32:ch;
  printf("char=%c\n",);
  return 0;
}
```

14. 以下 while 循环的执行次数是________________。

```
k=0; while(k=10) k=k+1;
```

15. 写出下列程序的运行结果________________。

```
#include<stdio.h>
int main()
{ int n;
  for(n=3; n<=10; n++)
  { if(n%6==0) break; printf("%d",n); } }
```

16. 下列程序段的执行结果是________________。

```
int j;
for(j=10;j>0;j--)
{ if(j%4) j--; --j; j--;
  printf("%d ",j); }
```

17. 以下程序的功能是：从键盘输入若干名学生的成绩，统计并输出最高成绩和最低成绩，当输入负数时结束输入，请将下列程序补充完整。

```
#include<stdio.h>
int main()
{ float x,amax,amin;
  scanf("%f",&x);
  amax=x; amin=x;
  while(________________)
  { if(x>amax) amax=x;
    if()amin=x;
    scanf("%f",&x); }
  printf("\namax=%f\namin=%f\n",amax,amin);return;}
```

18. 从键盘上输入 10 个数，求它们的和，请将下列程序补充完整。

```
#include<stdio.h>
int main()
{ int i;
  float x,sum;
  for(i=1,sum=0.0;i<11;i++)
  {__________ ;
   __________ ; }
   printf("%f",sum);
  return 0;
}
```

19. 设有以下程序。

```
#include<stdio.h>
int main()
{ int a,b;
  for(a=1,b=1;a<=100;a++)
  { if(b>=20) break;
    if(b%3==1)
    {b+=3; continue; }
    b-=5; }
  printf("%d",a);
  return 0;
}
```

程序的输出结果为________________。

20. 以下程序段的输出结果是________________。

```
int i=0,sum=1;
do{sum+=i++;}while(i<5);
printf("%d\n",sum);
```

21. 执行以下程序后，输出结果是________________。

```
#include<math.h>
int main()
{ float x,y,z;
  x=3.6; y=2.4; z=x/y;
  while(1)
  if(fabs(z)>1) {x=y; y=x; z=x/y; }
else break;
printf("%f\n",y);return 0;}
```

22. 设有以下程序。

```
#include<stdio.h>
```

```
int main()
{ int n1,n2;
  scanf("%d",&n2);
  while(n2!=0)
  { n1=n2%10;
    n2=n2/10;
    printf("%d",n1);
  }
  return 0;
}
```

程序运行后，如果从键盘输入 1298，则输出结果为________________。

23. 下面程序的功能是：输出 100 以内能被 3 整除且个位数为 6 的所有整数，请将下列程序补充完整。

```
#include<stdio.h>
int main()
{ int i, j;
  for(i=0; ___________; i++)
  { j=i*10+6;
      if(_______) continue;
    printf("%d", j);
  }
  return 0;
}
```

24. 下面程序的功能是：计算 1 到 10 范围内的奇数之和及偶数之和，请将下列程序补充完整。

```
#include<stdio.h>
int main()
{ int a, b, c, i;
  a=c=0;
  for(i=0;i<=10;i+=2)
  { a+=i;
    ________;
    c+=b;
  }
  printf("偶数之和=%d\n", a);
  printf("奇数之和=%d\n", c-11);
  return 0;
}
```

25. 以下程序的输出结果是________________。

```
#include<stdio.h>
```

```
int main()
{ int y=10;
  for(; y>0; y--)
  { if(y%3) continue;
    printf("%4d",--y);
  }
 return 0;
}
```

26. 有以下程序段：

```
s=1.0;
for(k=1; k<=n; k++) s=s+1.0/(k*(k+1));
printf("%f\n",s);
```

请将下列程序补充完整，使两段程序的功能完全等同：

```
s=0.0; k=0; ________;
do{s=s+d;__________;
d=1.0/(k*(k+1));
} while(___________);
printf("%f\n",s);
```

三、编程题

1. 有如下函数：

$$y=\begin{cases} x & (-5<x<0) \\ x-1 & (x=0) \\ x+1 & (0<x<10) \end{cases}$$

编写程序，要求输入 x 的值，输出 y 的值。

2. 编写程序，输入 3 个整数，判断它们是否能构成三角形。若能构成三角形，则输出三角形的类型(等边、等腰或普通三角形)。

3. 某商店为促销推出如下让利销售方案，其中 M 为购买金额，N 为让利百分比。

```
M<100,       N=0;
100<=M<200, N=1.5%;
200<=M<300, N=2.5%;
300<=M<400, N=3.5%;
400<=M<500, N=4.5%;
500<=M<600, N=5.5%
M>=600, N=6 %;
```

编写程序，输入顾客的购买金额，输出实际支付的金额和返还的金额。

4. 用 switch 语句实现第 3 题的要求。

5. 编写程序，找出用户输入的一串数中的最大数。程序需要提示用户一个一个地输入数据，当用户输入 0 或负数时，程序必须显示出已输入的最大非负数：

```
Enter a number:80
Enter a number:43.9
Enter a number:23.7
Enter a number:105.62
Enter a number:7.78
Enter a number:0

The largest number entered was 105.62
```

6. 在第 3 题中添加循环，使用户可以输入多个购买金额，计算实际支付的金额和返还的金额。当输入的购买金额为 0 或负数时结束循环。

7. 任意输入 10 个数，计算所有正数的和、负数的和以及这 10 个数的总和。

8. 编程求 1−3+5−7+…−99+101 的值。

9. 编写程序，求 e 的近似值，使用公式 e ≈ 1+1/2！+1/3！+…+1/n!，计算各项，直到最后一项的值小于 $10^{-4}$ 为止(计算的项均大于等于 $10^{-4}$)。

10. 有一个分数序列：$\frac{2}{1},\frac{3}{2},\frac{5}{3},\frac{8}{5},\frac{13}{8},\frac{21}{13},\cdots$，求这个序列的前 20 项之和。

11. 用 40 元买苹果、西瓜和梨共 100 个，3 种水果都要。已知苹果 0.4 元一个，西瓜 4 元一个，梨 0.2 元一个。问可以各买多少个？输出全部购买方案。

12. “水仙花数”是指这样一个 3 位数，其各位数字的立方和等于该数本身。例如，153 是一个水仙花数，因为 $153=1^3+5^3+3^3$，编程输出所有的水仙花数。

13. 编程输出具有 $abcd=(ab+cd)^2$ 性质的所有四位数。

14. 编写程序，输出以下图形。

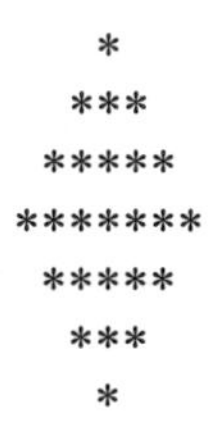

# 第 4 章

# 数　组

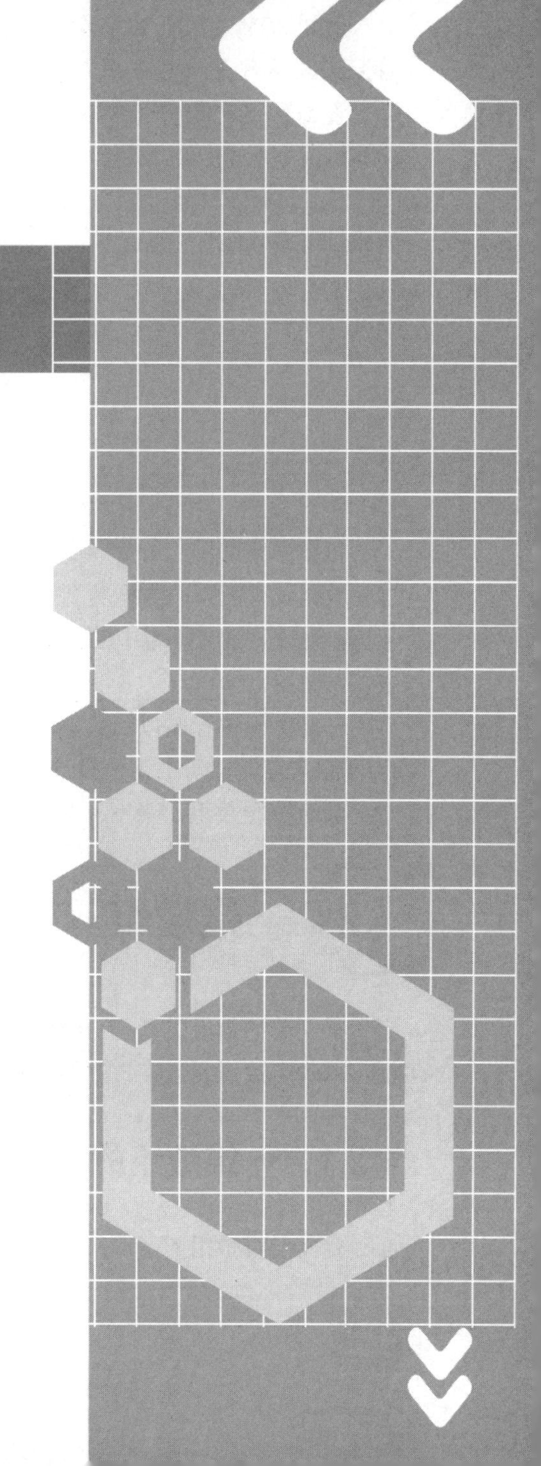

- **本章内容提示**：对于具有相同数据类型的一组数据，且数据间存在某种联系，可以使用数组对其进行存储和处理。利用数组元素有序存放的特点，采用循环逐一存储和访问数组中的元素，可使复杂问题简单化。本章介绍 C 语言中重要的数据类型——数组类型，包括数组的基本概念，一维数组和二维数组的定义、引用、初始化和应用；用于求最大(小)值、排序等的基本算法；字符串和字符数组的应用，字符串处理函数的用法以及字符数据的输入/输出及常用处理算法。
- **教学基本要求**：掌握数组的概念、分类和特点；掌握数组的定义、输入/输出和处理数组中数据的一般方法；通过本章的学习，要求掌握使用数组编写程序的方法和步骤，掌握用于求极值、排序、查找等操作的常用算法。

# 4.1 数组的基本概念

数组就是包含多个数据的有序(位序)集合。数组中的每个数据具有相同的数据类型，这些数据称为数组元素(简称元素)，可以根据序号寻找或定位数组中的元素。

数组的基本概念

例如，信管 131 班 30 名学生的计算机成绩为：score={79,90,84,…,69,90}，由于这 30 名学生的数据都为计算机成绩，类型相同，呈线性关系，每个数组元素 $a_i(1 \leqslant i \leqslant 30)$有一个下标 i，为该元素在集合中的位序，可以将信管 131 班 30 名学生的计算机成绩看成一维数组。

信管 131 班每名学生有多门课的成绩，如计算机、数学、英语、体育，则这 30 名学生的成绩可表示成如下形式。

$$
\begin{array}{c}
\\ 1 \\ 2 \\ 3 \\ \cdots \\ 30
\end{array}
\begin{array}{c}
\begin{array}{cccc} 1 & 2 & 3 & 4 \end{array} \\
\begin{pmatrix}
79 & 88 & 90 & 71 \\
90 & 76 & 65 & 69 \\
84 & 68 & 79 & 93 \\
\cdots & \cdots & \cdots & \cdots \\
90 & 56 & 98 & 75
\end{pmatrix}
\end{array}
$$

该数据集的同一行为一名学生四门课的成绩，同一列为一个班 30 个学生一门课的成绩，这些数据具有相同的数据类型，属于同一个集合，每个数组元素 $a_{ij}(1 \leqslant i \leqslant 30, 1 \leqslant j \leqslant 4)$有两个下标，为该元素在集合中的位序(行，列)，可以将信管 131 班 30 名学生四门课的成绩数据看成二维数组。

在计算机中存储以上数据时，可以利用 C 语言提供的构造数据类型——数组(与数据集合同名)来存储。可申请一批连续的存储空间，对存储在其中的数据进行简单方便的处理。

数组按照数组元素下标的个数可以分为一维数组、二维数组和多维数组。

# 4.2 一维数组

最简单的数组类型是一维数组，一维数组的每个数组元素有一个下标，通过数组名和下标可以确定数组元素在该数组中的位置。

## 4.2.1 一维数组的定义

数组的定义和使用-一维数组

定义一维数组的一般形式为：

```
数据类型 数组名[整型常量表达式];
```

说明：

(1) 数据类型是全体数组元素的数据类型，可以是任何一种基本数据类型或构造数据类型。

(2) 数组名用标识符表示。“整型常量表达式”表示数组具有的数组元素个数，可以是常量和符号常量。

(3) 编译系统为数组开辟连续的存储单元，每个存储单元与同类型的变量相同。用数组名表示该数组存储区的首地址。

(4) 数组元素的下标从 0 开始到元素个数-1，不能越界。如果引用元素的下标越界，编译系统不会报错，但可能会出现意想不到的错误。

例如：int a[5];

该语句表示：定义了整型数组 a，数组 a 中每个数组元素的类型都是 int；编译系统为数组 a 在内存中开辟 5 个连续的存储单元(每个存储单元占 4 字节)。一维数组中的元素是一个接一个地排列成一行(如果愿意，也可以说是排成一列)，一维数组 a 的存储空间如下所示。

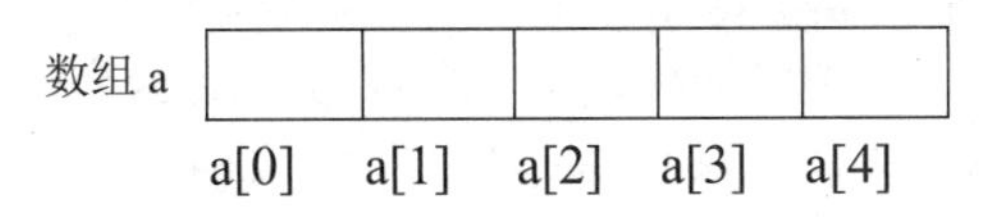


数组 a 中每个数组元素的名称为数组名[编号]，数组 a 的存储单元(数组元素)是 a[0]、a[1]、a[2]、a[3]和 a[4]共 5 个数组元素，0、1、2、3、4 为数组元素的下标，a[0]为 a 数组存储区的第一个存储单元。数组名 a 代表数组 a 的首地址，即 a[0]存储单元的地址。

**注意：**

以下数组定义是错误的：

```
int c(4);      /* 不能用圆括号定义数组 */
int d[2.9];    /* 定义数组元素个数的表达式必须是整型常量表达式 */
```

下列数组定义是正确的：

```
#define N 5
int a[N]; /* N不是变量，是符号常量，其值为 5 */
int b[2+3]; /* 2+3 是常量表达式，其值为 5 */
int c[10];
```

## 4.2.2 一维数组的引用

引用数组，实际上是引用它的数组元素。引用数组元素的一般形式是：

```
数组名[下标]
```

下标可以为整型常量或有值变量，但必须为整型表达式。

例如：int a[10],i=5,j=3,k=9;，则 a[k]、a[j−1]、a[j+i]都是对数组 a 中元素的合法引用。a[i]=a[i−1]+a[i−2];表示 a[i]的值为 a[i−1]与 a[i−2]的和，即 a[i]的值为其相邻的前两项的和，但 a[3.4]为非法引用。

当要访问数组的每个元素时，一般要用 for 语句，用 for 语句的循环变量作为数组的下标，可访问数组的每个数组元素。例如：

for(i=0;i<10;i++) scanf("%d",&a[i]);表示依次为数组 a 的 10 个数组元素输入数据。

for(i=0;i<10;i++) printf("%d  ",a[i]);表示依次将数组 a 的 10 个数组元素值输出到显示器上。

**警告：**

(1) 定义数组时的整型常量表达式与引用数组元素时数组元素的下标表达式是完全不同的概念。

比如定义数组：int a[5];，这里整型常量表达式 5 表示数组 a 有 5 个数组元素。

对数组元素的引用：a[3]=a[2]+a[5];，这里下标表达式 3 和 2 均表示数组元素的下标，而 a[5]是错误的数组元素引用，因为下标从 0 开始，所以数组元素的下标小于 5，下标已经越界。

(2) C 语言不检查数组元素的下标是否越界。当下标超出范围时，下标越界会破坏其他变量的值，程序可能执行不可预知的行为。例如：

```
int a[5],i;
for(i=1;i<=5;i++)
    a[i]=0;
```

下标超出范围的原因是：有 n 个数组元素的数组的下标范围是从 0 到 n−1，而不是从 1 到 n。对于某些编译器来说，这个没有编译错误的 for 语句可能会产生一个无限循环！如果变量 i 的内存空间紧挨在 a[4]的后面(这是有可能的)，就会给 a[5]赋值 0，即给 i 赋值 0，下次循环，i<=5 依然成立，从而导致循环重新开始。

(3) 只能逐个引用数组元素，不能一次引用整个数组。例如，以下做法是错误的：

```
int a[10];
printf("%d",a);
```

### 4.2.3　一维数组的初始化

一维数组的初始化是指在定义数组的同时为各数组元素赋初值。初始化一维数组的一般形式是：

```
数据类型 数组名[整型常量表达式]={初值 1,初值 2,…};
```

例如：

```
int a[10]={1,2,3,4,5,6,7,8,9,10};
```

系统会把{ }中的值依次赋给各数组元素，即 a[0]=1, a[1]=2,…, a[9]=10。

如果初始化全部数组元素，可省略数组的长度，例如：

```
int a[ ]={1,2,3,4,5,6,7,8,9,10};
```

系统会利用初始值的个数，确定数组元素的个数，这与明确地指定数组的长度相同。定义数组并初始化时，若省略数组元素个数的定义，则初值必须完全给出。

**注意：**

初始化的数据个数不能超过数组元素的个数，否则会出现语法错误。比如下面的语句是错误的：

```
int a[4]={1,2,3,4,5};  /* 错误 */
```

一维数组的初始化还可以只对部分数组元素初始化。例如：

```
int a[8]={1,2};
```

上述语句只给 a[0]、a[1]赋了初值，即 a[0]=1，a[1]=2，其他没有赋初值的数组元素的初值会自动赋为 0。所以数组 a 中的 a[2]到 a[7]的初值为 0。

**警告：**

数组若不初始化，其数组元素的值为随机数。

## 4.2.4 一维数组的应用

在程序设计中使用数组，可以存储多个数据，借助循环可以方便地处理存储在数组中的数据，而利用数组解决问题的实质是寻找要处理的数据存储在数组中的下标的规律，从而有利于进行循环控制，使问题得到解决。下面通过例子说明数组的用法及数组应用中的基本算法。

### 1. 求极值问题

**【例 4-1】**输入 10 个数，找出其中的最大值和最小值。

分析：可用 for 循环输入 10 个整数，求其中的最大值和最小值时采用打擂台的方式实现。即，设置擂台变量 max 和 min，并设定擂主为数组中第一个数组元素的值，即 max=min=x[0]。用 for 循环访问其他数组元素 x[i]，依次和 max、min 进行比较(循环体)。

若 max<x[i]，令 max=x[i]

若 min>x[i]，令 min=x[i]

即，让大值留在擂台变量 max 中，小值留在擂台变量 min 中；循环结束后，max 和 min 即为 10 个数中的最大值和最小值，输出 max 和 min 的值即可。

```
#include<stdio.h>
#define SIZE 10
int main()
{   int x[SIZE],i,max,min;
    printf("Enter 10 integers:\n");
    for(i=0;i<SIZE;i++)
    {   printf("%d:",i+1);      /* 在输入时提示：输入第几个值 */
        scanf("%d",&x[i]);
    }
    max=min=x[0];
    for(i=1;i<SIZE;i++)
    {  if(max<x[i])  max=x[i];
       if(min>x[i])  min=x[i];
    }
    printf("Maximum value is %d\n",max);
    printf("Minimum value is %d\n",min);
    return 0;
}
```

举一反三：某校举行唱歌比赛，共有 10 位评委给选手打分，去掉最高分和最低分后，求平均分，则是选手的最终得分。编写程序求某选手的最终得分。

**总结：**

此类求极值问题的一般方法是采用“擂台赛”，设置擂台变量 max、min 并赋予初值。赋初值有两种方法：一种是赋予要求极值的数组中第一个或最后一个元素的值；另一种是当要求最大值时，可以赋予 max 一个远离求极值数组中数据的一个极小的数，而求最小值时，可赋予 min 一个远离求极值数组中数据的一个极大的数。

利用循环访问数组中的每个元素，使其与擂台变量的值进行比较。找最大值时，若 x[i]>max，则 max=x[i]，即 x[i]留在擂台上；找最小值时，若 x[i]<min，则 min=x[i]。如此重复，当循环结束后，max 和 min 中的值即为集合中的最大值和最小值。

### 2. 查找问题

查找-一维数组的应用

在日常生活中，人们几乎每天都要进行“查找”工作。例如，在电话号码簿中查找“某人”或“某单位”的电话号码；在字典中查找“某个词”的含义和读音等。

根据给定的某个值，在数组中寻找给定值的过程，称为查找或检索。若数组中存在这样的值，则称查找是成功的；若不存在该值，则称查找不成功。

常用的查找方法有顺序查找、折半查找等。当要查找的数组中的数据已经大小有序时，应采用折半查找，这是一种比较快的查找方法。

**顺序查找**：不要求数组中的数据有序，依次比较数组中的数据是否是要查找的数据。若是，结束查找；否则，继续查找。

**【例 4-2】** 猜数字游戏，假设有 10 个两位正整数，从键盘输入要猜测的数字。若猜中，输出该数字在哪个位置；若没有猜中，输出“没猜中，拜拜！”的提示信息。

分析：定义数组 arr 来存放 10 个两位正整数。在接收输入的数字 x 后，要知道输入的数据是否在数组中，即有没有猜中，需要在数组中进行查找，可用循环来访问数组中的每个数组元素 arr[i]。将 x 和 arr[i]进行比较，若找到(x==arr[i])，输出 i 的值；若没有找到，输出“没猜中，拜拜！”的提示信息。

```
#include<stdio.h>
int main()
{
    int arr[10]={45,7,9,23,17,63,5,56,72,89};
    int i,x;
    printf("请输入你猜测的数：");
    scanf("%d",&x);
    for(i=0;i<10;i++)
      if(x==arr[i])break;
    if(i<10)printf("哈哈，你真聪明，你猜中了，该数是第%d 个数",i+1);
    else printf("没猜中，拜拜！");
    return 0;
}
```

**折半查找**：要求数组中的数据有序。开始时将整个数组作为搜索区间，比较位于中间位置的元素是否是要查找的数据。若不是，将查找区间折半，通过不断折半，直到找到或确定数组中已没有要找的数据为止。

**【例 4-3】** 假设有 n 个从小到大排好序的数，存放在数组 SearchBin 中，要求用折半查找的方法查找指定的数 x 是否在该数组中。

```
#include<stdio.h>
#define N 20
int main()
{ int SearchBin[N],x,low,high,mid,i;
  printf("Enter data being sorted :\n");
  for(i=0;i<N;i++)                /* 输入原始有序数据，存入数组 SearchBin 中 */
     scanf("%d",& SearchBin[i]);
  printf("Enter number to be searched :\n");
  scanf("%d",&x);                    /* 输入待查找的数据，存入 x 中 */
  low=0;
  high=N-1;
  mid=(low+high)/2;
```

```
    while(low<high&&x!= SearchBin[mid])        /* 该循环用于缩小查找区间 */
    { if(x< SearchBin[mid])
          high=mid-1;
      else
          low=mid+1;
      mid=(low+high)/2;
    }
    if(x== SearchBin[mid])                      /* 判断查找成功与否 */
      printf("%d is at position %d.of array.\n  ",x,mid);
    else
      printf("%d is not in array. \n  ",x);
    return 0;
}
```

3. 排序问题

【例 4-4】将一组数据 15、8、4、13、6、10、17、1 按照由小到大的顺序递增排列。

**方法 1：比较交换排序法**

比较交换排序法的算法如下：

(1) 首先，将数组的第 1 个元素 arr[0]的数据与其后的每一个元素的数据进行比较。若 arr[0]大于其后元素的值，将 arr[0]与之交换，通过此轮比较，将最小数交换到 arr[0]中。

(2) 再次，将 arr[1]与其后的每一个元素进行比较。若 arr[1]大于其后元素的值，将 arr[1]与之交换，通过此轮比较，将次小数交换到 arr[1]中。

比较交换排序法-一维数组的应用

(3) 以此类推，直到 arr[n−2]与 arr[n−1]进行比较。若 arr[n−2]的值大于 arr[n−1]的值，则交换它们，完成排序，共计需要 n−1 轮比较。

(4) 按次序输出数组元素的值。

若以上数字存放在数组 arr 中：

| 数组 arr | 15 | 8 | 4 | 13 | 6 | 10 | 17 | 1 |
|---|---|---|---|---|---|---|---|---|
| | arr[0] | arr[1] | arr[2] | arr[3] | arr[4] | arr[5] | arr[6] | arr[7] |

依照以上算法，相互比较，互换数值的数组元素下标间的关系如下：

| 第一轮 | | 第二轮 | | 第三轮 | | …… | 第七轮 | |
|---|---|---|---|---|---|---|---|---|
| arr[0] | arr[1] | arr[1] | arr[2] | arr[2] | arr[3] | | arr[6] | arr[7] |
| | arr[2] | | arr[3] | | arr[4] | | | |
| | arr[3] | | arr[4] | | arr[5] | | | |
| | arr[4] | | arr[5] | | arr[6] | | | |
| | arr[5] | | arr[6] | | arr[7] | | | |
| | arr[6] | | arr[7] | | | | | |
| | arr[7] | | | | | | | |

比较排序过程中数组元素下标的规律：

(1) 第一轮将 8 个数中的最小数安排在下标是 0 的数组元素中。

(2) 第二轮将剩下的 7 个数中的最小数安排在下标为 1 的数组元素中。

(3) 每轮安排最小数的下标为 0,1,2,3,⋯,6；与之比较的数组元素的下标总是从它的下一个变化到 7。

(4) 将 8 个数据排好序，需要进行 7 轮比较(对 n 个数排序，则要进行 n−1 轮比较)。

用循环 for(i=0;i<n−1;i++)控制比较的轮数，循环变量 i 用于表示每轮安排最小数的数组元素 arr[i]。

在每一轮比较过程中，arr[i]需要和其后的数组元素比较，其后数组元素的下标从 i+1 到 7(对于 n 个数，则从 i+1 到 n−1)。用循环 for(j=i+1;j<n;j++)可控制一轮比较的过程，循环变量 j 表示与 arr[i]比较的数组元素的下标。

使用两个循环嵌套，可实现以上过程。

```
#include<stdio.h>
int main()
{   int arr[8]= {15,8,4,13,6,10,17,1};
    int i,j,temp,n=8;
    printf("原始数字序列为：\n");
    for(i=0; i<n; i++)
       printf("%d ",arr[i]);
    for(i=0; i<n-1; i++)
       for(j=i+1; j<n; j++)
          if(arr[i]>arr[j])
          {   temp=arr[i];
              arr[i]=arr[j];
              arr[j]=temp;
          }
    printf("\n 排好序的数字序列为：\n");
    for(i=0; i<n; i++)
       printf("%d  ",arr[i]);
    return 0;
}
```

**方法 2：选择排序法**

选择排序法则是在比较交换排序法的基础上进行了改进，每一次比较当满足条件时并不立即交换元素的值，而是用变量 k 记录最小值的下标(位置)。当第一轮 arr[k]与其他数比较结束后，变量 k 中记录此轮比较中最小数的位置(下标)，将 k 所指向数组元素的值与 arr[0]交换，这样可减少每轮比较时数据交换的次数，从而提高排序效率。

选择排序法-一维数组的应用

选择排序法的算法如下：

(1) 首先，设置 k=0，存储第一个元素 arr[0]的下标，默认其为最小数。

(2) 其次，将数组元素 arr[k]与其后元素进行比较。若 arr[k]大于其后元素 arr[j]，则 k=j，记录当前较小元素的下标(较小数的位置)。通过多次比较，k 中最后的值为最小元素的下标。

(3) 然后，将 arr[0]与 arr[k]元素的值交换，arr[0]中为最小数，第 1 轮比较结束。

(4) 再次，设置 k=1，重复步骤(2)，将 arr[1]与 arr[k]的值交换，完成第 2 轮比较。

(5) 以此类推，直到 k=n−2，进行 n−1 轮比较，完成排序。

(6) 按次序输出数组元素的值。

```
#include<stdio.h>
int main()
{
    int arr[8]= {15,8,4,13,6,10,17,1};
    int i,j,k,temp,n=8;
    printf("原始数字序列为：\n");
    for(i=0; i<n; i++)
        printf("%d ",arr[i]);
    for(i=0; i<n-1; i++)
    {   k=i;                    /* 存储最小元素的下标 */
        for(j=i+1; j<n; j++)
            if(arr[k]>arr[j])
                k=j;            /* 记录较小元素的下标*/
        if(k!=i)
        { temp=arr[i];  arr[i]=arr[k];  arr[k]=temp;   /* 数据交换 */
        }
    }
    printf("\n 排好序的数字序列为：\n");
    for(i=0; i<n; i++)
        printf("%d ",arr[i]);
    return 0;
}
```

**方法 3：冒泡排序法**

冒泡排序法的算法如下：

冒泡排序法-一维数组的应用

若要排序的数有 n 个，则需要进行 n−1 轮排序。第 i 轮排序中，从第一个数开始，相邻两个数进行比较，若不符合所要求的顺序，则交换两个数的位置；直到第 n+1−i 个数为止，下面是具体步骤。

(1) 按由小到大排序时，将第 1 个数与第 2 个数进行比较。若第一个数大于第 2 个数，则互换；再将第 2 个数与第 3 个数进行比较，…，第 n−1 个数与第 n 个数进行比较，共比较 n−1 次；将 n 个数中的最大数“沉”到最底下(第 n 个位置)，它将不参与以后的排序操作。

(2) 第 2 轮排序时，将第 1 个数与第 2 个数进行比较，…，直到完成第 n−2 个数与第 n−1 个数的比较。将 n−1 个数中的最大数沉到最底下(第 n−1 个位置)。

(3) 如此重复，直到第 n−1 轮排序。将第 1 个数与第 2 个数进行比较，若符合所要求的顺序，则结束冒泡排序；若不符合所要求的顺序，则交换两个数的位置，然后结束冒泡排序。

若以上数字存放在数组 arr 中：

| 数组 arr | 15 | 8 | 4 | 13 | 6 | 10 | 17 | 1 |
|---|---|---|---|---|---|---|---|---|
| | arr[0] | arr[1] | arr[2] | arr[3] | arr[4] | arr[5] | arr[6] | arr[7] |

依照以上算法，相互比较并互换数值的数组元素如下：

| 第一轮 | | 第二轮 | | 第三轮 | | …… | 第七轮 | |
|---|---|---|---|---|---|---|---|---|
| arr[0] | arr[1] | arr[0] | arr[1] | arr[0] | arr[1] | | arr[0] | arr[1] |
| arr[1] | arr[2] | arr[1] | arr[2] | arr[1] | arr[2] | | | |
| arr[2] | arr[3] | arr[2] | arr[3] | arr[2] | arr[3] | | | |
| arr[3] | arr[4] | arr[3] | arr[4] | arr[3] | arr[4] | | | |
| arr[4] | arr[5] | arr[4] | arr[5] | arr[4] | arr[5] | | | |
| arr[5] | arr[6] | arr[5] | arr[6] | | | | | |
| arr[6] | arr[7] | | | | | | | |

利用两个循环嵌套，可实现以上过程。

```
#include<stdio.h>
int main()
{   int arr[8]= {15,8,4,13,6,10,17,1};
    int i,j,temp,n=8;
    printf("原始数字序列为：\n");
    for(i=0; i<n; i++)
        printf("%d ",arr[i]);
    for(i=0; i<n-1; i++)                /* n个数，做n-1轮排序处理 */
        for(j=0; j<n-i-1; j++)          /* 每轮进行n-i次相邻数组元素的比较 */
            if(arr[j]>arr[j+1])         /* 顺序不符合时交换位置 */
            {   temp=arr[j+1];
                arr[j+1]=arr[j];
                arr[j]=temp;
            }
    printf("\n排好序的数字序列为：\n");
    for(i=0; i<n; i++)
        printf("%d ",arr[i]);
    return 0;
}
```

从以上排序过程可以看出，较小的数像气泡一样向上冒，而较大的数则往下沉。故称之为冒泡法，又称气泡法。

若要进行从大到小的排序，程序应怎样修改呢？

若要排序的 4 个数是 12、0、4、17，则第 1 轮排序处理后已经完成了排序：0、4、12、

17。后面的比较排序处理是多余的。因此，可以对上述程序加以改进：设标志变量 flag，flag=1 时表示继续排序，flag=0 时表示结束排序。请自行写出改进后的程序。

**警告：**

以上三种排序一定要用循环嵌套来完成，注意两个嵌套循环中循环变量的初值和终值。

**排序问题的一般程序设计模式如下。**

(1) 定义数组：用于存放一组数据。

(2) 数组赋值：通过循环方式，为每个元素赋值。

(3) 数组排序：简单排序时多轮、多次的比较过程，需要通过双循环嵌套结构来实现。

(4) 输出排序结果：通过循环方式，输出每个元素的值。

#### 4. 数组中元素逆置的问题

逆置-一维数组的应用

【例 4-5】输入 n 个数并存放在数组中，将数组中的数逆置后输出。比如输入 3、7、4、5、2，逆置后为 2、5、4、7、3。

分析：n 个数存放在 arr 数组的 arr[0],arr[1],arr[2],…,arr[n−1]中，要逆置，可以将：

arr[0]与 arr[n−1]的值交换。

arr[1]与 arr[n−2]的值交换。

……

arr[i]与 arr[n−i−1]的值交换。

其中，n 和 i 为整型，i 从 0 开始，小于 n/2。对数组元素 arr[0],arr[1],arr[2],…,arr[i]的访问可与 for 循环结合进行，用循环变量作为数组的下标访问 arr[i]，与之对称的数组元素为 arr[n−i−1]。

```
#include<stdio.h>
#define SIZE 30
Int main()
{   int arr[SIZE];    /* 数组的大小按最大可能定义 */
    int k,i,t,n;
    scanf("%d",&n);   /* 输入要存放和处理的数据的个数 */
    for(i=0;i<n;i++) /* 将 n 个数输入到 arr 数组中并输出 */
    scanf("%d",&arr[i]);
    k=n/2;
    for(i=0;i<k;i++) /* 逆置操作 */
    {   t=arr[i];
        arr[i]=arr[n-i-1];
        arr[n-i-1]=t;
    }
    for(i=0;i<n;i++) /* 输出逆置后 arr 数组中的元素 */
    printf("%4d",arr[i]);
```

```
    return 0;
}
```

**总结：**

找到要处理的数组元素下标之间的关系，就可以用循环进行控制。本题目是将数组中心对称位置的元素进行互换，左半部分数组元素的下标连续增长，右半部分数组元素的下标连续减小，用循环变量 i 作为左半部分元素的下标，与其对称位置的下标为 n-i-1。掌握要访问数组下标的变化规律，结合循环控制进行处理。

### 5. 统计的问题

**【例 4-6】**输入某门课程的考试成绩，统计 0~9 分，10~19 分，…，90~99 分，100 分的人数。

统计-一维数组的应用

分析：输入成绩的个数没有限定，输入成绩的数据范围是 0 到 100，因此可以用该范围以外的特殊数据作为结束标志，比如-1。输入过程中，若想结束输入，可以输入结束标志-1，程序将停止输入，进行下一步处理。

因为要统计 11 个分段的数据，可定义一维数组 count 来记录各分段数据的个数，用 count[0]记录 0~9 范围数据的个数，用 count[1]记录 10~19 范围数据的个数，…，用 count[9]记录 90~99 范围数据的个数，用 count[10]记录分数是 100 的数据个数。即：用数组元素 count[i]作为计数器来统计各分数段数据的个数。

```
#include<stdio.h>
int main( )
{   int i,k, count[11]= {0};
    float score;
    printf("Input a score(0--100),end with -1\n");
    scanf("%f",&score);
    for(; score>=0 && score<=100;)  /* 输入 0~100 范围外的数据来终止循环 */
    {   k=(int)score/10;
        count[k]+=1;
        scanf("%f",&score);
    }
    for(i=0; i<10; i++)
        if(count[i]!=0)
            printf("%d~%d: %d\n",i*10,i*10+9,count[i]);
        if(count[10]!=0)
            printf("100: %d\n",count[i]);
    return 0;
}
```

# 4.3 二维数组

当数组元素具有两个下标时，称该数组为二维数组。同样，三维数组的每个数组元素具有 3 个下标，C 语言允许使用多维数组。可以将二维数组看作具有行和列的平面数据结构，如数学中的矩阵、表格中的数据等。

## 4.3.1 二维数组的定义

二维数组的定义和使用

定义二维数组的一般形式为：

```
数据类型 数组名[整型常量表达式1][整型常量表达式2];
```

说明：数据类型为全体数组元素的数据类型；数组名用标识符表示；两个整型常量表达式分别代表数组具有的行数和列数。数组元素的行下标和列下标一律从 0 开始。例如：

```
int a[3][4];
```

该语句表示：

(1) 定义了整型二维数组 a，其中数组元素的类型是 int。

(2) 数组 a 有 3 行 4 列，共 3×4=12 个数组元素。

(3) 数组 a 的行下标为 0、1、2，列下标为 0、1、2、3。数组 a 的数组元素分别是：

```
a[0][0], a[0][1], a[0][2], a[0][3]
a[1][0], a[1][1], a[1][2], a[1][3]
a[2][0], a[2][1], a[2][2], a[2][3]
```

(4) 编译系统将为数组 a 在内存中开辟 3×4=12 个连续的存储单元。这 12 个存储单元在内存中的排列顺序是以行序优先的顺序相邻排列。首先是第 0 行的 4 个数组元素：a[0][0]、a[0][1]、a[0][2]、a[0][3]。接着是第 1 行的 4 个数组元素：a[1][0]、a[1][1]、a[1][2]、a[1][3]，以此类推。数组元素在内存中的排列顺序如图 4-1 所示。数组名 a 代表数组 a 的首地址。

|  | a[0][0] | a[0][1] | a[0][2] | a[0][3] | a[1][0] | a[1][1] | a[1][2] | a[1][3] | a[2][0] | a[2][1] | a[2][2] | a[2][3] |
|---|---|---|---|---|---|---|---|---|---|---|---|---|
| 数组 a |  |  |  |  |  |  |  |  |  |  |  |  |

图 4-1 二维数组的数组元素在内存中的排列顺序

(5) 在逻辑上可将二维数组看作由一维数组嵌套而成，即数组 a 可以看成一维数组，有三个数组元素 a[0]、a[1]、a[2]，而 a[0]、a[1]、a[2]均是包含 4 个数组元素的一维数组，a[0]、a[1]、a[2]是三个一维数组的数组名。

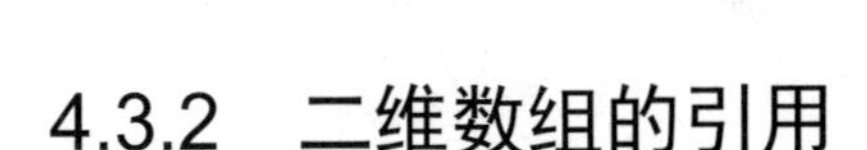

## 4.3.2 二维数组的引用

与一维数组类似，引用二维数组，也即引用它的数组元素。既要说明其属于哪个数组(需要指明数组名)，又要说明它在这个数组中的位置，即它处于哪行哪列。因此，引用二维数组中数组元素的一般形式是：

```
数组名[行下标][列下标]
```

例如：若定义数组 int a[2][3],i=1,j=2,k=0;，则 a[0][2]、a[j-1][i]、a[1][j+k]都是对数组 a 中元素的合法引用。

二维数组的数组元素与一维数组的数组元素或变量类似，可以参与运算，可以出现在赋值符号的左边并被赋值，可以输入和输出等。如果希望从键盘依次为数组元素输入数据，可以采用如下语句：

```
for(i=0;i<2;i++)
  for(j=0;j<3;j++)
    scanf("%d",&a[i][j]);
```

## 4.3.3 二维数组的初始化

在定义二维数组的同时，为二维数组中的数组元素赋初值，称为二维数组的初始化，其一般形式为：

```
数据类型 数组名[整型常量表达式1][整型常量表达式2]={初始化数据};
```

各初值之间用逗号分开。在分配存储空间时，计算机会把{ }中的初值依次赋给各数组元素。

有以下几种情况需要说明：

(1) 分行进行初始化

```
int a[2][3]={{1,2,3},{4,5,6}};
```

在{ }内部再用{ }把各行分开，第一对{ }中的初值 1、2、3 是第 0 行的 3 个元素的初值。第二对{ }中的初值 4、5、6 是第 1 行的 3 个元素的初值。相当于执行如下语句。

```
int a[2][3];
a[0][0]=1;a[0][1]=2;a[0][2]=3;a[1][0]=4;a[1][1]=5;a[1][2]=6;
```

**警告：**

初始化数据的个数不能超过数组元素的个数，否则会出错。

(2) 不分行的初始化

```
int a[2][3]={ 1,2,3,4,5,6};
```

把{ }中的数据依次赋给数组 a 中的各元素(按行赋值)。即 a[0][0]=1，a[0][1]=2，a[0][2]=3，a[1][0]=4，a[1][1]=5，a[1][2]=6。

(3) 对部分数组元素进行初始化

```
int a[2][3]={{1,2},{4}};
```

第一行只有两个初值，按顺序分别赋给 a[0][0]和 a[0][1]；将 4 赋给第二行的 a[1][0]。其他数组元素的初值自动赋为 0。

```
int a[2][3]={1,2};
```

只有两个初值，即 a[0][0]=1,a[0][1]=2，其余数组元素的初值均为 0。

(4) 给全部数组元素赋初值

可以省略第一维的“整型常量表达式 1”，但第二维的长度不能省略。系统会根据初始化数据的个数和第 2 维的长度确定第一维的长度。

```
int a[ ][3]={1,2,3,4,5,6};
```

数组 a 的第一维的定义被省略，初始化数据共 6 个，第二维的长度为 3，即每行 3 个数，所以数组 a 的第一维的长度是 2。

若分行初始化，也可以省略第一维的长度。下列数组定义中有两对{ }，表示数组 a 有两行。

```
int a[ ][3]={{1,2},{4}};
```

## 4.3.4 二维数组的应用

### 1. 求极值问题

**【例 4-7】**编程找出二维数组 a[4][5]中的最大值和最小值，并指出它们所在的行号和列号。

求极值和转置-二维数组的应用

分析：在二维数组中求极值，与在一维数组中求极值类似，可以采用“打擂台”的方法。即设置擂台变量 max 和 min，另外还需记录极值所在的行号和列号，需再设置四个变量，以记录每个极值的行号和列号，可设变量 max_row、max_col、min_row、min_col。

用循环嵌套的方法来访问二维数组中的每个元素，将每个数组元素的值与擂台变量进行比较，将符合条件的数据及其行列号信息存储在各个变量中。

处理完毕后，输出结果即可。

```
#include<stdio.h>
int main()
{ int a[4][5],i,j, max,max_row,max_col;
  int min, min_row,min_col;
  printf("请输入二维数组中的值：\n");
  for(i=0;i<4;i++)
  for(j=0;j<5;j++)
  scanf("%d",&a[i][j]);
  max=a[0][0];max_row=0; max_col=0;
  min=a[0][0];min_row=0;min_col=0;
  for(i=0;i<4;i++)
    for(j=0;j<5;j++)
  { if(max<a[i][j])
      max=a[i][j],max_row=i,max_col=j;
      if(min>a[i][j])
      { min=a[i][j],min_row=i,min_col=j; }
  }
  printf("结果如下：\n");
  printf("max=%d,  row=%d,  column=%d\n",max,max_row,max_col);
  printf("min=%d,  row=%d,  column=%d\n",min,min_row,min_col);
  return 0;
}
```

### 2. 求和、求均值问题

**【例 4-8】**输入 4 名学生 3 门课的成绩，求每名学生的总成绩、每门课的总成绩和所有成绩的总和，输出计算的结果。

求和求均值-二维数组的应用

分析：建立一个 5 行 4 列的实型二维数组，其中，前 4 行 3 列用于存放学生成绩。存储结构如下所示。然后使用循环嵌套访问该数组的 4 行 3 列数据，计算每名学生的总成绩和各门课的总成绩，将每名学生的总成绩存放到第 4 列，将每门课的总成绩存放在第 5 行，将所有成绩总和存放在 score[4][3]中。最后，依次输出计算结果，即二维数组 score 中的数据。

| | | | |
|---|---|---|---|
| 93 | 94 | 92 | |
| 70 | 57 | 62 | |
| 57 | 60 | 58 | |
| 66 | 63 | 83 | |
| | | | |

| | | | |
|---|---|---|---|
| 93 | 94 | 92 | 279 |
| 70 | 57 | 62 | 189 |
| 57 | 60 | 58 | 175 |
| 66 | 63 | 83 | 212 |
| 286 | 273 | 295 | 855 |

```
#include <stdio.h>
int main()
{   int score[5][4],i,j;
    for(i=0;i<4;i++)
      for(j=0;j<3;j++)

    scanf("%d",&score[i][j]);
    for(i=0;i<3;i++)
      score[4][i]=0;          /* 将第 5 行的每个元素清零 */
    for(j=0;j<5;j++)
      score[j][3]=0;          /* 将第 4 列的每个元素清零 */
    for(i=0;i<4;i++)
      for(j=0;j<3;j++)
```

```
        {  score[i][3]+=score[i][j];  /* 计算每名学生的总成绩 */
           score[4][j]+=score[i][j];  /* 将每个数据加到第5行与其同列的数组元素中 */
           score[4][3]+=score[i][j];  /* 将每个数据加到score[4][3]的存储单元中 */
        }
    for(i=0;i<5;i++)
    {   for(j=0;j<4;j++)
            printf("%5d\t",score[i][j]);
        printf("\n");
    }
    return 0;
    }
```

# 4.4 字符数组

C 语言中有字符常量和字符变量，还有字符串常量，但没有字符串变量。如何存储字符串？可以用字符数组存储字符串，用字符数组中的各数组元素依次存放字符串中的各个字符。

字符数组的定义和引用

## 4.4.1 字符数组的定义

字符数组的定义形式类似于数值型数组的定义，只是数据类型改为 char。例如：

```
char a[6],b[10];
char str[5][10];
```

定义的字符数组 a 具有 6 个数组元素，可以存放长度小于等于 5 的字符串。最后一个字符后的数组元素存放字符串结束符'\0'。数组 b 具有 10 个数组元素。

**注意：**

若定义的字符数组用来存放含有 k 个字符的字符串，则定义时字符数组元素的个数至少为 k+1，一定要留一个数组元素来存放字符串结束符'\0'。否则，字符串没有结束标志，处理字符串时可能会出现错误。

上面定义的字符数组 str 是二维字符数组，一行可以存放一个长度小于等于 9 的字符串，共可以存放 5 个字符串。因此，利用二维字符数组可以存放多个字符串。

## 4.4.2 字符数组的初始化

字符数组的初始化可以采用逐个字符初始化和字符串常量初始化两种方式。

### 1. 逐个字符初始化方式

```
char a[6]={'C','h','i','n','a','\0'};
```

**警告：**

花括号不能省略，初值的个数也不能超过数组元素的个数。下面对字符数组的初始化均是错误的：

```
char a[6]={'C','h','i','n','a','a','\0'};
char a[6]='C','h','i','n','a','\0';
```

### 2. 字符串常量初始化方式

```
char a[6]={"China"};
```

存储时，系统自动在字符串常量"China"的末尾增加字符串结束符'\0'，所以字符数组 a 的各数组元素中依次存储的是'C'、'h'、'i'、'n'、'a'、'\0'。

上述初始化形式中，花括号可以省略。例如：

```
char a[6]="China";
```

和数值型数组一样，初始化时，数组的长度也可以省略，数组元素的个数由初始化的初值个数决定。例如，下面定义的数组 a 有 5 个数组元素。

```
char a[]="abcd";
char fruit[][7]={"Apple","Orange","Grape","Pear","Peach"};
```

对于数组 fruit，系统根据字符串常量的个数，确定第一维的长度为 5，给二维数组中每个数组元素赋值的情况如下所示，fruit[0],fruit[1],…,fruit[4]为每行字符串存放的首地址。

| | | | | | | | |
|---|---|---|---|---|---|---|---|
| fruit[0] | A | p | p | l | e | \0 | \0 |
| fruit[1] | O | r | a | n | g | e | \0 |
| fruit[2] | G | r | a | p | e | \0 | \0 |
| fruit[3] | P | e | a | r | \0 | \0 | \0 |
| fruit[4] | P | e | a | c | h | \0 | \0 |

## 4.4.3 字符数组的引用

对于字符数组，不仅可以引用它的数组元素，也可以引用整个字符数组。例如：

```
char a[10]="China2000";
a[8]=a[5];                /* 对数组元素 a[8]、a[5]的引用，使 a[8]的值为'2' */
printf("%c\n",a[3]);      /* 对数组元素 a[3]的引用，输出 a[3]中的字符 */
printf("%s\n",a);         /* 对数组 a 的引用，输出数组 a 中的字符串 */
```

下面是对上面数组 fruit 的引用：

```
for (i=0;i<5;i++)
printf("%s\n",fruit[i]); /* 输出第 i 行的字符串 */
```

给出每行字符串存放的首地址 fruit[i]，printf()函数输出首地址开始的每个字符，直到遇到本行的字符串结束标志'\0'才结束。

### 4.4.4 字符串的输入/输出

字符串的输入/输出可以采用格式化输入/输出函数 scanf( )和 printf( ) (格式符用%s 或%c)，或者使用 getchar( )和 putchar( )函数。

#### 1. 逐个字符输入和输出

可以用如下方式输入一行长度不超过 9 个字符(取决于字符数组的大小)的字符串。

```
char a[10],ch,k;
scanf("%c",&ch);
for(k=0;ch!='\n';k++)              /* 字符串输入以“回车”结束 */
{ a[k]=ch;
  scanf("%c",&ch);
}
a[k]='\0';
```

或者用下面的这种方式输入一行长度不超过 6 个字符的字符串。

```
char b[7],k;
for(k=0;(b[k]=getchar( ))!='\n';k++)
;
b[k]= '\0';
```

可以用下面的方式输出一个字符串。

```
for(k=0;a[k]!='\0';k++)
  printf("%c",a[k]);
for(k=0; a[k]!='\0';k++)
  putchar(a[k]);
```

逐个字符输入和输出的方式较少使用。

#### 2. 字符串整体或部分的输入和输出

```
char a[10],b[5][20];
scanf("%s",a);          /* 将从键盘输入一个字符串存入数组 a */
printf("%s",a);         /* 输出数组 a 中的字符串 */
for(i=0;i<5;i++)
```

```
scanf("%s",b[i]);  /* 循环输入 5 个字符串，存入以 b[i]为起始地址的数组 b 的各行中 */
for(i=0;i<5;i++)
printf("%s",b[i]);   /* 输出数组 b 每行的字符串 */
```

**警告：**

(1) 用格式符%s 输入和输出字符串时，其输入(出)项必须以字符串的地址形式出现。

上例中 a 是字符数组名，代表该数组的首地址，所以不要在数组名前再加地址运算符&，scanf("%s",&a);是错误的。若出现字符数组元素的地址，则表示输入(出)对象是从该地址开始的字符串。对于二维数组 b，b[i]是每行的起始地址，所以输入/输出时使用 b[i]，而 b[i][j]代表第 i 行、第 j 列的数组元素，即一个字符。

另外，输出项是字符串常量时，直接给出字符串常量即可，例如：

```
printf("%s","abcd");
```

(2) 用格式符%s 输出数组时，从输出项提供的地址开始输出，直到遇见字符串结束符'\0'为止。

```
char b[3]="xyz",c='H',a[10]="abcd\0123";
printf("a=%s\n", a);   /* 输出：a=abcd。对于数组 a，输出 abcd 后，遇到'\0'
                          后停止输出。*/
printf("b=%s\n", b);   /* 可能输出：b=xyzHabcd */
```

因为数组 b 的长度为 3，用"xyz"初始化，无空间来存储字符串结束符'\0'，输出 xyz 后未遇到'\0'，如果后面紧跟的是字符变量 c 和数组 a 的存储单元，于是接着输出后续存储单元 c 的内容 H 和数组 a 的内容 abcd，直到遇'\0'才停止输出。

(3) 用格式符%s 不能输入带空格、回车或跳格的字符串，因为空格、回车或跳格是%s 输入字符串的结束符号。

```
char a[10];
scanf("%s",a);
printf("%s\n",a);
```

输入：How are you

输出：How

由于空格、跳格和回车均是输入数据的结束符号，因此 How are you 被看成 3 个输入数据，只把 How 作为数组 a 的数据。那么，如何输入带空格或跳格的字符串？下面介绍的 gets( )函数可以解决这个问题。

### 3. 用 gets( )和 puts( )函数输入/输出字符串

gets( )和 puts( )函数均在文件 stdio.h 中声明，因此要使用这两个函数，就必须在程序开头加上命令行：#include<stdio.h>。

gets( )函数的调用形式如下：

```
gets(字符数组);
```

功能：从键盘读入字符串，直到读入换行符为止，用'\0'代替换行符并把读入的字符串存入字符数组中。

puts( )函数的调用形式如下：

```
puts(字符数组);
```

功能：把字符数组中存储的字符串逐个字符输出到屏幕上，直到遇到'\0'时结束输出，输出完成后换行。

```
char a[15];
gets(a);
puts(a);
```

输入：How are you↙

输出：How are you

用 gets(a)函数可以输入含空格的字符串，其存放形式如下所示：

| 数组 a | H | o | w |  | a | r | e |  | y | o | u | \0 |  |  |  |
|---|---|---|---|---|---|---|---|---|---|---|---|---|---|---|---|

【例 4-9】 从键盘输入一个字符串，把其中的小写字母转换成大写字母，其他字符不变，把处理后的结果输出到屏幕上。

字符数组的应用

分析：定义一维字符数组来存储从键盘输入的字符串，可以用 gets( )和 puts( )函数进行字符串的输入和处理结果的输出。

要把字符数组中字符串的小写字母转换成大写字母，需要逐个字符进行处理，必须使用循环；另外，字符串末尾有'\0'，所以可以用“判断字符数组元素是否为'\0'”作为循环终止的条件；循环体中一次循环处理字符串中的一个字符，循环多次，可对每个字符进行处理。

```
#include<stdio.h>
int main()
{ char str[80];
  int i;
  printf("请输入一个任意的字符串：\n");
  gets(str);
  for(i=0;str[i]!='\0';i++)      /* '\0'是字符串的结束符号，此循环可以处理字
                                    符数组中的每个字符 */
      if(str[i]>='a' && str[i]<='z')
        str[i]=str[i] -32 ;       /* 将小写字母转换成大写字母 */
  printf("处理的结果字符串为：\n");
  puts(str);
```

```
    return 0;
}
```

【例 4-10】复制字符串。

分析：定义两个一维字符数组，分别存储源字符串和目标字符串。复制时，使用循环语句一次读取源字符串中的一个字符，将该字符存入目标字符数组中，循环多次，可将整个字符串中的字符复制到目标字符数组中。

```
#include<stdio.h>
int main()
{   char dest[80],source[80];
    int i;
    printf("input source string:\n");
    gets(source);
    for(i=0;source[i]!='\0';i++)     /* 逐个复制字符 */
    dest[i]=source[i];
    dest[i]='\0';                  /* 在复制的字符串末尾加上字符串结束符 */
    puts(dest);
    return 0;
}
```

总结：

处理字符数组中的字符串时，一般是对字符逐个进行处理，需要使用循环，但事先并不需要知道字符串中字符的个数，循环终止的条件是看当前数组元素中的字符是否为'\0'。如果不是，则继续；如果是，表示字符串处理结束，结束循环。

## 4.4.5 字符串处理函数

C 语言没有提供对字符串进行整体操作(如复制、比较、连接、计算字符串的长度等)的运算符，但标准库函数实现了这些操作。string.h 文件中对这些函数进行了声明，用户只要在源程序的开头加上#include<string.h>，就可以调用它们完成相应的操作。

### 1. 字符串复制函数 strcpy( )

strcpy( )函数的调用形式如下：

```
strcpy(字符数组 1,字符串 2);
```

功能：把字符串 2 复制到字符数组 1 中，返回字符数组 1 的地址。

说明：字符数组 1 是接受源字符串的存储区的首地址，形式上可以是字符数组名或字符指针。字符串 2 在形式上可以是字符串常量，也可以是字符数组名或字符指针。

**警告：**

要保证字符数组 1 的存储空间能容纳下字符串 2。

例如：

```
char a[6]="China",b[7];
strcpy(b,a);
strcpy(b,"ABC");
```

### 2. 求字符串长度的函数 strlen( )

strlen( )函数的调用形式如下：

```
strlen(字符串);
```

功能：返回字符串中字符的个数(不包括字符串结束符'\0')。

说明："字符串"可以是字符数组名或字符指针，也可以是字符串常量。

字符串的长度是指字符串中含有字符的个数，但不包括字符串结束符。例如，字符串"abcd"的长度为 4。

### 3. 字符串连接函数 strcat( )

strcat( )函数的调用形式如下：

```
strcat(字符数组 1,字符串 2);
```

功能：把字符串 2 连接到字符数组 1 中字符串的末尾，返回字符数组 1 的地址。

说明：字符数组 1 是连接后字符串存储区的首地址，形式上可以是字符数组名或字符指针。字符串 2 可以是字符数组名或字符指针，也可以是字符串常量。

**警告：**

使用 strcat()函数时要保证字符数组 1 能容纳下连接后的字符串。

例如：

```
char str1[10]="China",str2[ ]="abc";
strcat(str1,str2);      /* 连接后 str1 中为"Chinaabc", str2 中的内容不变 */
strcat(str2,"123");    /* 连接后 str2 中为"abc123"，但 str2 字符数组的长度为 4，所以
                           "23"将占用其他存储单元，会引起错误 */
```

用户也可以自己编写字符串连接函数。

### 4. 字符串比较函数 strcmp( )

比较两个字符串的规则是：依次比较两个字符串同一位置的一对字符，若它们的 ASCII 码相同，则继续比较下一对字符，直到遇到一对不同的字符，以这一对不同字符的比较结果

作为字符串的比较结果(ASCII 码较大的字符所在的字符串较大)；若所有字符均相同，则两个字符串相等；若一个字符串的全部 k 个字符与另一个字符串的前 k 个字符相同，则字符串较长的较大。

例如：

"abc" 与 "abc" ，它们相等。

"abcd" 与 "abck"， "abcd" 小于 "abck"。

"abc" 与 "ab"， "abc" 大于 "ab"。

**注意：**

不能使用关系运算符来比较两个字符串的大小，例如："abc">"cdef"是错误的。可以采用标准库函数中的字符串比较函数 strcmp( )来比较两个字符串的大小。

strcmp( )函数的调用形式如下：

```
strcmp(字符串 1,字符串 2)
```

其中，字符串 1、字符串 2 可以是字符串存储区的首地址，形式上可以是字符数组名或字符指针，也可以是字符串常量。

功能：比较字符串 1 和字符串 2。其返回值表示两者的关系：

- 返回值为 1，表示字符串 1 大于字符串 2。
- 返回值为 0，表示字符串 1 等于字符串 2。
- 返回值为-1，表示字符串 1 小于字符串 2。

例如：

```
char a[10]="China",b[]="123";
printf("%d\n",strcmp(b,a));    /* 输出-1,所以 b 中的字符串小于 a 中的字符串 */
printf("%d\n",strcmp(a,"Beijing"));  /* 输出 1,所以 a 中的字符串大于"Beijing" */
```

以上输出的值实际是两个不同字符的 ASCII 码比较的结果。

需要使用其他字符串处理函数时可参考附录 D。

## 4.4.6　应用举例

### 1. 字符串对称问题

字符串对称问题

【例 4-11】输入一个字符串，判断该字符串是否是回文。

分析：回文字符串是指该字符串从左向右读和从右向左读都相同，例如字符串“level”“madam”“上海自来水来自海上”。只要对称位置的字符有一对不相等，该字符串就不是回文，若都相同，则是回文，所以使用循环取字符数组中对称位置的字符进行检测即可。

```
#include<stdio.h>
#include<string.h>
int main()
{ char str[80];
  int i,n,flag=1;
  gets(str);
  n=strlen(str);
  for(i=0;i<n/2;i++)
  if(str[i]!=str[n-i-1]){flag=0;break;}
  if(flag)printf("该字符串是回文\n");
  else printf("该字符串不是回文\n");
  return 0;
}
```

### 2. 字符串比较问题

**【例 4-12】**不使用字符串比较函数 strcmp()，自行编制程序，实现两个字符串 str1、str2 的比较。

字符串比较-字符数组的应用

分析：利用循环对两个字符串中的字符逐个进行比较，找到第一对不同字符或都相同时结束；然后依据结束循环时两个字符 ASCII 码的差值(j=str1[i]-str2[i])来判断它们的关系：

- 若 str1[i]>str2[i]，则 j>0，所以 str1>str2。
- 若 str1[i]<str2[i]，则 j<0，所以 str1<str2。
- 若 str1[i]==str2[i]，则 j=0，所以 str1=str2。这是 str1[i]和 str2[i]同时为'\0'的情况。

j 的值相当于库函数 strcmp(str1,str2)的返回值，返回值大于 0，表示字符串 str1 大于字符串 str2；返回值小于 0，表示字符串 str1 小于字符串 str2；返回值等于 0，表示字符串 str1 和字符串 str2 相等。

```
#include<stdio.h>
int main()
{   char str1[80],str2[80];
    int i,j;
    printf("input two kinds of string:\n");
    gets(str1);
    gets(str2);
    for(i=0;str1[i]&&str2[i];i++)   /* 比较每一对字符，直到出现'\0'，退出循环 */
    {
       if(str1[i]!=str2[i]) break;  /* 若某一对字符不同，则已分出大小，退出循环 */
    }
    j= str1[i]-str2[i];             /* j 为结束比较时那对字符的 ASCII 码的差值 */
    if(j>0)
       printf("%s>%s\n",str1,str2);
    else if(j<0)
```

```
        printf("%s<%s\n",str1,str2);
    else
        printf("%s=%s\n",str1,str2);
    return 0;
}
```

3. 字符串排序问题

字符串排序-字符数组的应用

【例 4-13】从键盘输入 5 个字符串，按从小到大的顺序排序后输出。

分析：用二维字符数组存储输入的 5 个字符串。可以选择任意一种排序方法，使用字符串处理函数，对 5 个字符串的排序与对一维数值型数组中 5 个数字的排序类似。排序时，字符串大小的比较需要应用函数 strcmp( )，而字符串位置的互换需要应用函数 strcpy( )。下面的程序采用选择排序法对字符串进行排序。

```
#include<stdio.h>
#include<string.h>
int main()
{   char str[5][80],stemp[80];
    int i,j,k;
    printf("input 5 kinds of string:\n");
    for(i=0; i<5; i++)        /* 输入 5 个字符串，存储在 str 数组中的各行 str[i]中 */
        gets(str[i]);
    for(i=0; i<4; i++)        /* 用简单的选择排序法从小到大排序 */
    {   k=i;
        for(j=i+1; j<5; j++)
            if(strcmp(str[k],str[j])>0)
            k=j;           /* 用 k 记录本轮比较中最小字符串所在的行号 */
        if(k!=i)
        {   strcpy(stemp,str[i]); /* 将 str[k]中的最小串与 str[i]中的串交换位置 */
            strcpy(str[i],str[k]);
            strcpy(str[k],stemp);
        }
    }
    printf("the sort result is:\n");
    for(i=0; i<5; i++)                /* 输出排序后的各个字符串 */
        printf("%s\n",str[i]);
    return 0;
}
```

## 4.5 案例：抽奖嘉年华

进阶提高

设计抽奖或点名小程序。要求：有欢迎界面，开始后让参与抽奖或点名的同学的姓名在屏幕上反复滚动。当按下任意键后抽出一位学生，如果要继续，按提示操作，继续上述过程；也可以选择退出，不再进行抽奖或点名，最后将所有抽中学生的姓名显示在屏幕上。

抽奖嘉年华源码

通过本案例可以学习一维数组和二维数组的综合应用，体验数组在程序设计中的重要作用，设计实现解决生活中较为复杂问题的程序，程序中用到的函数及其说明如表 4-1 所示。

```
#include<stdio.h>
#include<conio.h> /* 包含 kbhit()函数的声明 */
#include<string.h>
#include<time.h>
#include<stdlib.h>
int main()
{   char winner[70][20],studname[70][20]={"钟若鸣","姚韩雪",…,"贾甦恒"};
/* studname 数组中存储的是参与抽奖的学生的姓名，此处省略列出。*/
    int rnd;
    int i=0,n=70,m=0;
    char ch;
/* 显示欢迎界面 */
    printf("\n\n\t*******************************************\n");
    printf("\t*           欢迎使用                       *\n");
    printf("\t*         点名/抽奖系统                    *\n");
    printf("\t*                              By nwsuaf *\n");
    printf("\t*                         Date:2020.7.21 *\n");
    printf("\t*******************************************\n\n\n");
    system("pause");   /* 使程序暂停，在屏幕上显示“请按任意键继续…” */
/* 开始滚动屏幕，等待抽奖
    srand(time(NULL));  /* 设置随机数种子  */
    while(1)
    { for(i=0; i<n; i++)/* 滚动姓名  */
      {ch=kbhit();      /* 检查当前是否有键盘输入 */
       printf("\t\t%s\n",studname[i]);
      }
      if(ch!=0)
        {   rnd= rand()%n;
            for(i=0; i<m; i++)      /* 去掉抽到的重复的学生，重新抽取 */
               if(strcmp(winner[i],studname[rnd])==0)
                { rnd= rand()%n;
                 i=0;
```

```
            }
/* 打印被抽中学生的姓名 */
printf("\n*****************************************************\n");
printf("*                                                   *\n");
printf("*                                                   *\n");
printf("                    %s\n",studname[rnd]);
printf("*                                                   *\n");
printf("*                                                   *\n");
printf("*****************************************************\n");
        strcpy(winner[m],studname[rnd]);/* 将中奖学生的姓名存储在数组 winner 中 */
        m++;
/* 在一次抽奖后询问，是否继续或退出 */
labe:   printf("是否继续？1.继续  2.退出\n");
        int mm;
        scanf("%d",&mm);
        if(mm==2)
            break;
        else if(mm!=1)      /* 输入不正确，提示后跳转到 labe 标号继续执行 */
        {   printf("input error\n");
            goto labe;
        }
      }
    }
/* 抽奖结束后，打印中奖的所有学生的姓名 */
    system("cls");
    printf("今天的幸运儿是：\n");
    for(i=0; i<m; i++)
        printf("  %c%s\n",1,winner[i]);
return 0;
}
```

表 4-1 程序中函数的说明

| 函数名 | 函数原型 | 功能 | 头文件 |
| --- | --- | --- | --- |
| kbhit( ) | int kbhit(void); | 检查当前是否有键盘输入，若有，则返回一个非 0 值，否则返回 0 | conio.h |
| rand( ) | int rand(void) ; | 产生 0~RAND_MAX 范围内的一个随机数，其中 RAND_MAX 是 stdlib.h 中定义的一个整数，它与系统有关 | stdlib.h |
| srand( ) | void srand (unsigned seed); | 根据参数 seed，设置一个随机起始点，而 srand()函数根据这个起始点，产生随机数序列。默认的随机种子为 1。如果随机种子一样，srand()函数产生的随机序列也一样。因此，为使程序每次运行都能产生不同的随机序列，每次都应产生一个不同的种子参数 | stdlib.h |

# 本章小结

数组是相同类型数据元素的集合，是一种构造数据类型，数组对于存储和处理大量的数据有非常重要的作用。读者要理解数组的概念及其在内存中的存储结构，掌握数组的定义、初始化和引用，掌握字符数组及字符串，掌握与数组有关的基本算法和典型算法。本章教学涉及数组的有关知识的结构导图如图 4-2 所示。

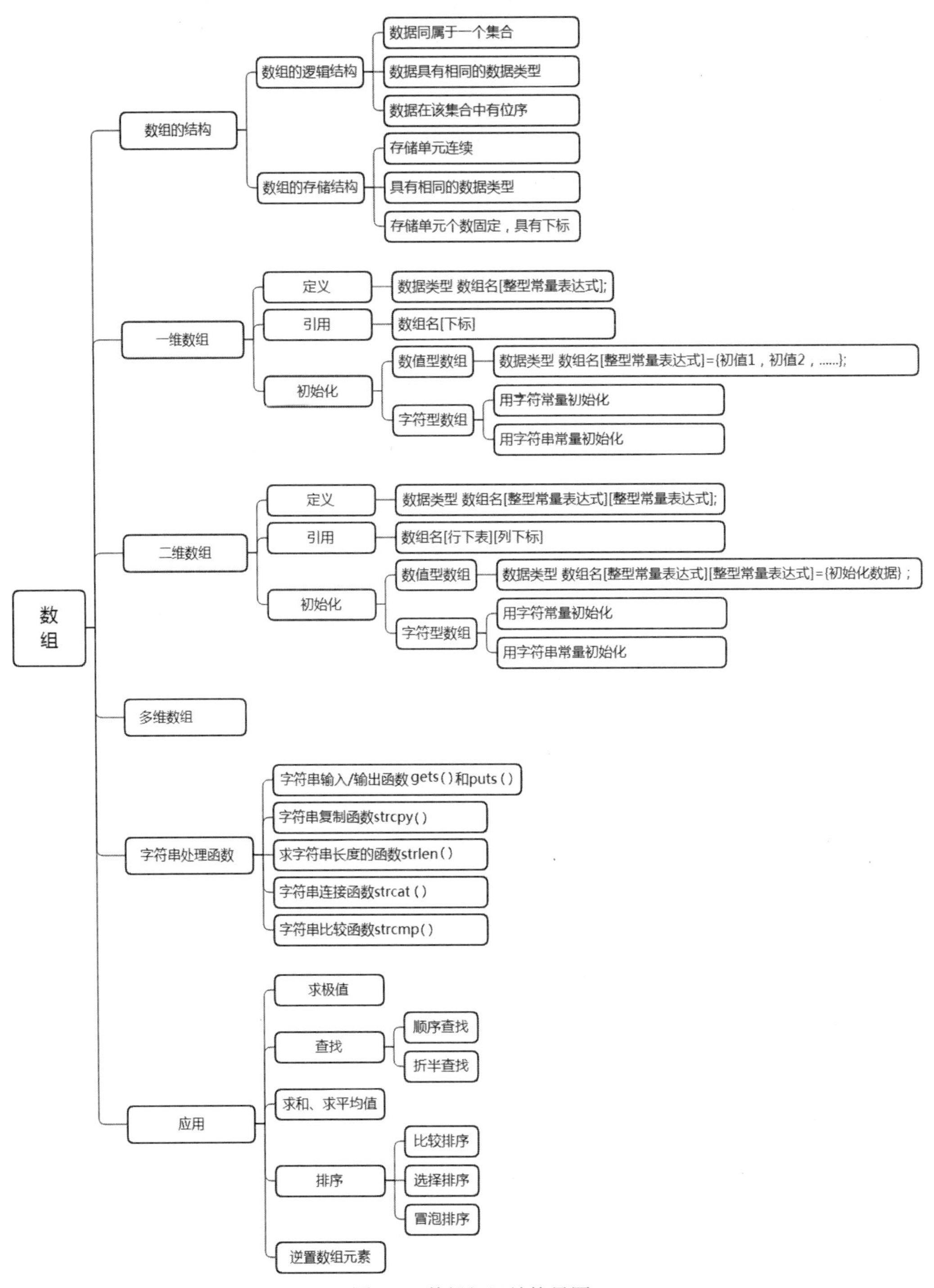


图 4-2　数组知识结构导图

# 习 题

## 一、单选题

1. 执行下面的程序段后，变量 k 中的值为(　　)。

```
int k=3, s[2];
s[0]=k; k=s[1]*10;
```

A. 不定值　　B. 33　　C. 30　　D. 10

2. 设有数组定义 char array[ ]="China";，则数组 array 所占的空间为(　　)。

A. 4 字节　　B. 5 字节　　C. 6 字节　　D. 7 字节

3. 执行下列程序时，输入：123<空格>456<空格>789<回车>，输出结果是(　　)。

```
#include<stdio.h>
int main()
{ char s[100];
  int c, i;
  scanf("%c", &c);
  scanf("%d", &i);
  scanf("%s", s);
  printf("%c, %d, %s\n", c, i, s);  return 0;
}
```

A. 123,456,789　　B. 1,456,789　　C. 1,23,456,789　　D. 1,23,456

4. 假定 int 型变量占用 4 字节，若有定义 int x[5]={0,2,4};，则数组 x 在内存中所占字节数是(　　)。

A. 3　　B. 5　　C. 10　　D. 20

5. 以下程序的输出结果是(　　)。

```
#include<stdio.h>
int main()
{ int n[2]={0},i,j,k=2;
  for(i=0;i<k;i++)
  for(j=0;j<k;j++)
  n[j]=n[i]+1;
  printf("%d\n",n[1]);
  return 0;
}
```

A. 不确定的值　　B. 3　　C. 2　　D. 1

6. 以下程序运行后，输出结果是(　　)。

```
#include<stdio.h>
int main()
{ int y=18, i=0, j, a[8];
  do
  { a[i]=y%2; i++;
    y=y/2;
  } while(y>=1);
  for(j=i-1;j>=0;j--) printf("%d", a[j]);
  printf("\n");
  return 0;
}
```

A. 10000　　B. 10010　　C. 00110　　D. 10100

7. 以下程序的输出结果是(　　)。

```
#include<stdio.h>
int main( )
{ int i,k,a[10],p[3];
  k=5;
  for(i=0;i<10;i++) a[i]=i;
  for(i=0;i<3;i++) p[i]=a[i*(i+1)];
  for(i=0;i<3;i++) k+=p[i]*2;
  printf("%d\n",k);
  return 0;
}
```

A. 20　　B. 21　　C. 22　　D. 23

8. 以下数组定义中不正确的是(　　)。

A. int a[2][3];　　B. int b[][3]={0,1,2,3};

C. int c[100][100]={0};　　D. int d[3][]={{1,2},{1,2,3},{1,2,3,4}};

9. 若有声明 int a[3][4];，则 a[i][j]前有(　　)个元素。

A. j*4+i　　B. i*4+j　　C. i*4+j−1　　D. i*4+j+1

10. 以下程序的输出结果是(　　)。

```
#include<stdio.h>
int main()
{ int a[4][4]={{1,3,5},{2,4,6},{3,5,7}};
  printf("%d%d%d%d\n", a[0][3],a[1][2],a[2][1],a[3][0]);
  return 0;
}
```

A. 0650　　B. 1470　　C. 5430　　D. 输出值不定

11. 以下程序的输出结果是(　　)。

```
#include<stdio.h>
```

```
int main()
{ int i,x[3][3]={1,2,3,4,5,6,7,8,9};
  for(i=0;i<3;i++) printf("%d,",x[i][2-i]);
  return 0;
}
```

A. 1,5,9, B. 1,4,7, C. 3,5,7, D. 3,6,9,

12. 若有定义语句 char s[10];s="abcd";printf("%s\n",s);，则输出结果是(　　)。

A. abcd B. a C. abc D. 编译通不过

13. 下列程序(　　)(每行前的数字表示行号)。

```
1 main()
2 { float a[10]={0.0}; int i;
3   for(i=0;i<3;i++) scanf("%d",&a[i]);
4   for(i=1;i<10;i++) a[0]=a[0]+a[i];
5   printf("%f\n",a[0]);
6   return 0;
}
```

A. 没有错误 B. 第2行有错 C. 第3行有错 D. 第5行有错

14. 以下程序的输出结果是(　　)。

```
#include<stdio.h>
int main()
{ int a[3][3]={{1,2},{3,4},{5,6}}, i, j, s=0;
  for(i=1;i<3;i++)
    for(j=0;j<=i;j++)  s+=a[i][j];
  printf("%d\n", s);
  return 0;
}
```

A. 18 B. 19 C. 20 D. 21

15. 以下程序段的功能是(　　)。

```
#include<stdio.h>
int main()
{ int j,k,e,t,a[]={4,0,6,2,64,1};
  for(j=0;j<5;j++)
  { t=j;
    for(k=j+1;k<6;k++) if(a[k]>a[t]) t=k;
    e=a[t];a[t]=a[j];a[j]=e; }
  for(k=0;k<6;k++)
  printf("%5d",a[k]);
  return 0;
}
```

A. 对数组进行气泡法排序(升序) B. 对数组进行气泡法排序(降序)

C. 对数组进行选择法排序(升序) D. 对数组进行选择法排序(降序)

16. 能正确进行字符串赋值的是(　　)。

A. char s[5]={'a','e','i','o','u'};　　B. char s[5]; s="good";

C. char s[5]="abcd";　　D. char s[5]; s[ ]="good";

17. 以下程序的输出结果是(　　)。

```
#include<stdio.h>
#include<string.h>
int main()
{ char str[12]={'s','t','r','i','n','g'};
  printf("%d\n",strlen(str));
  return 0;
}
```

A. 6　　B. 7　　C. 11　　D. 12

18. 若有以下定义：

```
char x[]= "abcdefg";
char y[]={ 'a', 'b', 'c', 'd', 'e', 'f', 'g'};
```

则叙述正确的为(　　)。

A. 数组 x 和数组 y 等价　　B. 数组 x 和数组 y 的长度相同

C. 数组 x 的长度大于数组 y 的长度　　D. 数组 x 的长度小于数组 y 的长度

19. 不能正确为字符数组输入数据的是(　　)。

A. char s[5]; scanf("%s",&s);　　B. char s[5]; scanf("%s",s);

C. char s[5]; scanf("%s",&s[0]);　　D. char s[5]; gets(s);

20. 若有 char a[80],b[80];，则正确的是(　　)。

A. puts(a,b);　　B. printf("%s,%s",a[ ],b[ ]);

C. putchar(a,b);　　D. puts(a);puts(b);

21. 以下程序的输出结果是(　　)。

```
#include<stdio.h>
int main()
{ char w[][10]={"ABCD","EFGH","IJKL","MNOP"},k;
  for(k=1;k<3;k++) printf("%s\n",w[k]);
  return 0;
}
```

A. ABCD<br>FGH<br>KL<br>M

B. ABCD<br>EFG<br>IJ

C. EFG<br>JK<br>O

D. EFGH<br>IJKL

22. 以下程序的输出结果是(　　)。

```
#include<stdio.h>
int main( )
{ char a[2][5]={"6937","8254"}; int i,j,s=0;
  for( i = 0; i < 2; i++ )
  for( j = 0; a[i][j]>'0' && a[i][j]<='9'; j+=2 )
  s=10*s+a[i][j]-'0';
  printf("s=%d\n",s);
  return 0;
}
```

A. s=6385　　B. s=69825　　C. s=63825　　D. s=693825

## 二、填空题

1. 若想通过以下输入语句使数组 a 中存放字符串"1234"，b 中存放字符'5'，则输入数据的形式应该是________________。

```
char a[10], b;
scanf("a=%s b=%c", a, &b);
```

2. 下列程序段的输出结果是_______________。

```
#include<stdio.h>
int main()
{ char b[]="Hello,you";
  b[5]=0;
  printf("%s\n", b);
  return 0;
}
```

3. 以下程序的功能：把数组 a 的行列元素互换后存入数组 b。请填空使程序正确。

```
#include<stdio.h>
int main()
{ int i,j, a[2][3]={1,2,3,4,5,6},b[3][2];
  for(i=0;i<2;i++)
  {for(j=0;___________________;j++)
  {printf("%5d ",a[i][j]);
  _________________________; }
  printf("\n");}
  for(i=0;_____________________;i++)
  { for(j=0;j<=1;j++) printf("%5d ",b[i][j]);
    printf("\n"); }
  return 0;
}
```

4. 以下程序的功能：输入 30 个人的年龄，统计 18 岁、19 岁、…、25 岁各有多少人。请填空使程序正确。

```
#include<stdio.h>
int main()
{ int i,n,age, a[30]={0};
  for(i=0;i<30;i++)
  {scanf("%d",&age); _______________; }
  printf("age number\n");
  for(_____;_______;i++) printf("%5d %6d\n",i,a[i]);
  return 0;
}
```

5. 以下程序可以把从键盘上输入的十进制数(long 型)以二进制数到十六进制数的形式输出，请填空。

```
#include<stdio.h>
int main()
{ int b[16]={'0','1','2','3','4','5','6','7','8','9','A','B','C','D','E','F'};
  int c[64], d, i=0, base;
  long n;
  printf("Enter a number:\n"); scanf("%ld", &n);
  printf("Enter new base:\n"); scanf("%d", &base);
  do
  { c[i]=________;
    i++;
    n=n/base;
  }while(n!=0);
  printf("Transmit new base:\n");
  for(--i;i>=0;--i)
  { d=c[i];
    printf("%c", __________);
  }
  return 0;
}
```

6. 以下程序的功能：在给定数组中查找某个数，若找到，则输出该数在数组中的位置，否则输出"can not found！"。请填空使程序正确。

```
#include<stdio.h>
int main( )
{ int i,n,a[8]={25,21,57,34,12,9,4,44};
  scanf("%d",&n);
  for(i=0;i<8;i++)
  if(n==a[i])
  { printf("The index is %d\n",i);
```

```
    ________________ ; }
  if(___________) printf("can not found!\n");
  return 0;
}
```

7. 阅读下列程序：

```
#include<stdio.h>
int main()
{ int i, j, row, column, m;
  int array[3][3]={{100, 200, 300}, {28, 72, -30}, {-850, 2, 6}};
  m=array[0][0];
  for(i=0; i<3; i++)
  for(j=0; j<3; j++)
  if(array[i][j]<m)
    {m=array[i][j]; row=i; column=j;}
  printf("%d, %d, %d\n", m, row, column);
  return 0;
}
```

上述程序的输出结果是________________________。

8. 以下程序的功能：把两个按升序排列的数组合并成一个按升序排列的数组。请填空使程序正确。

```
#include<stdio.h>
int main()
{ int i=0,j=0,k=0,a[3]={5,9,19},b[5]={12,24,26,37,48},c[10];
  while(i<3 && j<5)
  if(__________) { c[k]=b[j];k++;j++;}
  else { c[k]=a[i];k++;i++;}
  while(_________) { c[k]=a[i];k++;i++;}
  while(_________) { c[k]=b[j];k++;j++;}
  for(i=0;i<k;i++) printf("%3d",c[i]);
  return 0;
}
```

9. 求如下矩阵中各行元素之和，并以矩阵形式输出原矩阵及相应行元素之和。请填空使程序正确。

3 5 6

2 1 4

8 7 1

```
#include<stdio.h>
int main()
{ int i,j;
  static int a[3][4]={{3,5,6,0},{2,1,4,0},{8,7,1,0}};
```

```
  for(i=0;i<3;i++)
  for(j=0;j<3;j++)
  a[i][3]+= ____________;
  for(i=0;i<3;i++)
  for( ____________ )
  { printf("%3d",a[i][j]);
    if( __________ ) printf( __________ );}
    return 0;
}
```

10. 以下程序的输出是____________。

```
#include<stdio.h>
int main()
{ char a[3][4]={"abc","efg","hij"}; int k;
  for(k=1;k<3;k++) putchar(a[k][1]);
  return 0;
}
```

11. 以下程序的输出是______________。

```
#include<stdio.h>
#include "string.h"
int main()
{ char b[30];
  strcpy(b,"GH"); strcpy(&b[1],"DEF");
  strcpy(&b[2],"ABC"); puts(b);
  return 0;
}
```

12. 若有定义语句 char s[100],d[100]; int j=0, i=0;，且 s 中已赋字符串，请填空实现字符串的复制(不得使用逗号表达式)。

```
while(s[i]){d[j]=__________;j++;}
d[j]=0;
```

13. 以下程序的输出是______________。(□表示空格，↙表示回车)

```
#include<stdio.h>
int main()
{ char a[80],c='a'; int j=0;
  scanf("%s",a);
  while(a[j]!='\0')
  { if(a[j]==c) a[j]=a[j]-32;
    else if(a[j]==c-32) a[j]=a[j]+32;
    j++;
  }
```

```
  puts(a);
  return 0;
}
```

输入：AhaMA□Aha↙

14. 以下程序的输出是____________。

```
#include<stdio.h>
#include "string.h"
int main()
{ char a[80]="AB",b[80]="LMNP"; int j=0;
  strcat(a,b);
  while(a[j++]!='\0') b[j]=a[j];
  puts(b);
  return 0;
}
```

15. 以下程序的功能：从键盘上输入一行字符，存入一个字符数组中，然后输出该字符串。请填空。

```
#include <ctype.h>
#include<stdio.h>
int main()
{ char str[81]; int i;
  for(i=0; i<80; i++)
  { str[i] = getchar();
    if(str[i] =='\n') break;
  }
  str[i] = __________ ;
  i=0;
  while(str[i]) putchar(str[________]);
  return 0;
}
```

16. 以下程序的功能：输入10个字符串，找出每个字符串中的最大字符，并依次存入一维数组中，然后输出该一维数组。请填空使程序正确。

```
#include<stdio.h>
int main()
{ int j,k; char a[10][80],b[10];
  for(j=0;j<10;j++) gets(a[i]);
  for(j=0,j<10;j++)
  { ___________________;
    for(k=1;a[j][k]!='\0';k++)
    if(b[j]<a[j][k]) ________________;
  }
```

```
  for(j=0,j<10;j++)
  printf("%d %c\n",j,b[j]);
  return 0;
}
```

17. 以下程序的功能：删除字符串中所有的 C 字符(大写和小写)。请填空使程序正确。

```
#include<stdio.h>
int main( )
{ int j,k; char a[80],m;
  gets(a);
  for(j=k=0;a[j]!='\0';j++)
  if(a[j]!='c' && a[j]!='C')________________;
  a[k]='\0';
  printf("%s\n",a);
  return 0;
}
```

三、编程题

1. 定义一个数组，分别赋予从 2 开始的 30 个偶数，并求出平均值，放在该数组的末尾。
2. 产生 20 个随机数并存储到数组中，按由小到大的顺序排序后输出。
3. 产生 30 个随机数并存储到数组中，删除其中的最大值，输出删除前后的数组。
4. 输入任意十进制的正整数，将其转换成二进制数后输出(利用数组完成)。
5. 我国身份证号码的第 18 位是由前 17 位通过公式计算出来的，计算过程如下：

(1) 对前 17 位数字的权求和，公式为：

$S = Sum(A_i * W_i)$

其中：$i = 0,1,2,\cdots,16$

$A_i$：表示第 i 个位置上的身份证号码数字值

$W_i$：表示第 i 个位置上的加权因子，加权因子对应表为：

| i | 0 | 1 | 2 | 3 | 4 | 5 | 6 | 7 | 8 | 9 | 10 | 11 | 12 | 13 | 14 | 15 | 16 |
|---|---|---|---|---|---|---|---|---|---|---|---|---|---|---|---|---|---|
| $W_i$ | 7 | 9 | 10 | 5 | 8 | 4 | 2 | 1 | 6 | 3 | 7 | 9 | 10 | 5 | 8 | 4 | 2 |

(2) 计算模 Y，公式为：

Y=mod(S,11)

即，求 S 除以 11 后的余数。

(3) 通过模 Y 可得出对应的第 18 位编码，对应表为：

| Y | 0 | 1 | 2 | 3 | 4 | 5 | 6 | 7 | 8 | 9 | 10 |
|---|---|---|---|---|---|---|---|---|---|---|---|
| 校验码 | 1 | 0 | X | 9 | 8 | 7 | 6 | 5 | 4 | 3 | 2 |

请编程：要求从键盘上输入一个身份证号码的前 17 位，求出第 18 位。

6. 求N行杨辉三角，打印成以下形式：

```
1
1   1
1   2   1
1   3   3   1
1   4   6   4   1
1   5   10  10      1
…
```

7. 产生30个50以内的随机整数并存储到5行6列的数组中，求其中的最大值和最小值。

8. 产生随机数，形成一个n×n的对称矩阵，将该矩阵存储在二维数组中并打印输出。

9. 编写程序，实现gets( )函数的功能。

10. 编写程序，将给定字符串逆置。例如，将字符串“This”逆置为“sihT”。

11. 编写程序，输入一个3位的正整数，计算其各位数字的和值，取该和值被12除后的余数。若余数为0，则输出****，否则输出对应月份的英文单词。输出形式如下(以整数539和246为例)：

539=5+3+9=17，17%12=5，May

246=2+4+6=12，12%12=0，****

12. 编写程序，求给定字符串的长度并输出。

# 第5章

# 指　针

📖 **本章内容提示**：C 语言中的指针为编程者提供了访问内存的另外一种方式，掌握并灵活应用指针可以编写出简洁、高效的程序。本章介绍指针的概念，指针变量的定义，取地址运算符和间接寻址运算符，指针赋值、算术和比较运算，使用指针访问数组、字符数组和字符串常量，还介绍指针数组、行指针等。

📖 **教学基本要求**：理解指针的概念，理解数组的指针，掌握通过指针访问变量和数组的方法。还要理解指针数组的概念，掌握指针数组的使用方法。

# 5.1 指针的概念

## 5.1.1 内存地址和指针

程序在运行过程中，程序本身和程序中处理的数据都存放于内存中。内存的基本存储单元为字节(Byte)，每个存储单元(字节)有一个唯一的编号，该编号称为地址，它是存储单元的标识。

指针与指针变量

当声明变量时，系统依据变量的类型为每个变量分配一个或多个字节的存储空间。

例如 int a=15;，则系统为变量 a 分配 4 个字节(注意：对于不同系统，整型变量占用的字节数不同)的存储空间，并将第一个字节的地址与变量名 a 一一对应。在程序中访问变量时，系统会根据与变量名对应的地址找到对应的存储空间，对数据进行存取。

假设系统为变量 a 分配的 4 字节的地址为 2000~2003，如图 5-1 所示。把变量所占空间第一个字节的地址称为变量的地址，第一个字节的地址是 2000，所以变量 a 的地址是 2000。

由于地址唯一确定存储单元的位置，因此若已知一个变量的地址，也可以使用地址来访问该变量的存储空间。

若定义一个变量 p，该变量不是用来存储普通类型的数据，而是用来存储一个变量的地址，如存储变量 a 的地址，则程序中可以用变量名 a 来访问变量 a 的存储空间，也可以用变量 p 来访问变量 a 的存储空间。

在 C 语言中，存放地址的变量称为指针变量。例如，定义指针变量p，用来存储变量a的地址2000，指针变量 p 存储了变量 a 的地址，可以形象地说 p “指向”了 a。变量及其指针的示意图如图 5-1 所示。

什么是指针？指针就是地址，指针变量就是存储地址的变量。

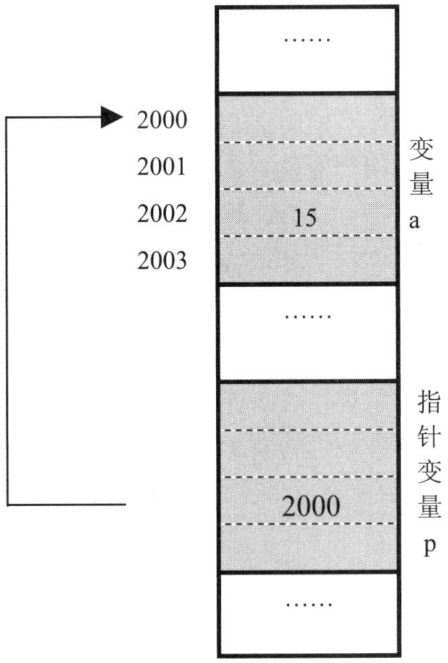

图 5-1　变量的地址和指向变量的指针变量

## 5.1.2 指针变量的声明

指针变量是一种特殊的变量，它存储的是地址。指针变量和其他变量一样，遵循先声明后使用的原则。

声明指针变量的一般格式为：

```
数据类型  *指针变量名;
```

说明：

(1) 数据类型是指针变量所指向对象的数据类型。

例如：

```
int *ptr1,*ptr2; /* 定义了两个指针变量，分别是ptr1和ptr2，它们是指向整型对象的
                    指针变量。*/
```

(2) 指针变量名前的“*”表示定义的变量是指针变量，是一个标志，用于区别一般变量。

例如：

```
int i,j,a[10],b[20],*p,*q;  /* i和j都是整型变量，a和b是整型数组，而p和q
                               是指向整型对象的指针变量。*/
```

(3) 指针变量的命名遵循标识符的命名规则，用于区别不同的指针变量。

(4) 指针变量定义后，只能指向定义指针变量时的那种类型的对象。

例如：

```
int *pi;     /* pi为整型的指针变量，只能指向整型对象 */
float *pf;  /* pf为单精度实型的指针变量，只能指向单精度实型对象 */
```

### 5.1.3 取地址运算符和间接寻址运算符

变量的地址是由系统在编译或程序运行时分配的，不能人为确定。与地址有关的运算符包括取地址运算符“&”和间接寻址运算符“*”。

1) 取地址运算符&

要取得变量的地址，应使用取地址运算符“&”。

例如：

```
int  a, *p;
p=&a;
```

上面定义了指针变量p和整型变量a，并为p赋初值&a，其含义是把整型变量a的地址赋值给指针变量p，即p指向了a。上面的代码还可以简化成如下形式：

```
int  a, *p=&a;
```

定义指针变量的同时为指针变量赋初值，这叫指针变量的初始化。

指针变量也可以初始化为空指针，即指针变量没有指向任何对象。例如：

```
int *p;
p=NULL;
```

NULL 是定义在 stdio.h 中的符号常量，代表 0，也等同于'\0'，意为“空指针”。这样做的目的是让指针变量存有确定的地址值，但又不指向任何变量。

注意：

若指针变量在定义时没有初始化或定义后没有赋值，那么其值是一个随机数，即指针变量随机指向一个内存单元。

2) 间接寻址运算符*

一旦指针变量指向一个数据对象，就可以使用间接寻址运算符“*”来访问指针变量指向的对象。例如 int a=3, c,*p=&c;，即指针变量 p 指向了变量 c，*p 是指 p 所指向的变量，即 c，所以*p 和变量 c 等价。将变量 a 的值赋给变量 c，可以使用语句 c=a 或*p=a。

下面用表 5-1 说明间接寻址运算符的应用。

表 5-1　程序执行后内存状态变化示意

| 执行的语句 | 变量的状态 |
| --- | --- |
| int a, *p; | p [随机值]　[随机值] a |
| p=&a; | p [&a] → [随机值] a |
| a=10; | p [&a] → [10] a |
| printf("%d",a);<br>printf("%d",*p); | /* 输出 10 */<br>/* 输出 10 */ |
| *p=20; | p [&a] → [20] a |
| printf("%d",a);<br>printf("%d",*p); | /* 输出 20 */<br>/* 输出 20 */ |

注意：

不要把间接寻址运算符*用于未初始化的指针变量。如果指针变量 p 没有初始化，那么试图使用*p 将是比较危险的。

例如：

```
int  *p;
*p=10;
```

```
printf("%d\n",*p);
```

以上程序在编译时会出现警告信息，指针变量 p 既没有初始化，也没有赋值。p 随机指向一个内存单元，若该内存单元是用户正在使用的内存单元，*p=10 的赋值操作将莫名其妙地覆盖该内存单元的数据。所以，在使用指针变量时，一定要注意指针变量的指向。

“*”在不同的上下文环境中表示不同的含义，例如：

```
int a=10, b=20,c;
int *p=&c;   /* 在定义变量时，变量前的“*”表示定义的是指针变量 */
c=a*b;     /* “*”在两个数之间表示乘法运算 */
printf("%d\n",*p);  /* “*”在指针变量前表示间接寻址运算符，输出 c 的内容 */
```

## 5.1.4　指针变量的引用

定义指针变量并让其指向某一存储单元后，就可以引用指针变量了。例如以下程序：

```
int a , b,*p1, *p2;
a=10;
b=20;
```

定义变量 a 和 b、指针变量 p1 和 p2，为变量 a 赋初值 10，为变量 b 赋初值 20，变量状态如图 5-2(a)所示。

```
p1=&a;      /* p1 指向 a */
p2=&b;      /* p2 指向 b */
```

上述语句执行后，指针变量的指向如图 5-2(b)所示。

```
*p1=*p2;
```

上述语句把 p2 指向对象的值赋给 p1 指向的对象，等价于 a=b;，赋值变化如图 5-2(c)所示。

```
p1=p2;
```

上述语句表示把指针变量 p2 中的地址赋值给 p1，此时，p1 和 p2 都指向变量 b，指针变量的指向如图 5-2(d)所示。

注意对比区别指针变量的引用 p1=p2;和*p1=*p2;的意义和作用，并能在程序中灵活应用指针变量访问其指向的存储单元。

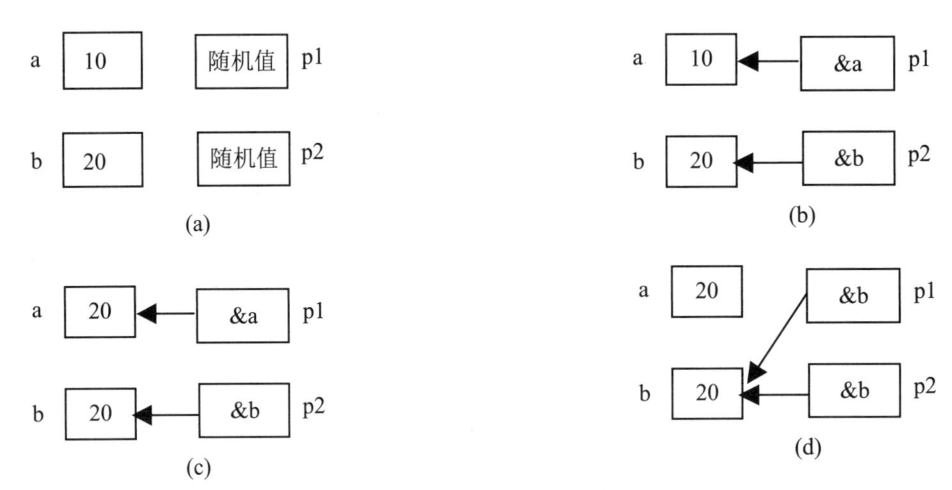


图 5-2　指针变量引用示意

## 5.2　指针与数组

在第 4 章中已说明，数组名是数组的首地址，数组元素按下标的特定顺序在内存中连续排列，利用指针变量结合数组的存储特性可以灵活地访问数组元素。

指针与一维数组 1

例如：

```
int  a[10];
```

a 和&a[0]都表示数组的首地址。

定义指针变量 p：

```
int *p=&a[0];    /* 或 int *p=a; */
```

则 p 指向数组 a 的第一个元素，如图 5-3 所示。

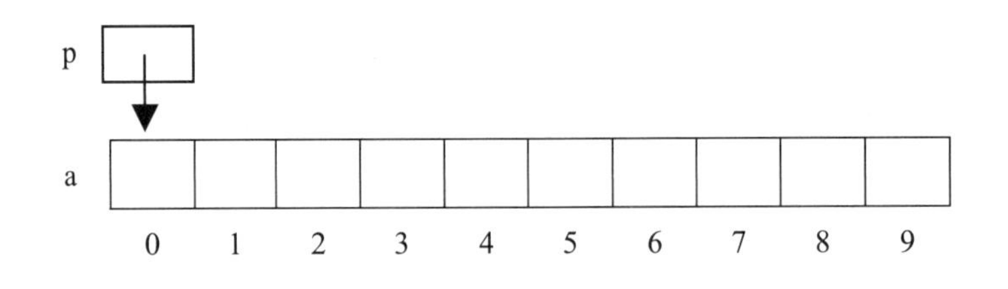


图 5-3　指针变量 p 指向数组 a

现在可以通过 p 访问 a[0]。比如：

```
*p=1;    /* 等价于 a[0]=1 */
```

由于数组中数组元素的存储单元在内存中是连续的，因此可以通过指针的算术运算让指针变量 p 指向数组的其他元素。

## 5.2.1 指针的算术运算

指针的算术运算包括：指针加减整数和两个指针相减。

### 1. 指针加减整型常量

例如：

```
int a[20], *p;
p=a;          /* p 指向整型数组 a */
p=p+n;        /* 使 p 指向当前元素之后第 n 个存储单元 */
p=p-n;        /* 使 p 指向当前元素之前第 n 个存储单元 */
```

当指针变量 p 指向数组中的数组元素时，用指针变量加上或减去整数 n，表示指针变量向后或向前移动 n 个存储单元，存储单元的大小与指针变量所指向对象的数据类型有关。对于指向整型数据类型的指针变量 p，p=p+n 实际向后移动了 n*sizeof(int)字节，p=p−n 实际向前移动了 n*sizeof(int)字节。

下面以图示方式说明指针变量加减整型常量的运算。

```
int a[10], *p1,*p2;
p1=a;
p2=&a[9];
```

以上语句的执行结果如图 5-4 所示。

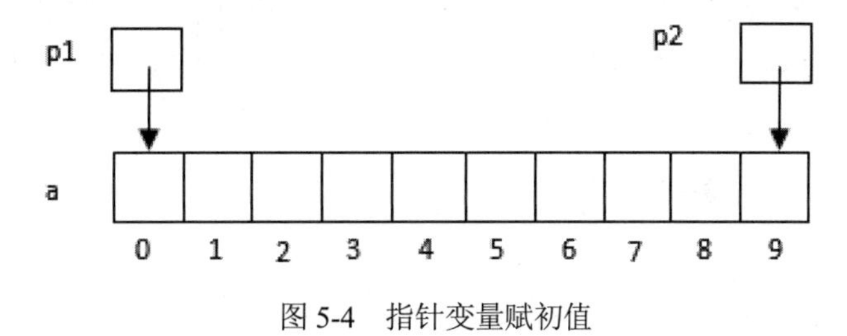


图 5-4　指针变量赋初值

```
p1=p1+5;
```

表示 p1 向后移动 5 个存储单元，p1 的指向如图 5-5 所示。

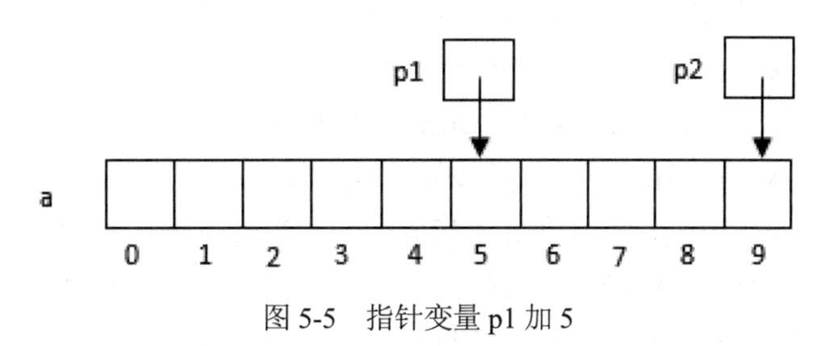


图 5-5　指针变量 p1 加 5

```
p2=p2-8;
```

表示 p2 向前移动 8 个存储单元，p2 的指向如图 5-6 所示。

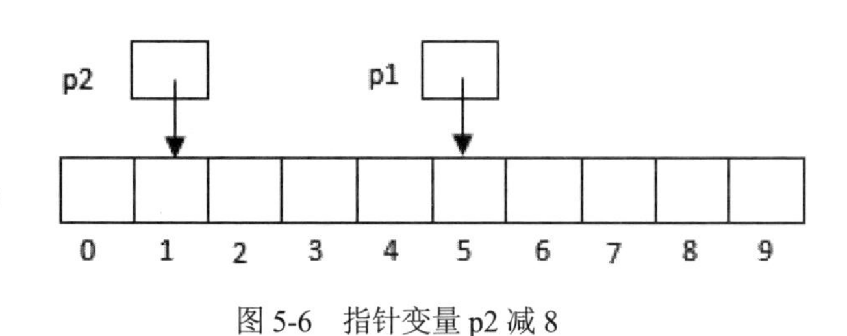


图 5-6　指针变量 p2 减 8

最常见的指针变量加减运算为 p++和 p--运算，p++的含义是：指针加 1，指向当前元素的下一个元素。p--的含义是：指针减 1，指向当前元素的前一个元素。

### 2. 两个指针相减

只有当两个指针变量指向同一个数组时，才能进行两个指针的减法运算；否则，运算没有意义。

当两个指针变量指向同一数组中的数组元素时，两个指针相减，结果为两个指针之间存储单元的个数，存储单元的大小由指针所指向对象的类型决定。

例如：

```
int  a[10], *p1,*p2;
p1=&a[0];
p2=&a[9];
printf("%d\n",p2-p1);   /* 输出 9，因为 p2 和 p1 间相差 9 个整型存储单元 */
```

## 5.2.2　指针的比较运算

当两个指针变量指向同一个数组时，进行关系运算才有意义；否则，进行比较运算毫无意义。对指针变量进行比较运算的目的是确定指针变量指向的相对位置。

当指针变量 p 和指针变量 q 指向同一数组中的元素时：

- p<q，当 p 所指的元素在 q 所指的元素之前时，表达式的值为 1，反之为 0。
- p>q，当 p 所指的元素在 q 所指的元素之后时，表达式的值为 1，反之为 0。
- p==q，当 p 和 q 指向同一元素时，表达式的值为 1，反之为 0。
- p!=q，当 p 和 q 不指向同一元素时，表达式的值为 1，反之为 0。

允许任何指针变量 p 与 NULL 进行“p==NULL”或“p!=NULL”运算，“p==NULL”的含义是当指针变量 p 为空时成立，“p!=NULL”的含义是当 p 不为空时成立。

例如：

```
nt a[10], *p1,*p2,*q1,*q2;
p1=&a[1];
p2=&a[8];
q1=&a[3];
```

```
q2=&a[3];
```

关系表达式 p1<p2 的值为“真”，关系表达式 q1<q2 的值为“假”，关系表达式 q1==q2 的值为“真”。

不允许两个指向不同数组的指针变量进行比较，因为这样的比较没有任何实际的意义。

## 5.2.3 指针与一维数组

指针与一维数组 2

数组名代表的就是数组的首地址，数组第一个元素(下标为 0)的地址就是数组的首地址。所以，p=&a[0]等价于 p=a。

**注意：**
数组名是一个地址常量，是数组的首地址，它不同于指针变量。

假设有如下定义：int a[5], *p; p=a;。p 指向数组的第一个元素，则 p+i(或 a+i)是数组元素 a[i]的地址，*(p+i)(或*(a+i))是数组元素，与 a[i]等价，这种访问数组元素的方式称为用“指针方式”访问数组元素。a[i]为访问数组元素的“下标方式”，如果指针变量 p 指向数组的首地址(没有移动)，也可以用指针变量加下标的方式访问数组元素，即 p[i]与 a[i]等价。数组元素的地址和访问数组元素的方式如图 5-7 所示。

| 地址 | 数组 a | 下标方式 | 指针方式 | 地址 | 数组 a | 下标方式 | 指针方式 |
|---|---|---|---|---|---|---|---|
| a | 6 | a[0] | *a | p | 6 | p[0] | *p |
| a+1 | 3 | a[1] | *(a+1) | p+1 | 3 | p[1] | *(p+1) |
| a+2 | 12 | a[2] | *(a+2) | p+2 | 12 | p[2] | *(p+2) |
| a+3 | 4 | a[3] | *(a+3) | p+3 | 4 | p[3] | *(p+3) |
| a+4 | 5 | a[4] | *(a+4) | p+4 | 5 | p[4] | *(p+4) |

图 5-7　数组元素的地址和访问数组元素的方式

例如有下面的定义：

```
int a[10],*p;
p=a;
```

指针变量 p 指向数组 a，那么要表示数组元素 a[i]，可以使用如下形式：

(1) 下标表示法：a[i]和 p[i]

(2) 指针表示法：*(p+i)和*(a+i)

**【例 5-1】**通过指针求数组中所有元素的平均值。

```
#include<stdio.h>
int main()
{
    int a[10],i;
```

```
    float sum=0;
    printf("Enter 10 integers:\n");
    for(i=0;i<10;i++)
    {
        scanf("%d",a+i);   /* a+i 和&a[i]是等价的 */
        sum += *(a+i);    /* *(a+i)和 a[i]是等价的 */
    }
    printf("The average of the 10 integers is: %f\n", sum/10);
    return 0;
}
```

程序的运行结果如下：

```
Enter 10 integers:
1 2 3 4 5 6 7 8 9 10
The average of the 10 integers is: 5.500000
```

【例 5-2】用指针求数组中的最大值及其位置。

```
#include<stdio.h>
int main()
{   int a[10],*p,*pMax;          /* 用指针变量 p 遍历数组，pMax 指向最大值 */
    printf("Enter 10 integers:\n");
    for(p=a; p<a+10; p++)
        scanf("%d", p);
    pMax = a;                    /* 设下标为 0 的元素为最大值 */
    p = a + 1;
    for(;p<a+10; p++)
    {    if(*p > *pMax)
             pMax = p;         /* pMax 保存最大元素的地址 */
    }
  printf("The max is %d\n",*pMax);
  printf("The position of Max is %d\n",pMax-a);
  return 0;
}
```

程序的运行结果如下：

```
Enter 10 integers:
21 56 2 91 7 8 17 76 45 87
The max is 91
The position of Max is 3
```

访问数组元素时，采用指针变量移动访问数组元素可以提高程序执行的效率，因为计算机执行指针加 1 相比用地址加下标寻址速度更快。

但使用指针变量移动访问数组元素不如用下标访问直观。用下标访问数组元素可以直接看出要访问的是数组中的哪个元素；而对指向数组的指针变量，进行运算以后，指针变量的值就变了，其当前指向的是哪一个数组元素不再一目了然。

## 5.2.4 指针与二维数组

指针变量可以指向一维数组中的数组元素，也可以指向多维数组中的数组元素。下面介绍用指针变量处理多维数组中数组元素的方法。为简单起见，这里只说明二维数组的指针和用指针访问二维数组。

指针与二维数组 1

例如，有如下二维数组：

```
int a[3][4]={{11,2,37,41},{15,60,27,38},{29,10,16,12}};
```

C 语言中，二维数组的存储单元在内存中按以行为主序的顺序排列。即在内存中，从二维数组的起始地址开始，首先是二维数组第一行的数组元素(下标是 0 的行)，第一行最后一个数组元素后紧跟着第二行的第一个数组元素，以此类推，形成一段连续的存储空间。二维数组的数组元素在内存中的存储结构如图 5-8 所示。

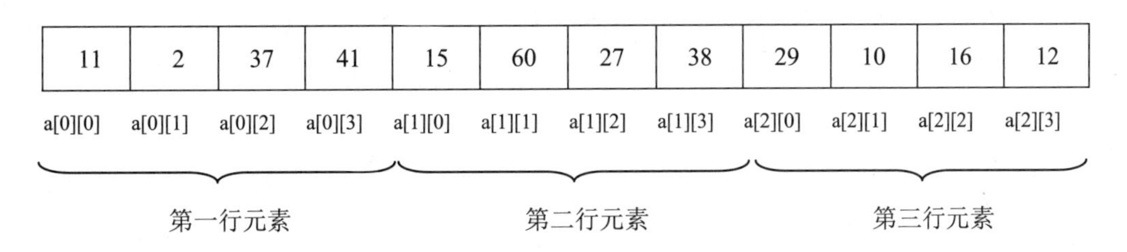


图 5-8　二维数组 a 的内存结构示意图

了解二维数组在内存中的存储结构后，在访问二维数组时，可以采用不同的方式进行。

### 1. 按二维数组的存储结构访问数组元素

二维数组在内存中的存储结构是一维的，如图 5-8 所示，可将二维数组当成一维数组，用指针变量来访问。

**【例 5-3】**定义两行四列的整型二维数组，从键盘输入数据，用指针求所有元素的累加和。

分析：按照二维数组的数组元素在内存中的结构，将二维数组看成一维数组，让指针变量 p 指向第一个数组元素，用指针变量 p++可以访问二维数组的每个数组元素。

```
#include<stdio.h>
int main()
{
   int a[2][4],*p; /* 定义整型指针变量 p */
   int i,j,sum=0;  /* 变量 sum 用来保存累加和 */
   p=&a[0][0];     /* p 指向二维数组的第一个元素 */
   printf("Enter the array:\n");
   for(i=0;i<2;i++)
```

```
    for(j=0;j<4;j++)
    {   scanf("%d",p); /* 输入第 i 行第 j 列的元素 */
        sum += *p; /* 累加第 i 行第 j 列的元素  */
        p++; /* 将指针变量移到下一个数组元素  */
        }
    printf("The sum of the array is %d.\n",sum);
    return 0;
}
```

程序的运行结果如下：

```
Enter the array:
1 2 3 4
5 6 7 8
The sum of the array is 36.
```

上面的例子利用二维数组在内存中的一维存储结构访问二维数组的每个数组元素，其中的循环嵌套也可用一条循环语句来控制，循环 8 次即可。若能计算出二维数组中各个元素在一维空间中的位置，指针变量不用移动，也可以访问二维数组的数组元素。

假设定义了二维数组 a[M][N]，按照二维数组元素的存储规律，计算数组元素 a[i][j]的一维线性存储地址的一般公式如下：

```
&a[0][0] + i*N + j
```

其中：&a[0][0]为数组第一个元素的地址，M 和 N 分别为二维数组的行数和列数。按照指针的运算规律，&a[0][0]为第一个元素的地址，&a[0][0]+1 为第二个元素的地址，它前面有 1 个数组元素，起始地址加 1 即为它的地址；&a[0][0]+2 为第三个元素的地址，它前面有 2 个数组元素，起始地址加 2 即为它的地址。要计算 a[i][j]的地址，只要知道它前面有几个元素，再加起始地址&a[0][0]就可以得到 a[i][j]的地址。

二维数组的行号和列号都从 0 开始，a[i][j]前面有 i 个整行，元素个数为 i*N。在 a[i][j]所处的行，a[i][j]前面有 j 个数组元素，所以在二维数组中，从起始地址开始，a[i][j]前面数组元素的个数为 i*N+j，a[i][j]的地址为& a[0][0]+ i*N+j。

例如：

```
int a[3][4], *p;
p=&a[0][0];
```

那么数组元素 a[i][j]有如下三种表示方式：

```
*(&a[0][0] + 4*i + j)
*(p + 4*i +j)
p[4*i + j]
```

【例 5-4】定义一个三行四列的整型二维数组，输入数据，求最小值及其位置。

分析：用以上方式访问二维数组的数组元素。

```
#include<stdio.h>
int main()
{  int a[3][4],*p;    /* 定义整型指针变量 p */
   int i,j,*pmin;     /* pmin 用来指向找到的最小值 */
   p=&a[0][0];    /* p 指向二维数组的第一个元素 */
   printf("Enter the array:\n");
   for(i=0;i<3;i++)
     for(j=0;j<4;j++)
       scanf("%d",p+4*i+j);/* 输入第 i 行第 j 列的元素 */
   pmin=&a[0][0];
   for(i=0;i<3;i++)
      for(j=0;j<4;j++)
        if(*(p+4*i+j)< *pmin)
            pmin=p+4*i+j; /* 元素比较，让 pmin 指向当前最小值 */
   printf("The minval is %d.\n",*pmin);/* 输出最小值 */
   printf("The minval is at row %d col
%d.\n",(pmin-&a[0][0])/4,(pmin-&a[0][0])%4);
  /* 输出最小值的位置 */
return 0;
}
```

程序的运行结果为：

```
Enter the array:
9 8 7 5
1 2 3 4
6 12 13 14
The minval is 1.
The minval is at row 1 col 0.
```

程序中求得最小值的地址为 pmin，通过表达式(pmin−&a[0][0])/4 和表达式(pmin−&a[0][0])%4 可以得到最小值在数组中的行号和列号。

指针与二维数组 2

2. 行指针

对于二维数组：

```
int a[3][4]= {{11,2,37,41},{15,60,27,38},{29,10,16,12}};
```

可以把数组 a 看成由三个元素组成的一维数组，数组元素为 a[0]、a[1]、a[2]，而每一个元素又是一个包含 4 个元素的一维数组。

将二维数组每行的数组元素看成一维数组，a[0]、a[1]和 a[2]为各行的首地址，例如 a[0]+2 为 a[0]行下标为 2 的元素的地址，*(a[0]+2)与 a[0][2]等价，其他类似。a[0]、a[1]和 a[2]每加 1，跨过本行一个数组元素，可以将 a[0]、a[1]和 a[2]称为“列指针”。

指针与二维数组 3

而 a 为 a[0]、a[1]和 a[2]的首地址，a+1 为 a[1]的地址，*(a+1)与 a[1]等价。所以，对于二维数组的数组名 a，a+1 即跨过一行的数组元素，为“行指针”。

a、a[0]和 a[0][0]等之间的关系如图 5-9 所示。

在 C 语言中，可以定义一个指向一维数组的指针变量(称为数组指针变量或行指针变量)，定义格式如下：

```
数据类型  (*指针变量)[N];
```

其中，“数据类型”为指针变量指向的一维数组的类型，(*指针变量)表示定义的变量为指针变量，括号不能省，N 为指针变量指向的一维数组元素的个数。

例如：

```
int (*p)[4],a[3][4];
p=a;
```

上面定义了行指针变量 p，p 指向的对象是由 4 个整型元素组成的一维数组。p 和 a 是同类型的指针，把 a 赋值给 p，p 就指向数组 a 的第一行。

要表示数组元素 a[i][j]的地址，有下面几种方式：a[i]+j、*(a+i)+j、*(p+i)+j 等。

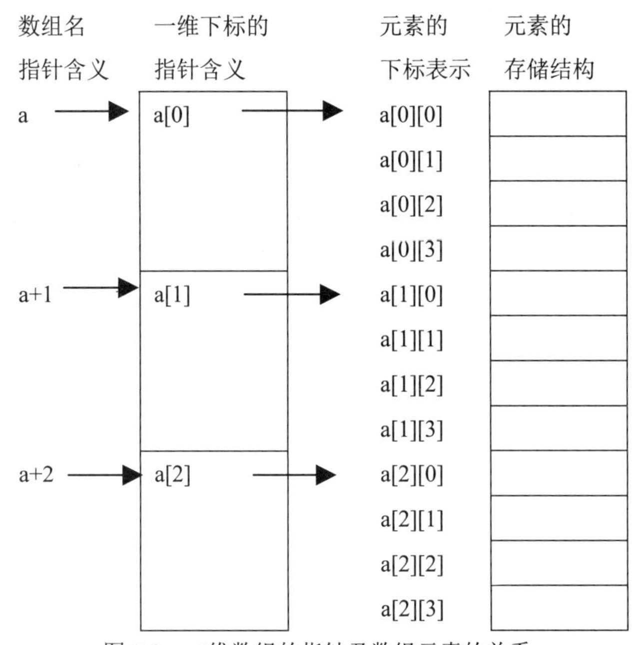


图 5-9　二维数组的指针及数组元素的关系

【例 5-5】定义一个三行四列的二维数组，输入数据，求所有数组元素的平均值。

分析：用行指针变量访问二维数组。

```
#include<stdio.h>
int main()
{   float a[3][4];
    float (*p)[4];/* 定义行指针变量 p */
    float sum=0;
    int i,j;
    p=a;    /* 为 p 赋值，p 指向数组 a 的第一行，等价于 p=&a[0] */
    printf("Enter array elements:\n");
    for(i=0;i<3;i++)
        for(j=0;j<4;j++)
        {   scanf("%f",*(p+i)+j);  /* *(p+i)+j 等价于&a[i][j],a[i]+j */
            sum+=*(*(p+i)+j);  /* 累加数组元素 a[i][j] */
```

```
        }
    printf("The average is %f.",sum/12); /* 输出平均值 */
            return 0;
}
```

程序的输出结果为：

```
Enter array elements:
90.8 78.6 90.1 65.0
78.2 43.0 100 38.5
67.5 83.0 88.3 80.0
The average is 75.250000.
```

**【例 5-6】**输入一个四行四列的矩阵，判断其是否为对称矩阵。

```
#include<stdio.h>
int main()
{  int a[4][4];
    int (*p)[4];
    int i,j,flag=1;
    p=a;    /* 为行指针变量 p 赋初值 */
    printf("Enter array elements:\n");
    for(i=0;i<4;i++)/* 输入数组元素的值 */
        for(j=0;j<4;j++)
        scanf("%d",*(p+i)+j);
    for(i=0;i<4;i++)
        for(j=0;j<i;j++)
            if(*(*(p+i)+j)!= *(*(p+j)+i))  /* 判断对称位置上的元素是否相等 */
            {
                flag=0;
                break;
            }
    if(flag)printf("Yes!"); /* 是对称矩阵，打印 Yes */
    else printf("No!");  /* 不是对称矩阵，打印 No */
    return 0;
}
```

程序的运行结果为：

```
Enter array elements:
12 23 98 33
23 50 45 72
98 45 61 58
33 72 58 80
Yes!
```

第二次运行的结果为：

```
Enter array elements:
1 2 3 4
5 6 7 8
1 2 3 4
5 6 7 8
No!
```

# 5.3 指针与字符串

与数值型的指针变量一样，字符型指针变量可以指向一个字符变量，可以指向字符型的数组，还可以指向字符串常量。

## 5.3.1 字符型指针变量与字符串

指针与字符串

在字符串处理过程中，可以定义指向字符串的指针变量，通过指针变量方便地实现对字符串的各种操作。

例如：

```
char *p;
p="I am a student."
```

此语句看似将字符串常量赋予了指针变量，而事实上是将存放该字符串常量的首地址赋予了指针变量，要访问该字符串，只能通过指针变量进行。

也可以用字符串常量对指针变量进行初始化，即系统会用存放字符串常量的首地址来初始化指针变量。

例如：

```
char *p="I am a student."
```

【例 5-7】统计字符串"This is a test string. "中字母 i 的个数。

```
#include<stdio.h>
int main()
 {   char *p,*q;      /* 声明字符型指针变量 */

     p = "This is a test string.";  /* 指针变量指向字符串常量 */
     int numofi=0;
     q=p;
     while(*q!='\0')
     {
        if(*q == 'i')
            numofi++;
```

```
        q++;
    }
    printf("In the string the number of i: %d\n",numofi);
     return 0;
}
```

程序的运行结果为:

```
In the string the number of i: 3
```

**警告:**

用指针变量处理字符串常量时应注意以下几个问题:

(1) 把字符串常量赋值给指针变量，系统将字符串存储后，会将字符串的首地址赋予指针变量。

例如下面的程序段:

```
char *p;
p="good morning! ";
```

定义了指针变量 p，p 指向字符串"good morning! "，如图 5-10 所示。

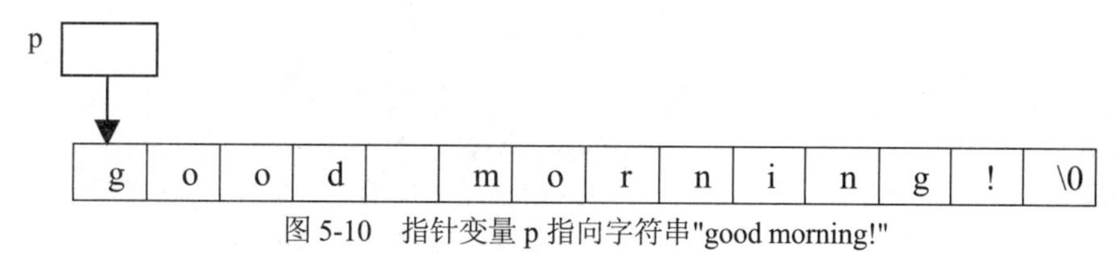


图 5-10　指针变量 p 指向字符串"good morning!"

(2) 字符数组可以用字符串常量初始化，但不能把字符串常量赋值给字符数组。为字符数组赋值要使用 strcpy()函数来实现。

```
char str1[15]= "good morning! "; /* 正确 */
char str2[15];
str2="China"                    /* 错误，str2 是数组名，是地址常量 */
strcpy(str2, "China");    /* 正确，把字符串"China"赋值给字符数组 str2 */
```

(3) 字符数组各元素的值是可以修改的，但是字符指针变量指向的字符串常量是不能修改的。

例如:

```
char str[]="House";
char *p="House";
str[2]= 'r'; /* 正确，字符数组元素的值可以修改 */
p[2]= 'r';  /* 错误，不能修改字符串常量 */
```

(4) 用字符指针变量接收从键盘输入的字符串时，必须先开辟存储空间。

例如:

```
char *cp;
   scanf("%s",cp);
```

是错误的，因为指针变量 cp 定义后，它的值是一个随机值，scanf("%s",cp);是将键盘输入的字符串放到以 cp 指向的地址为起始地址的存储单元，会引起程序崩溃，应改为:

```
char *cp,str[10];
  cp=str;
 scanf("%s",cp);
```

## 5.3.2 字符指针变量与字符数组

字符串存储在字符数组中，既可以用数组名，也可以用指向该数组的指针变量来访问或处理此字符串。

**【例 5-8】**从键盘输入一串字符，统计其中数字字符、字母和其他字符的个数。

分析：此问题为统计类命题，算法与第 4 章中字符数组中数据的处理算法相同，不同的是采用指针变量访问字符数组的每个数组元素，可与前面的算法作类比。

```
#include <stdio.h>
int main()
{   char str[100];              /* 定义字符数组，保存要输入的字符串
    char *p;                    /* 定义字符指针变量
    int cnt1,cnt2,cnt3;         /* 定义各类字符统计变量
    puts("Enter a string:");
    gets(str);                  /* 从键盘输入字符串
    cnt1=cnt2=cnt3=0;           /* 初始化统计变量
    p=str;                      /* p 指向字符数组
    while(*p!='\0')
    {   if(*p>='0'&&*p<='9')cnt1++;
        else if((*p>='a'&&*p<='z')||(*p>='A'&&*p<='Z'))cnt2++;
        else cnt3++;
        p++;
    }                          /* 用指针变量 p 访问字符串中的每个字符 */
    printf("digit: %d\n",cnt1);
    printf("letter: %d\n",cnt2);
    printf("other: %d\n",cnt3);
    return 0;
}
```

程序的运行结果为:

```
Enter a string:
09kfdjg;ookfhur,.lr
digit: 2
```

```
letter: 14
other: 3
```

# 5.4 指针数组

一个指针变量可以存储一个变量或一个数组元素的地址，当需要存储多个地址时，可以使用指针数组。在指针数组中，数组的每个元素相当于指针变量。

指针数组

## 5.4.1 指针数组的定义

指针数组的定义格式为：

```
类型标识符  *数组名[数组长度];
```

例如：

```
int  *p[4];
```

上面定义了指针数组 p，数组 p 包含 4 个元素 p[0]、p[1]、p[2]、p[3]，如下所示，每个数组元素相当于一个整型指针变量。

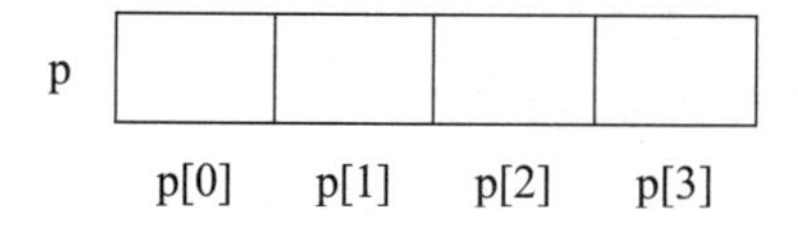


## 5.4.2 指针数组的应用

### 1. 用指针数组指向二维数组

为了方便处理二维数组，可以定义指针数组来保存二维数组每一行的起始地址(即每行的列指针)，实现二维数组的相关操作。

**【例 5-9】**利用指针数组输出二维数组中的元素。

```
#include<stdio.h>
int main( )
{  int i,j;
   int a[3][4]={ {1,2,3,4}, {5,6,7,8}, {9,10,11,12} };
   int *p[3];        /* 定义指针数组 */
   p[0] = a[0];
   p[1] = a[1];
   p[2] = a[2];                          /* 为指针数组的数组元素赋值 */
   for(i=0; i<3; i++)
```

```
    { for(j=0; j<4;  j++)
          printf("%5d", *(p[i]+j));  /* 打印数组 a 第 i 行第 j 列的数组元素 */
       printf ("\n") ;
    }
  return 0;
}
```

程序的运行结果为：

```
  1    2    3    4
  5    6    7    8
  9   10   11   12
```

2. 用指针数组指向多个字符串常量

若程序中要处理多个字符串常量，可以定义指针数组，用指针数组的每一个元素指向一个字符串。

**【例 5-10】**输入 0~6 的数字，分别代表周日到周六，输出对应的英文名称。

```
    #include<stdio.h>
    int  main(void)
    {char *strDay[]={"Sunday", "Monday", "Tuesday","Wednesday","Thursday",
"Friday", "Saturday"};            /* 定义指针数组，数组元素指向字符串 */
     int day;
     scanf("%d", &day);           /* 读入整数 */
     if(day>=0&&day<=6)
         puts(strDay[day]);       /* 输出 0 和 6 之间整数对应的字符串 */
     else
         puts("Input Error!");
    return 0;
    }
```

程序的运行结果为：

```
    4
    Thursday
```

程序中定义了字符型指针数组 strDay 并进行了初始化，初始化结果如图 5-11 所示。strDay[0]指向"Sunday"，strDay[1]指向"Monday",…,strDay[6]指向"Saturday"。用户通过键盘输入一个 0~6 范围内的整数，就可以通过指针数组的数组元素得到对应字符串的指针，并输出。

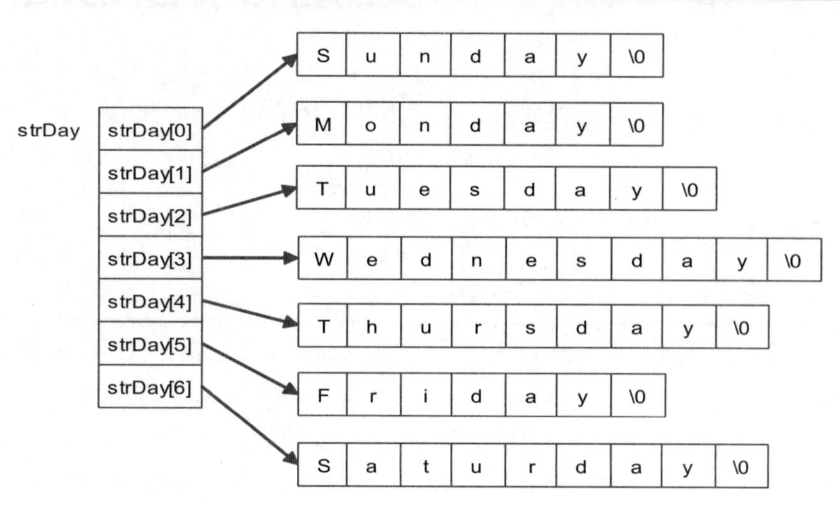

图 5-11 指向多个字符串常量的指针数组 strDay

### 3. 用指针数组实现字符串排序

通常，管理大量数据的有效方法，不是直接处理数据本身，而是处理指向数据的存储单元的指针。例如，如果需要对大量的数据进行排序，对“指向数据的存储单元的指针”进行排序相比于直接处理数据的效率要高得多。

**【例 5-11】**输入 10 个学生的姓名，按从小到大的顺序排序后输出。

分析：用指针数组的数组元素指向二维数组每行的字符串，排序时比较指针数组的数组元素所指向的字符串，交换的是指针数组元素的指向，即排序结果是让指针数组的数组元素按字符串由小到大的顺序指向字符串。

```
#include<stdio.h>
#include<string.h>
int main()
{   char name[10][15];
    char *p[10]; /* 定义指针数组 */
    char *temp;
    int i,j,k;
    printf("Enter the names of 10 students:\n");
    for(i=0;i<10;i++)
    {   gets(name[i]); /* 读入 10 个学生的姓名 */
        p[i]=name[i]; /* 指针数组元素指向字符串 */
    }
    for(i=0;i<9;i++) /* 用选择排序法排序 */
    {   k=i;
        for(j=i+1;j<10;j++)
            if(strcmp(p[j],p[k])<0) k=j;
        if(k!=i)
        {   temp = p[i];
            p[i]=p[k];
            p[k]=temp; /* 改变数组元素的指向 */
```

```
            }
        }
        printf("\nThe sorted result:\n");
        printf("------------------------\n");
        for(i=0;i<10;i++)
        puts(p[i]);/* 按数组元素的指向顺序输出 */
        return 0;
    }
```

可以将这种方法与第 4 章的例 4-13 进行比较，从而理解使用指针数组处理字符串的高效性及灵活性。

例 5-11 定义了指针数组 p，为数组 p 赋初值后，p 的数组元素依次指向 name 中的字符串，如图 5-12 所示。这里采用了选择排序法，但与例 4-13 不同的是：在排序时不是交换字符串，而是交换指向字符串的数组元素中的指针。每趟排序中，在待排序字符串中找到最小的字符串，交换指向待排序字符串中第一个字符串和指向最小字符串的数组元素中的指针。这样经过 9 趟排序，让指针数组 p 的数组元素按字符串从小到大的顺序指向各字符串。排序后，数组 p 中数组元素的最终指向如图 5-13 所示。最后，依次输出指针数组 p 中元素指向的字符串，便可得到有序的字符串序列。

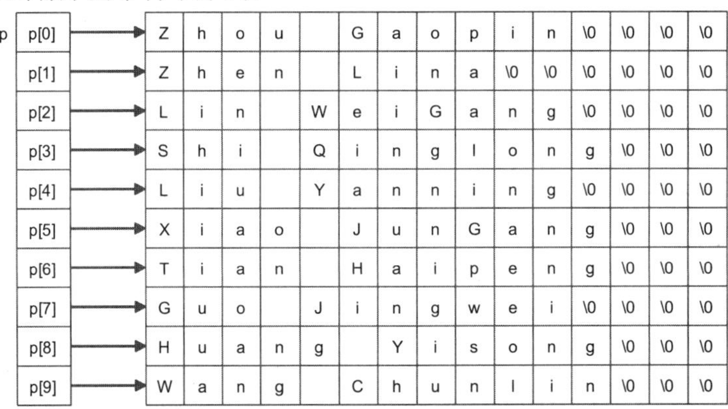


图 5-12　初始化后的 name 数组和指针数组 p

p: p[0] p[1] p[2] p[3] p[4] p[5] p[6] p[7] p[8] p[9]

| | | | | | | | | | | | | | | |
|---|---|---|---|---|---|---|---|---|---|---|---|---|---|---|
| Z | h | o | u | | G | a | o | p | i | n | \0 | \0 | \0 | \0 |
| Z | h | e | n | | L | i | n | a | \0 | \0 | \0 | \0 | \0 | \0 |
| L | i | n | | W | e | i | G | a | n | g | \0 | \0 | \0 | \0 |
| S | h | i | | Q | i | n | g | l | o | n | g | \0 | \0 | \0 |
| L | i | u | | Y | a | n | n | i | n | g | \0 | \0 | \0 | \0 |
| X | i | a | o | | J | u | n | G | a | n | g | \0 | \0 | \0 |
| T | i | a | n | | H | a | i | p | e | n | g | \0 | \0 | \0 |
| G | u | o | | J | i | n | g | w | e | i | \0 | \0 | \0 | \0 |
| H | u | a | n | g | | Y | i | s | o | n | g | \0 | \0 | \0 |
| W | a | n | g | | C | h | u | n | l | i | n | \0 | \0 | \0 |

图 5-13　排序后指针数组 p 中数组元素的指向

本方法没有改变 name 中字符串的初始存储位置，只是改变了指针数组 p 中数组元素的指向。改变指针的指向要比交换字符串的位置效率高很多。

## 5.5 案例：括号匹配问题

进阶提高

从键盘输入一串由括号组成的字符串，写程序判断各个括号之间是否匹配，如([]())、[([][])]、[()]。若匹配，输出“括号匹配”；若不匹配，输出不匹配的类型：左右括号类型不同；左括号多余；右括号多余。

括号匹配问题源码

说明：

解决此类问题，需要用到“栈”这种数据结构，可以简化程序的设计思路。栈是抽象的概念，类似于现实中的“死胡同”，进入和离开只能从一端(胡同口)进行，可以得到“后进先出”的序列，例如编号 1、2、3 的人依次进入只能容纳一人通过的死胡同，依次出来的人的序列编号是 3、2、1(试想还有其他序列吗？)。

栈不是 C 语言的特性，大多数编程语言都可以实现栈。栈可以用数组实现，存储相同类型的多个数据，但它的操作是受限制的：只能从栈顶压入(存储)数据，或者从栈顶弹出(删除)数据，禁止测试或修改不在栈顶的数据。定义一个栈顶指针，只在栈顶指针指向的位置进行插入和删除操作，如图 5-14 所示。

设计思路：

根据括号配对的规则，在检验算法中设置一个栈。若读入的是左括号，则直接入栈，等待相匹配的同类右括号；若读入的是右括号，且与当前栈顶的左括号同类型，则二者匹配，将栈顶的左括号出栈，否则属于不合法的情况。另外，如果输入序列已读尽，而栈中仍有等待匹配的左括号；或者读入了一个右括号，而栈中已无等待匹配的左括号，均属不合法的情况。当输入序列和栈同时变为空时，说明所有括号完全匹配。

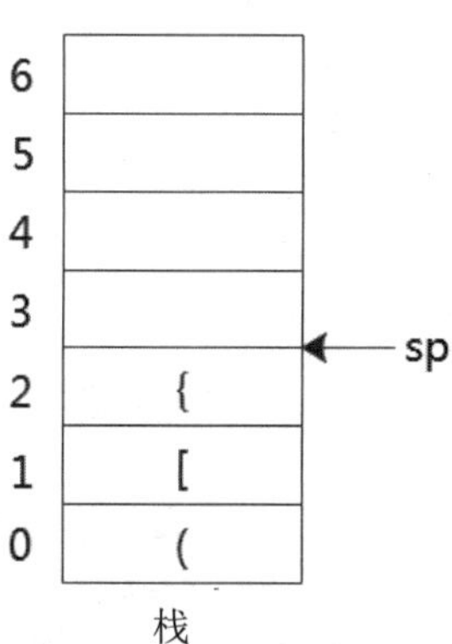


图 5-14 栈的存储结构

通过本案例，学习将指针和数组相结合，进而实现不同的数据结构，即“栈”，使复杂问题简单化。

```
#include<stdio.h>
#include<stdlib.h>
int main()
{   char stack[30],*sp,str[80],ch;
    int i,flag=0;   /* 利用 flag 排除输入的字符串中没有括号的情况 */
    sp=stack;
    printf("Input the string of brackets:\n");
    gets(str);
```

```
    for(i=0; str[i]!='\0'; i++)
    {   switch(str[i])
        {
        case '(':
        case '[':
        case '{':
            *sp=str[i];/* 进栈 */
            sp++;       /* 进栈 */
            flag=1;
            break;
        case ')':
        case ']':
        case '}':
            if(sp-stack==0) /* 栈为空，即栈中没有与当前右括号配对的左括号 */
            {   printf("\n 右括号多余!");
                return;  /* 结束整个程序 */
            }
            else
            {   ch=*(sp-1);      /* 取栈顶元素 */
                if(ch=='('&&str[i]==')') /* 栈顶元素是否与当前括号匹配 */
                    sp--;        //栈顶元素出栈 */
                else if(ch=='['&&str[i]==']')/* 栈顶元素是否与当前括号匹配 */
                    sp--;     /* 栈顶元素出栈 */
                else if(ch=='{'&&str[i]=='}')/* 栈顶元素是否与当前括号匹配 */
                    sp--;       /* 栈顶元素出栈 */
                else
                {
                    printf("\n 对应的左右括号不同类!");
                    return;      /* 结束整个程序 */
                }
            }
            break;
        }/* switch */
    }/ *for */
    if(flag)
    {
        if(sp-stack==0)    /* 栈为空 */
            printf("\n 括号匹配!");
        else        /* 所有括号均处理完毕，栈中还留有左括号 */
            printf("\n 左括号多余!");
    }
    else        /* 所有字符处理完毕，没出现过一个括号 */
        printf("input error\n");
        return 0;
}
```

## 本章小结

指针是C语言典型的数据类型，是学习C语言的重点和难点。学会使用指针可以方便、高效地处理数据。

掌握指针的基本概念，深刻理解指针与变量、数组、函数等的关系，掌握指针的使用。本章教学涉及的指针有关知识的结构导图如图5-15所示。

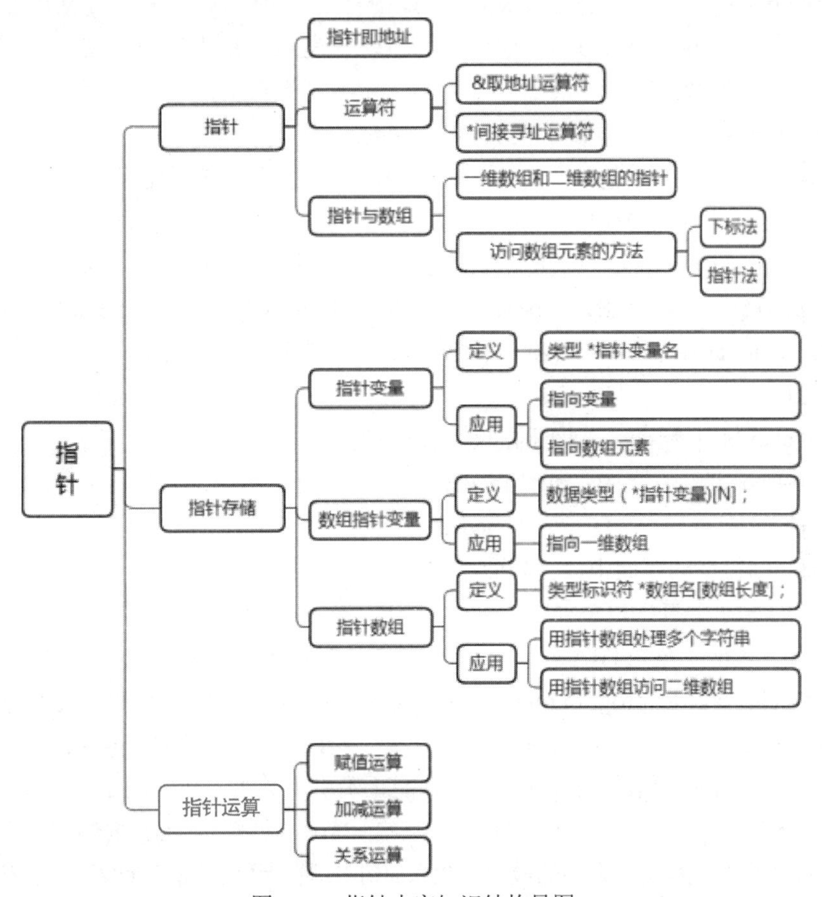


图5-15 指针内容知识结构导图

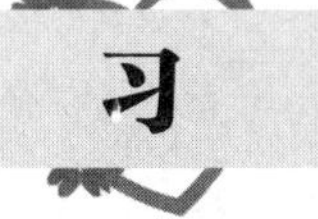

## 习 题

### 一、选择题

1. 已知 int *p, a;，则语句 p=&a;中运算符&的含义是(　　)。

   A．位与运算　　B．逻辑与运算　　C．取指针内容　　D．取变量地址

2. 已知 int a, *p=&a;，若要输入/输出 a 的值，下列函数调用中错误的是(　　)。

A．scanf("%d", &a);　　　B．scanf("%d", p);

C．printf("%d", a);　　　D．printf("%d", p);

3. 假设有声明 int (* ptr)[M];，其中的标识符 ptr 是(　　)。

A．M 个指向整型变量的指针

B．一个指向含有 M 个整型元素的一维数组的指针

C．指向 M 个整型变量的函数指针

D．具有 M 个指针元素的一维指针数组，每个元素都只能指向整型变量

4. 已知 double *p[6];，它的含义是(　　)。

A．p 是指向 double 型变量的指针　　　B．p 是 double 型数组

C．p 是指针数组　　　D．p 是数组指针

5. 已知 int a[9],*p=a;，则 p+5 表示(　　)。

A．数组元素 a[5]的值　　　B．数组元素 a[5]的地址

C．数组元素 a[6]的地址　　　D．数组元素 a[0]的值加上 5

6. 已知 char s[10], *p=s;，则在下列语句中，错误的语句是(　　)。

A．p=s+5;　　B．s=p+s;　　C．s[2]=p[4];　　D．*p=s[0];

7. 若定义 int a[5]={10,20,30,40,50},*p=&a[1];，则 printf("%d",*p++);的结果是(　　)。

A．20　　B．30　　C．21　　D．31

8. 已知 char b[5], *p=b;，则正确的赋值语句是(　　)。

A．b="abcd";　　B．*b="abcd";

C．p="abcd";　　D．*p="abcd";

9. 下列对字符串的存储中，会导致字符串处理错误的是(　　)。

A．char str[7]="FORTRAN";　　　B．char str[ ]="FORTRAN";

C．char *str = "FORTRAN";　　　D．char str[ ]={'F','O','R','T','R','A','N',0};

10. 已知 char s[20]="programming", *ps=s;，则不能引用字母 o 的表达式是(　　)。

A．ps+2　　B．s[2]　　C．ps[2]　　D．ps+=2, *ps

11. 若有定义 int c[4][5],(*p)[5];p=c;，则能正确引用数组 c 元素的是(　　)。

A．p+1　　B．*(p+3)　　C．*(p+1)+3　　D．*(*p+2)

12. 下面的程序把数组元素中的最大值放入 a[0]中，则 if 语句中的条件表达式应该是(　　)。

```
#include<stdio.h>
int main()
{int a[10]={6,7,2,9,1,10,5,8,4,3}, *p=a, i;
 for(i=0; i<10; i++, p++)
 if(________) *a=*p;
 printf("%d",*a);
 return 0;
}
```

A．p>a　　B．*p>a[0]　　C．*p>*a[0]　　D．*p[0]> *a[0]

13. 下列程序执行后的输出结果是(　　)。

```
#include<stdio.h>
int main()
{int a[3][3], *p, i;
 p=&a[0][0];
 for(i=0; i<9; i++) p[i]=i+1;
 printf("%d\n", a[1][2]);
 return 0;
}
```

A. 3　　B. 6　　C. 9　　D. 随机数

14. 下列程序的输出结果是(　　)。

```
#include<stdio.h>
int main()
{char a[10]={9,8,7,6,5,4,3,2,1,0},*p=a+5;
 printf("%d",*--p);
 return 0;
}
```

A. 非法　　B. a[4]的地址　　C. 5　　D. 3

15. 已知 int a[4][3]={1,2,3,4,5,6,7,8,9,10,11,12};int (*ptr)[3]=a, *p=a[0];，则以下能够正确表示数组元素 a[1][2]的表达式是(　　)。

A. *((ptr+1)[2])　　B. *(*(p+5))　　C. (*ptr+1)+2　　D. *(*(a+1)+2)

## 二、填空题

1. 下列程序的字符串中各单词之间有一个空格，则程序的输出结果是____________。

```
#include<string.h>
#include<stdio.h>
int main()
{ char str1[ ]="How do you do",*p1=str1;
 strcpy(str1+strlen(str1)/2,"es she");
 printf("%s\n",p1);
return 0;
}
```

2. 下面的程序通过整型指针将数组 a[3][4]的内容按 3 行×4 列的格式输出，请给 printf( )函数填入适当的参数，使之通过指针 p 将数组元素按要求输出。

```
#include<stdio.h>
int main()
{ int i,j;
int a[3][4]={{1,2,3,4},{5,6,7,8},{9,10,11,12}}, *p=a[0];
for( i=0; i<3; i++ )
```

```
{ for( j=0; j<4; j++ )
    printf("%4d ",__________);
    __________
}
return 0;
}
```

3．以下程序的功能是：将无符号八进制数字构成的字符串转换为十进制整数。例如，输入的字符串为556，则输出十进制整数366。请将下列程序补充完整。

```
#include<stdio.h>
int main()
{ char *p, s[6];
  int n;
  p=s;
  gets(p);
  n=*p-'0';
  while( ____________!='\0')  n=n*8+*p-'0';
 printf("%d\n", n);
   return 0;
}
```

4．下面的程序实现从10个数中找出最大值和最小值，请将下列程序补充完整。

```
#include<stdio.h>
int main()
{   int i, num[10],*q;
    int max, min;
    printf("input 10 numbers:\n");
    for(i=0; i<10; i++)
        scanf("%d", &num[i]);
    max=min=num[0];
    for(q=__________; __________ ; q++)
    if( ____________ ) max=*q;
    else if(____________) min=*q;
    printf("max=%d; min=%d\n", max, min);
    return 0;
}
```

5. 以下程序把b字符串连接到a字符串的后面，并输出a中的新字符串。请将下列程序补充完整。

```
#include <stdio.h>
int main ()
{   int num=0, n=0;
    char a[30],b[30];
    gets(a);
```

```
    gets(b);
    while(*(a+num)!= __________ )  num++;
    while(b[n]) {*(a+num)=b[n];  num++;  ______________;}
    ______________ ;
    puts(a);
    return 0;
}
```

### 三、编程题

1．用指针实现交换数组 a 和 b 中具有相同下标的数组元素的值，且输出交换后的数组 a 和 b。

2．用指针实现比较两个字符串 s 和 t 的程序。要求 s<t 时输出-1，s=t 时输出 0，s>t 时输出 1。

3．输入一个 4×4 的矩阵，利用指针将该矩阵转置后输出。

4．输入字符串，用指针实现统计字符串中包含的各个不同字符的数量。例如：

输入字符串：abcedabcdcd

则输出：a=2 b=2 c=3 d=3 e=1

5．用指针实现判断一个字符串是否为回文(即正读和反读都一样的字符串，不考虑空格和标点符号)。例如：

读入：MADAM　输出：YES

读入：ABCDBA　输出：NO

6．输入 5 个字符串，利用指针对这 5 个字符串排序后输出。

# 第6章

# 函　　数

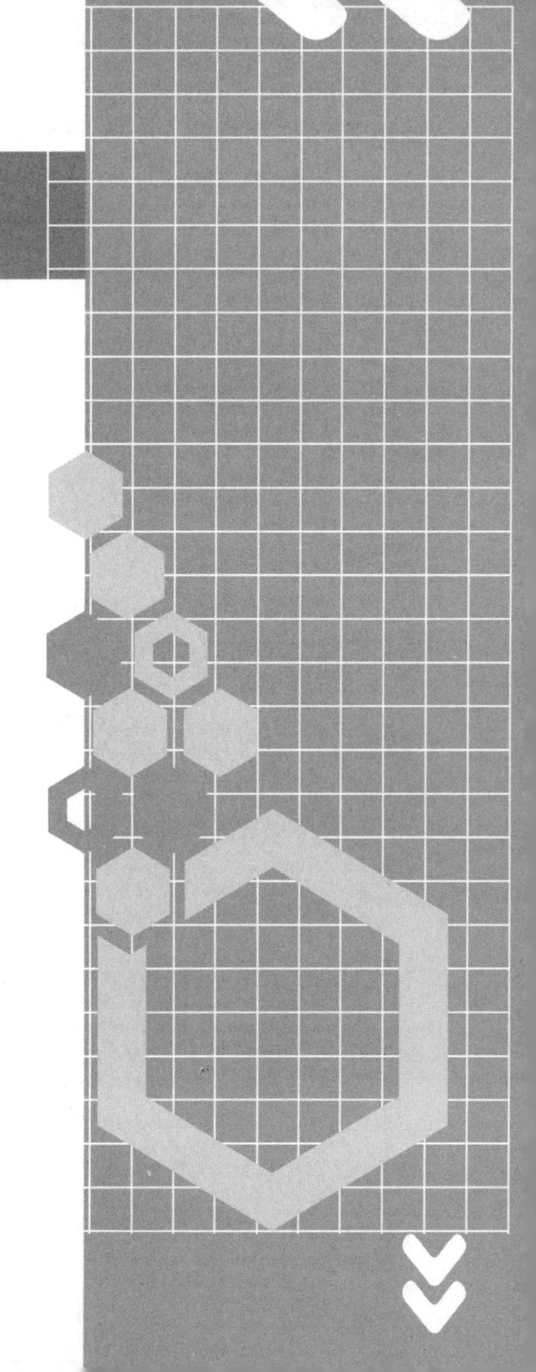

📖 **本章内容提示**：函数是构成 C 语言程序的基本单位。编程者可以构建主函数，在主函数中调用标准库函数；也可以自定义函数后，调用自定义的函数来实现一定的功能。本章介绍函数的定义、调用、声明，函数间数据传递的方式，变量的作用域、生存周期，函数的嵌套调用和递归调用。

📖 **教学基本要求**：理解函数的概念，掌握函数的定义、声明和调用方法。理解函数间数据传递的方式并能灵活应用，掌握数组作为函数参数的使用方法，掌握变量的作用域和生存周期的概念，理解函数的嵌套调用和递归调用。

在程序设计中，往往要根据问题的复杂程度，将应用程序按功能划分为若干个模块，每个模块还可以继续细分为若干个子模块，每个子模块完成具体的任务。模块和子模块均是可被重复调用的程序段，这种程序设计方法称为结构化程序设计。即，把一个规模较大的程序采用自顶向下、逐步细化的设计方法，划分为若干个模块，每个模块又可以继续分为若干个更小的子模块，最终划分的模块能完成一个个独立的功能，并利用这些模块积木式地组合成所需的全部程序。

函数的基本概念

在 C 语言中，模块是通过函数来实现的，函数是用来完成一定功能的一段程序。

函数是 C 语言程序的基本组成部分，C 语言程序的功能是通过函数之间的调用来实现的。一个完整的 C 程序可以由一个或多个函数组成，但必须有且只能有一个主函数 main()。理论上，一个程序的所有功能都可以在主函数中完成。但是当程序要处理的问题比较复杂时，程序在功能上可以分解为一个个小的容易实现的功能模块，每个功能模块可以通过一个或多个函数来实现。

从用户角度来看，C 语言中的函数可分为标准库函数和用户自定义函数。

标准库函数是 C 语言系统提供的一系列实现特定功能的模块，例如前面已经学习过的输入/输出函数、数学函数、字符串处理函数等。通过调用这些标准库函数，可以方便快速地实现对数据的处理。

用户自定义函数需要用户根据实际需要进行定义，在用户自定义函数中，所有代码都需要由用户编写。

# 6.1　函数的定义与调用

对于用户自定义函数，用户必须按照函数要实现的功能完整地定义函数的实现细节，然后通过调用该函数实现所需的功能。

## 6.1.1　函数的定义

函数的定义

函数的定义就是确定函数的名称、参数、函数的类型以及函数功能实现的过程。

函数定义的一般形式为：

```
类型标识符 函数名(形参列表)                    /* 函数头部 */
{                                           /* 函数体开始 */
    函数体
    [return  函数运算结果]
}                                           /* 函数体结束 */
```

【例 6-1】定义一个求整数 n 的阶乘(n!)的函数。

```
int factor(int n)        /* 函数头部 */
{          /* 函数体开始 */
    int i;
    int result=1;
    for(i=2;i<=n;i++)
        result *=i;
    return result;
}          /* 函数体结束 */
```

例 6-1 定义了一个 factor()函数，通过形参传递求 n 的阶乘，花括号中是求 n 的阶乘的过程。

**说明：**

(1) 函数名符合标识符命名规则，它唯一标识了一个函数。函数名还表示该函数在内存中的起始地址。

(2) 类型标识符为函数的类型，是函数返回值的类型，函数可以通过 return 语句返回一个该类型的值，该值是函数运行后得到的计算结果。一个函数最多只能返回一个值，也可以没有返回值，没有返回值的函数应该定义为 void 类型。当函数的类型为整型时，类型说明符可以省略。

返回语句的一般形式为：

```
return 表达式;
```

或

```
return (表达式);
```

return 语句后的“表达式”可以是常量、变量或表达式，但类型必须与函数类型一致。当函数类型与返回值的类型不一致时，return 语句自动将返回值的类型转换为函数类型并返回，即函数类型决定了返回值的类型。

return 语句的作用：①将表达式的值返回给调用函数；②终止函数的运行，返回调用函数。

例如：

```
void print()
{
    printf("**************"); /* 打印一行星号 */
}
```

print()函数的功能是打印一行星号，没有计算结果，不需要返回值，因此这类函数被声明成 void 类型，表示无返回值。

例如：

```
float add(float x, float y)                /* add()函数用于求两个实数之和 */
{
    float z;
```

```
    z = x + y;
    return z;           /* 通过 return 语句返回计算结果 */
}
```

**警告：**

函数无返回值时，函数定义中的 void 修饰符不能省略。

(3) 形式参数是函数调用的接口，是调用函数和被调用函数之间数据传递的主要通道，形式参数简称“形参”。在形参列表中，参数之间用逗号隔开，各个参数要独立声明。如果函数不需要通过参数进行数据传递，也就是函数不需要参数，这时形参列表可以为空。当函数的形参列表为空时，函数名后的圆括号不能省略。

例如：

```
int  func(int x, int y, char z)/* 正确的函数参数声明，对形参 x、y 和 z 进行了独立声明。*/
int  func(int x,y, char z)/* 错误的函数参数声明，x，y 虽然是同类型，但不能同时声明。*/
```

如何设置形参？应该设置几个？这是自定义函数时较令人困惑的问题。形参的设定应依据函数实现其预期的功能时所需要的信息。例如，要定义一个求阶乘的函数，函数需要知道求数字几的阶乘，在函数内部便可实现求该数字的阶乘，所以要设置一个参数，将需要求阶乘的数据传递给函数，如 int factor(int n)。

如果定义一个求平面上两点之间距离的函数，则需要告诉函数平面上两个点的信息，这在函数内便可求出，所以应设置 4 个参数，如 float len(float x1,float y1,float x2,float y2)。x1 和 y1 为一个点在平面上的坐标，x2 和 y2 为另一个点在平面上的坐标。

(4) 函数体是函数定义中函数功能的具体实现部分，包括在一对花括号之间。函数体内部包含了声明性语句和功能性语句，声明性语句用于定义函数所需使用的变量、数组、指针等；功能性语句用于实现函数所需完成的计算功能。

(5) C 语言中所有函数的地位都是平行的，不能在一个函数体中定义另一个函数，即函数不能嵌套定义。

例如：

```
int func1(...)          /* 定义函数 func1() */
{
    int a,b,c;
    ...
    int func2(...)      /* 定义函数 func2() */
    {
        int x,y,z;
        ....
    }
    ...
}
```

其中函数 func2()定义在函数 func1()中，这种做法是错误的。C 语言中，函数的地位是平行的，函数都是独立定义的。

## 6.1.2 函数调用

函数定义完成后，还不能在程序中发挥其作用。要实现其功能，必须“使用”该函数才能实现它的功能。在程序中使用定义好的函数，称为函数调用或函数引用。

函数的调用

### 1. 函数调用的形式

函数调用的一般形式为：

```
函数名(实参列表)
```

在调用函数时，要清楚被调用函数的功能、函数名和函数要传递的参数。把调用函数传递给被调用函数的参数称为实际参数，简称“实参”。实参列表应按照函数定义时形参的类型、个数、顺序一一对应给出。

**【例 6-2】** 编写程序，计算组合数$C_N^M = \frac{N!}{M!(N-M)!}$的结果。

分析：此公式中三次用到了求整数 n 的阶乘的计算，可以调用在例 6-1 中编写的函数 factor( )。由此可以看出，将实现某个功能的代码编写成函数，可以实现代码的复用(reuse)。完整的程序代码如下。

```
#include<stdio.h>
int factor(int n)          /* 函数头部 */
{          /* 函数体开始 */
    int i;
    int result=1;
    for(i=2;i<=n;i++)
        result *=i;
    return result;
}
int main()
{ int m,n,x,y,z,q;
  scanf("%d,%d",&m,&n);
  x=factor(n);
  y=factor(m);
  z=factor(n-m);
  q=x/(y*z);
  printf("%d\n",q);
     return 0;
}
```

程序的运行结果为：

```
3,5
10
```

在 C 语言中，根据被调用函数在调用函数中出现的位置，函数调用可以分为以下三种方式。

1) 以函数调用语句的方式调用

当调用的函数只是完成某些功能而没有返回值时，可由函数调用加上分号构成一条函数调用语句。函数调用作为一条语句，此时不关心函数的返回值，只要求函数完成一定的操作。

例如，下面的函数调用：

```
printf("Hello, World!  ");
```

调用标准输出库函数 printf()，函数调用是一条语句。

【例 6-3】打印输出如下信息：

```
**************
 How are you!
**************
```

分析：要打印星号的个数固定，打印两行。可定义函数实现打印一行星号，两次调用该函数即可。

```
#include<stdio.h>
void printstar()
{
    printf("**************");
}
int main()
{
    printstar();
    printf("\n How are you! \n");
    printstar();
    return 0;
}
```

上述程序中的 printstar()函数无返回值，在调用时用函数调用语句实现即可。

2) 在表达式中调用

一个有返回值的函数，总是会返回一个计算结果。可以把有返回值的函数作为表达式中的一个运算对象进行调用。

例如：

```
x=factor(n);
```

这是一个赋值表达式，把函数调用 factor(n)的结果赋值给变量 x。在程序执行时，函数

调用将作为表达式中的一个运算对象。

3) 在函数参数位置调用

例如，max()函数用于求两个整数的最大值，那么要求三个整数的最大值，可以采用下面的函数调用方式：

```
result = max(x,max(y,z));
```

max()函数有两个参数：第一个是 x；第二个是 max(y,z)，max(y,z)作为另一个函数的参数来调用，返回 y 和 z 中的最大值。

### 2. 函数调用的执行过程

程序在执行过程中若遇到函数调用，会将当前的位置保存，将实参值传递给形参，流程被转移到被调用函数内部执行，直到遇到 return 语句或者被调用函数结束，流程才返回到调用函数(即进入被调用函数前保存的位置)，继续执行调用函数后面的语句。下面以一个具体实例介绍这一过程。

**【例 6-4】**编写函数求两个整数的最大值，在主函数中输入数据，调用函数 max()求最大值，在主函数中输出结果。

```
#include<stdio.h>
int main()
{
    int max(int a,int b);     /* 函数声明 */
    int x,y,z;
    printf("Enter two numbers:\n");
    scanf("%d%d",&x,&y);
    z=max(x,y);      /* 函数调用 */
    printf("maxmum=%d",z);
    return 0;
}
int max(int a,int b)     /* 函数定义 */
{
    if(a>b)return a;
    else return b;
}
```

程序的执行是从 main()函数开始的，当执行到 z=max(x,y);语句时，max()函数的调用过程如下。

(1) 计算实参表达式的值，建立形参变量，并将实参的值按对应顺序传递给形参。

该过程首先计算实参表达式的值(当实参为表达式时)，然后为形参变量分配存储空间。形参是局部变量，只有在函数调用时才在内存中为其分配存储单元。函数调用结束后，其占用的存储空间会被释放。

建立形参存储单元后，C 语言按照从右向左的顺序，将实参的值一一对应传递给形参变量。在本例中，实参 y 将其值传递给 b，x 将其值传递给 a。

(2) 程序转到被调用函数执行。

当参数传递完成后，被调用函数就具备了运行所需的数据，程序转到被调用函数执行。

(3) 返回调用函数。

在被调用函数运行时，若遇到 return 语句或到达被调用函数尾部，就结束函数调用，返回到调用函数，有返回值则带回返回值。在例 6-4 中，max()函数调用结束后，返回实参 x 和 y 的最大值，并通过赋值语句 z=max(x,y);把返回值赋值给变量 z。

函数调用结束后，程序继续执行函数调用后面的语句。整个程序执行调用的过程和程序执行的流程如图 6-1 所示。

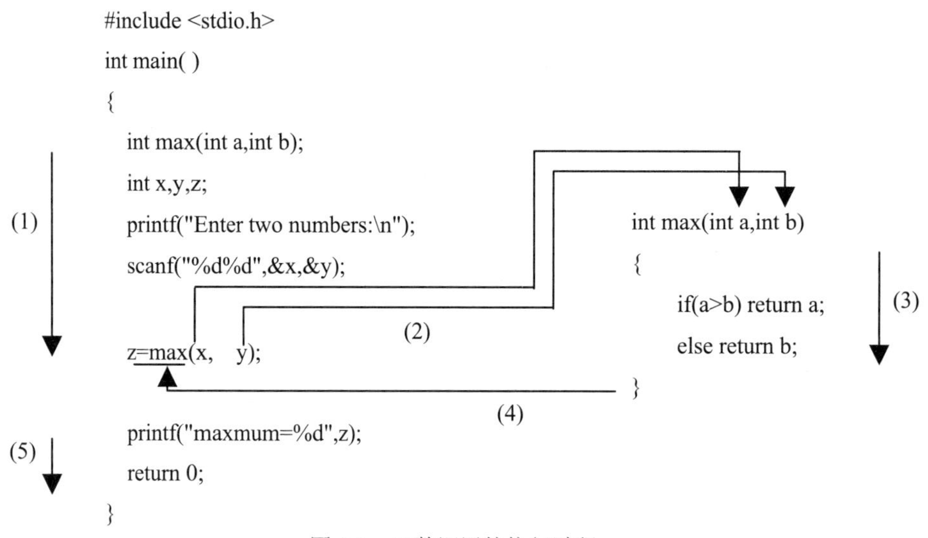


图 6-1　函数调用的执行过程

程序返回调用函数后，函数调用时建立的形参变量以及被调用函数内部的动态变量即刻消亡。

### 3. 函数声明

如果一个函数要调用另外一个函数，首先被调用的函数必须存在(即已经定义)，其次应该在调用函数中对所调用函数加以说明，否则，程序在连接时会出现找不到调用函数的错误信息。对被调用函数的说明，也称为函数声明。

对被调用函数的声明分为两种情况。

(1) 如果被调用函数是 C 语言系统提供的标准库函数，应在源程序文件的开头，使用 #include 指令，将存放所调用库函数的声明及有关信息的“头文件”包含到该源程序文件中，例如，我们前面已经遇到的 stdio.h 和 math.h 文件。

(2) 如果被调用函数是用户自定义函数，一般应在调用函数中对被调用函数进行声明，声明的形式为：

```
函数类型 函数名(函数参数列表)；
```

函数声明由函数类型、函数名和函数参数列表组成，即函数的头部。函数参数列表必须包括形参类型，可以不包括形参名。这三个元素被称为函数原型，函数原型描述了函数的接口。

函数的声明与定义有本质的区别。函数定义是一个完整而独立的函数单元，包括函数类型、函数名、形参及形参类型、函数体等；而函数声明只包括函数类型、函数名、形参列表，是对函数接口的描述。

对被调用函数的声明，在以下情况下可以省略。

(1) 被调用函数的定义在调用函数之前，可以不进行声明。在例 6-4 中，如果把函数 max()的定义放在主函数 main()之前，则在主函数 main()中可以不对 max()函数进行声明。

(2) 若在所有函数的定义之前，对函数进行了声明，则在调用函数中可以不再进行声明。

# 6.2 函数间的数据传递

在函数调用过程中，调用函数与被调用函数之间的数据传递途径有三种：通过函数参数、函数返回值和利用全局变量来传递。下面介绍通过参数传递和通过函数返回值传递数据的方式，通过全局变量传递数据的方式将在 6.3 节中介绍。

## 6.2.1 通过参数传递

参数传递是指形参和实参之间进行的数据传递。有参函数在调用之前，其中的形参变量是没有值的，它们的值要在程序运行时由调用它们的函数通过实参传递过来。在 C 语言中，参数传递是指调用函数将实参的值复制到被调用函数对应的形参中，实参既可以是一般意义上的值(比如整数、浮点数、字符)，也可以是地址值(即指针)，我们把这一过程称为参数传递。

**警告：**

在参数传递过程中需要注意以下几点：

(1) 在函数调用之前，形参变量不占用存储空间。在执行调用函数时，系统才为形参变量分配存储空间。

(2) 当函数被调用时，参数传递才会发生。这时，实参的值被复制到对应的形参变量中，形参变量取得了初始值，可以对形参进行操作或引用。但当函数调用结束时，形参所占用的存储空间将被释放，其值也就不存在了。

(3) 在参数传递中，形参和实参是在对应位置上的参数间传递数据，这就要求形参和实参在数据类型、参数个数和顺序上一一对应。若出现参数数据类型、个数或对应位置不一致，将导致错误。

(4) 函数间的参数传递是单向传递，即实参把它的值复制给形参，形参的改变不会影响到实参。

(5) 函数间的参数传递可以分为两种方式：值传递方式和地址传递方式。

### 1. 值传递方式

变量和变量的地址做函数参数

实参是常量、变量、表达式等，形参为变量。函数调用时，将实参的值按从右到左的顺序复制给形参，在被调用函数中对形参变量的任何改变都不会影响实参的值，这种参数传递方式称为“值传递方式”。

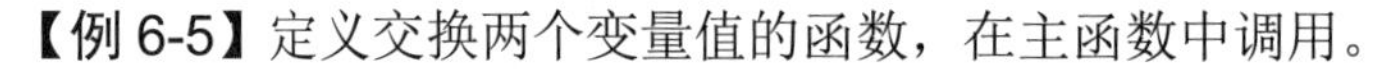

【例 6-5】定义交换两个变量值的函数，在主函数中调用。

```
#include<stdio.h>
int main()
{
    void swap(int,int); /* 函数声明 */
    int a,b;
    a=10;
    b=20;
    printf("调用函数 swap 前: \n");
    printf("a=%d,b=%d\n",a,b);
    swap(a,b);/* 调用 swap()函数，实参为 a 和 b */
    printf("调用函数 swap 后: \n");
    printf("a=%d,b=%d\n",a,b);
    return 0;
}
/* swap()函数的定义，实现交换两个整数的功能 */
void swap(int x,int y)
{
    int temp;
    temp = x;
    x = y;
    y = temp;
}
```

程序的运行结果为：

```
调用函数 swap 前:
a=10,b=20
调用函数 swap 后:
a=10,b=20
```

在例 6-5 中，swap()函数的功能是实现两个整数的交换。在 main()函数中定义变量 a 和 b，初始值分别是 10 和 20，以变量 a 和 b 为实参，传递的是变量 a 和 b 的值，如图 6-2 中的虚线箭头所示。调用 swap()函数后，形参 x 和 y 的值发生了交换，主程序中变量 a 和 b 的值不受影响，值传递时参数变化的示意如图 6-2 所示，程序的运行结果显示变量 a 和 b 的值没有发生交换。

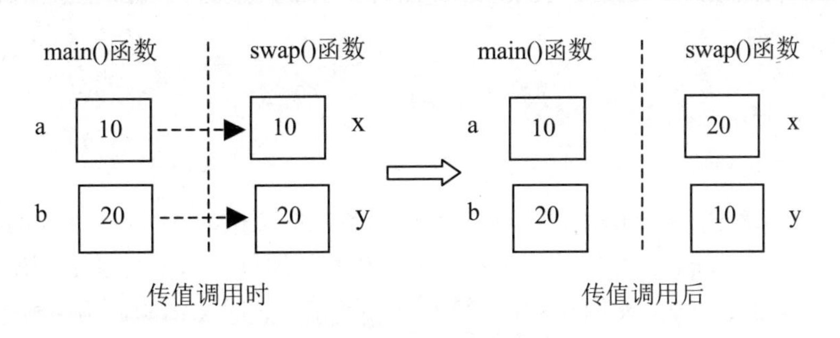


图 6-2　值传递时参数变化示意

### 2. 地址传递方式

实参为内存对象的地址，形参为指针变量。在函数调用过程中，将实参内存对象的地址传递给形参。这种参数传递方式是“地址传递方式”。将实参内存对象的地址复制给形参，这时形参指向实参内存对象，根据指针的性质通过间接运算，形参可以操作或引用实参对象。

1) 将指针作为函数参数

将指针作为函数参数的情况是：实参是变量的地址或取得变量地址的指针变量，形参为指针变量。

**【例 6-6】**下面的程序演示了参数的地址传递方式。

```
#include<stdio.h>
int main()
{
    void swap(int *,int *);
    int a,b;
    a=10;
    b=20;
    printf("调用函数 swap 前：\n");
    printf("a=%d,b=%d\n",a,b);
    swap(&a,&b);/* 调用 swap()函数，实参为变量 a 和 b 的地址 */
    printf("调用函数 swap 后：\n");
    printf("a=%d,b=%d\n",a,b);
    return 0;
}
/* swap()函数，实现交换两个整数的功能 */
void swap(int *x,int *y)
{
    int temp;
    temp = *x;
    *x = *y;
    *y = temp;
}
```

程序的运行结果为：

```
调用函数 swap 前:
a=10,b=20
调用函数 swap 后:
a=20,b=10
```

在例 6-6 中，swap()函数的功能依旧是实现两个整数的交换，与例 6-5 不同的是——参数传递的是地址。调用 swap()函数时，实参为变量 a 和 b 的地址，即把实参 a 和 b 的地址复制给形参中的指针变量 x 和 y，如图 6-3 中的虚线箭头所示。这时 x 指向调用函数中的变量 a，y 指向调用函数中的变量 b，如图 6-3 中的实线箭头所示。在 swap()函数中交换*x 和*y，即交换形参指针变量指向的存储单元的值，也就是交换变量 a 和 b 的值。程序的运行结果显示变量 a 和 b 的值发生了交换。地址传递时参数的变化示意如图 6-3 所示。

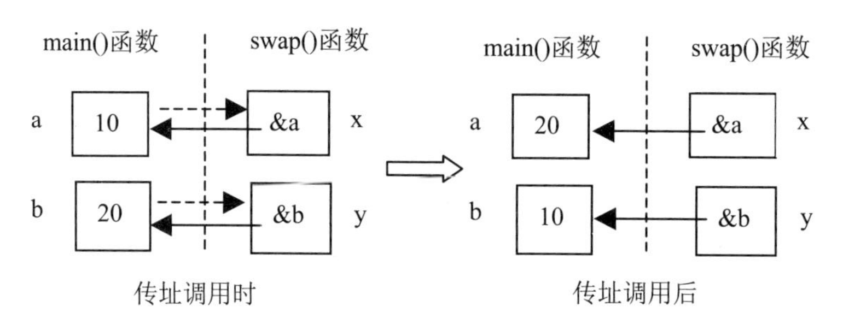


图 6-3　地址传递时参数变化示意(一)

需要注意的是，同样传递的是地址，如果在函数 swap()中交换的是 x 和 y 的值，即交换形参指针变量的值(指向)，函数调用后的结果会不同。例如，若将例 6-6 中的 swap()函数修改成如下形式，程序其他部分不变，程序执行时的参数变化将如图 6-4 所示。函数调用结束后，实参 a 和 b 的值不变。

```
void swap(int *x,int *y)
{
    int *temp;
    temp = x;
    x = y;
    y = temp;
}
```

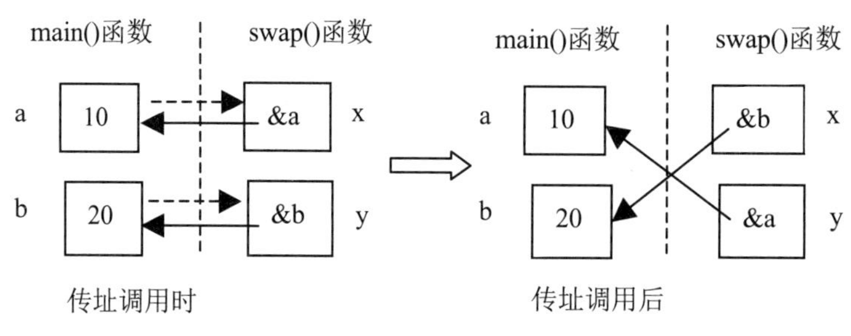


图 6-4　地址传递时参数变化示意(二)

程序的运行结果为：

```
调用函数 swap 前:
a=10,b=20
调用函数 swap 后:
a=10,b=20
```

2) 将数组作为函数参数

函数间传递的参数可以是数组元素或整个数组。数组元素作为参数时只能是实参，不能是形参；数组既可以是实参，也可以是形参。

一维数组做函数参数

数组是同类型存储单元的有序集合，其有序性体现在所有存储单元按下标的顺序在内存中连续排列。因此，对于一个数组，只要知道数组的首地址和元素的个数，就可以访问数组中所有的数组元素。在函数调用时，函数参数只需传递数组的首地址及数组元素的个数即可，在函数中可以对实参数组进行处理。

一维数组作为函数参数时，实参是数组的首地址(或者指向数组的指针变量)和数组长度，接收数组首地址的函数形参的定义一般有以下两种形式。

一种是将函数形参定义为同类型的指针，例如：

```
int getMax(int *p, int num)
{
    ...
}
```

参数 p 为指针变量，用来接收实参传来的数组的地址，参数 num 为整型参数，用于接收数组长度。

另一种是将函数形参定义为数组，例如：

```
int getMax(int arr[10], int num)
{
    ...
}
```

虽然 arr 是一个数组，但在程序编译的时候，该参数会被编译成 int *arr，所以这种参数类似于第一种情况。

**注意：**

形参数组的大小可以忽略，即使其大小和实参数组大小不匹配也没有错误，但方括号不能省略，原因是该形参会被编译成一个同类型的指针变量。

**【例 6-7】**定义一个对数组元素从小到大排序的函数，调用该函数，实现对主函数中的数组进行排序。

本例通过简单选择排序法实现对数组元素的排序。

```
#include<stdio.h>
#define N 10
void selectSort(int *,int);  /* 函数声明，省略了形参变量名 */
int main()
{   int myArr[N],*p;
    int i;
    p=myArr;
    printf("Enter the array:\n");
    for(i=0;i<N;i++)
        scanf("%d",&myArr[i]);
    selectSort(p,N);  /* 调用 selectSort()，也可以写成 selectSort(myArr,N); */
    printf("the sorted array:\n");
    for(i=0;i<N;i++)
        printf("%d ",myArr[i]);
    return 0;
}
/* 定义 selectSort()函数，对数组元素的值按升序排序。
函数参数：x 为指针，接收整型数组的首地址。n 为整型变量，接收数组长度。
函数调用后数组元素从小到大排序。*/
void selectSort(int x[], int n)
{   int i,j,k;
    int temp;
    for(i=0;i<n-1;i++)
    {
        k=i;
        for(j=i+1;j<n;j++)
            if(x[j]<x[k])k=j;
        if(k!=i)
        {
            temp=x[i];
            x[i]=x[k];
            x[k]=temp;
        }
    }
}
```

程序的运行结果为：

```
Enter the array:
36 70 6 76 15 44 30 2 19 49
the sorted array:
2 6 15 19 30 36 44 49 70 76
```

函数 selectSort()的第一个参数为数组，其含义等同于指针变量，函数接口也可以定义为 void selectSort(int *x, int n)。

一维数组作为函数参数时，实参可以是一维数组的数组名或指向该一维数组的指针变量，形参可以是一维数组或指针变量。

二维数组作为函数参数，和一维数组类似，实参可以是二维数组的首地址或二维数组第一个数组元素的地址，形参可以是同类型、同级别的指针变量。将二维数组作为函数参数时，可分为以下两种情况。

二维数组和字符数组做函数参数

一种情况是，实参是二维数组第一个数组元素的地址。由于二维数组在内存中是以行为主序排列的，实参可以是二维数组第一个元素的地址，如&a[0][0]、a[0]或*a。与此对应，形参可以是指向数组元素的指针变量，如int *p。

另一种情况是，实参是二维数组的首地址，如 a；也可以是指向二维数组的数组指针变量(行指针变量)，如 int (*p)[N]，N 为二维数组每行元素的个数。形参可以是二维数组，也可以是数组指针变量，它们同为二级指针。

例如，调用函数时定义了如下一个二维数组：

```
int a[3][4];
```

参数传递时，作为首地址的实参可以是数组名 a 或&a[0]等。

当实参是数组名 a 或&a[0]时，表示传递给形参的是一个行指针，形参可以是如下两种形式：

(1) 形参为二维数组的形式。例如：

```
int getMax(int x[3][4])
{
    ...
}
```

二维数组第一维的大小也可以省略，例如：

```
int getMax(int x[ ][4])
{
    ...
}
```

说明：将二维数组作为形参，在编译时会被编译成行指针变量，比如上面两个例子中的数组作为函数参数时，均会被编译为 int (*x)[4]。

(2) 形参为一个指向含有 4 个元素的行指针变量。例如：

```
int getMax(int (*x)[4])
{
    ...
}
```

以上两种声明形式中，形参 x 都是一个和实参同类型、同级别的指针变量，把 a 传递给

x，则 x 和 a 指向同一段内存空间，在函数中可以通过以下四种方式访问数组元素 a[i][j]:

x[i][j]、*(x[i]+j)、*(*(x+i)+j)、(*(x+i))[j]

**【例 6-8】**通过函数求二维数组的最大值，在主函数中输出最大值。

方法一：实参为第一个数组元素的指针。

```
#include<stdio.h>
#define M 3
#define N 4
int getMax(int *,int);     /* 函数声明 */
int main()
{
    int myArr[M][N];
    int i,j;
    int maxVal;
    printf("Enter the array:\n");
    for(i=0;i<M;i++)
        for(j=0;j<N;j++)
          scanf("%d",&myArr[i][j]);
    maxVal=getMax(&myArr[0][0],M*N);  /* 调用 getMax 函数 */
    printf("The max element myArr is: %d.",maxVal);
    return 0;
}
int getMax(int *p, int n)
{
    int i;
    int max=*p;
    for(i=1;i<n;i++)
        if(*(p+i)>max) max=*(p+i);
    return max;
}
```

方法二：实参为二维数组的数组名或指向数组的行指针变量。

```
#include<stdio.h>
#define M 3
#define N 4
int getMax(int (*x)[N],int);  /* 函数声明 */
int main()
{
    int myArr[M][N];
    int i,j;
    int maxVal;
    printf("Enter the array:\n");
    for(i=0;i<M;i++)
        for(j=0;j<N;j++)
          scanf("%d",&myArr[i][j]);
```

```
    maxVal=getMax(myArr,M);  /* 调用 getMax()函数 */
    printf("The max element myArr is: %d.",maxVal);
    return 0;
}
int getMax(int (*x)[N], int num)
{
    int i,j;
    int max=x[0][0];
    for(i=0;i<num;i++)
        for(j=0;j<N;j++)
        if(x[i][j]>max) max=x[i][j];
    return max;
}
```

对于例 6-8 中的两种方法，读者要注意对比传递参数的类型和函数中数组元素的访问方式。

**字符数组作为函数参数**：当函数处理存储在字符数组中的字符串时，可以通过参数传递字符串的首地址，在函数中对该地址指向的字符串进行处理。将字符数组作为函数参数时，处理方式与数值型数组在参数声明和参数传递上类似。由于字符串有结束标记'\0'，因此不需要传递字符串中字符的个数。

**【例 6-9】**编写函数，统计字符串中数字字符的个数。

```
#include<stdio.h>
int countDig(char *); /* 函数声明 */
int main()
 {   char str[100];
     printf("Enter a string:\n");
     gets(str);          /* 从键盘读入字符串 */
     printf("the sum of digits: %d\n ",countDig(str));
     return 0;
 }
 int countDig(char *ps)
 {   int sum=0;
     while(*ps)
     {
         if(*ps>='0'&&*ps<='9')sum++; /* 统计数字字符的个数 */
         ps++;
     }
     return sum;
 }
```

## 6.2.2 通过函数返回值传递

函数调用结束时，被调用函数可以通过 return 语句向调用函数返回数据。用返回值方式向调用函数只能返回一个数据，根据返回数据的类型，返回值传递的数据可分为传值和传地址两类。

返回指针的函数

当函数返回值是一个常量、变量、表达式时，例如前面的例 6-1、例 6-4，被调用函数向调用函数返回(传递)一个值，有返回值的函数调用后会得到一个确定的值。

如果函数返回值是某个内存对象的地址，该函数称为返回指针的函数。

返回指针的函数其定义格式如下：

```
类型说明符 *函数名(形参列表)
{
  函数体;
}
```

在函数的定义中，函数名前加了指针标志符号*，表示函数返回的是一个指针，该指针的类型由类型说明符确定。

【例 6-10】编写函数 pmax()求两个整数的最大数。

```
#include<stdio.h>
int *pmax(int *, int *); /* 函数声明 */
int main()
 {   int a,b;
     int *p;
     scanf("%d%d",&a,&b);
     p=pmax(&a,&b);       /* 函数调用 */
     printf("max value is: %d", *p);
     return 0;
 }
 int *pmax(int *pa, int *pb)
 {   /* 比较后，返回最大数的地址 */
     if(*pa>=*pb)
        return pa;
     return pb;
 }
```

C 语言中，通过 return 语句最多只能返回一个值，当函数需要得到多个返回结果时，通过 return 语句将无法实现数据传递。

### 6.2.3 函数设计的原则

首先，如果程序要多次完成某项任务，就应考虑将该任务写成函数，在需要的时候使用这个函数，或者在不同的程序中使用该函数。其次，即使程序只完成某项任务一次，也值得使用函数，因为函数让程序更加模块化，从而提高了程序代码的可读性，更方便后期的修改、完善。一般设计函数时，需要遵循以下几条原则：

(1) 函数的规模要小，因为这样的函数比代码行数更长的函数更容易维护，出错的概率更小。

(2) 函数的功能要单一，不要让它身兼数职，不要设计具有多种用途的函数。

(3) 每个函数在进行信息传递时应只有一个入口和一个出口。即，信息的传递通过函数参数和函数返回值进行，尽量不要使用全局变量等方式向函数传递信息。

(4) 在执行某些敏感性操作(如除法、开方、取对数、赋值、函数参数传递等)之前，应检查操作数及其类型的合法性，以避免发生除零、数据溢出、类型转换、类型不匹配等因思维不缜密而引起的程序异常。

(5) 不能认为调用一个函数总会成功，要考虑如果调用失败，应该如何处理。

(6) 对于与屏幕显示无关的函数，通常通过返回值来报告错误，因此调用函数时要校验函数的返回值，以判断函数调用是否成功。对于与屏幕显示有关的函数，函数要负责相应的错误处理。错误处理代码一般放在函数末尾，对于某些错误，还要设计专门的错误处理函数。

(7) 并非所有的编译器都能捕获实参与形参类型不匹配的错误，所以程序设计人员在函数调用时应确保函数的实参类型与形参类型相匹配。在程序开头进行函数原型的声明，并将函数参数的类型书写完整(没有参数时用 void 进行声明)，以便于编译器进行类型是否匹配的检查。

## 6.3 变量的作用域和生存周期

任何一个变量在定义时都要确定其数据类型，数据类型决定了变量在内存中所占的字节数和数据的表示方式。另外，变量还有两个重要的特征：一个是空间上的作用域，另一个是时间上的生存周期。

变量的属性

### 6.3.1 变量的作用域

变量的作用域（一）

变量的作用域也就是变量的作用范围，即变量起作用的程序代码范围。变量的作用域由变量的定义位置来确定。C 语言程序中变量的定义有四个位置：程序块内、函数内部、函数形参处以及所有函数的外部。我们把在程序块内、函数内部、函数形参处定义的变量叫局部变量，把定义在所有函数外部的变量叫全局变量。

### 1. 局部变量

在程序块内定义的局部变量，其作用域是从变量定义处到程序块结束；在函数内部定义的局部变量，其作用域是从变量定义处到函数结束；函数的形参变量等同于函数内部定义的局部变量，其作用域为整个函数内部。

局部变量只能在作用域内使用，在作用域以外是不能使用的。另外，对于局部变量，最值得注意的是，只有在程序执行到定义它的模块(函数)时才生成该变量(即分配内存空间)。一旦执行流程退出该模块，局部变量就会消失(释放为其分配的内存空间用于其他用途，存储在其中的数据也将伴随着内存空间的释放而丢失)。因此，在不同函数内可以定义同名的变量，它们代表不同的对象，互不影响。

例如：

```
func1()
{
    int x;
    n=10;               func1()函数中局部变量 x 的作用域
    ......
}

func2()
{
    int x,y;
    x=100;              func2()函数中局部变量 x、y 的作用域
    ......
}
```

【例 6-11】分析下面程序运行的结果。

```
#include<stdio.h>
int main()
{int x,y;
  scanf("%d%d",&x,&y);
  if(x>y)
  {
  int temp;
  temp=x;
  x=y;
  y=temp;
  }
  printf("%d",temp);
  printf("%d %d",x,y);
 return 0;
 }
```

此程序会产生编译错误，错误信息为printf("%d", temp);中的变量temp未定义。

语句printf("%d", temp);中的变量temp是在上述程序块中定义的变量，其作用域为定义它的程序块内。因此，程序在编译时会出现错误信息。

### 2. 全局变量

全局变量是定义在所有函数之外的变量，其作用域是从变量定义位置开始到该变量所在源程序文件的结尾处。全局变量不在某个函数内部，其作用域内的函数都可以访问它。例如下面这个源程序：

```
int a,b;
int func1(int c)
{ int d,e;
   ......
}

float f,g;
char func2(int x,int y)
{ int i,j;
......
}
int main()
{ int m,n;
......
}
```

变量f、g的作用域

变量a、b的作用域

变量a、b、f、g均为全局变量，但它们的作用域不同，变量a、b的作用域是func1()函数、func2()函数及main()函数，而变量f、g的作用域是func2()函数及main()函数。

**警告：**

全局变量的作用域是从定义位置开始至变量所在源程序文件的结尾。

显而易见，使用全局变量，增加了各函数之间的数据联系，这使得函数与函数之间的数据联系不仅仅限于参数传递和返回值这两种途径。

对于全局变量，如果定义时不进行初始化，系统将自动为其赋初值。数值型全局变量赋0，字符型全局变量赋'\0'。

变量的作用域（二）

**【例6-12】**编写一个函数，求出10名学生成绩的最高分、最低分和平均分。

方法一：利用全局变量进行函数和被调用函数之间的信息传递

```
#include <stdio.h>
float max=0,min=0;                 /* 定义全局变量max和min */
float getAve(float arr[],int n)    /* 定义getAve()函数 */
{   int i;
```

```
    float sum=0;
    max=min=arr[0];
    for(i=0;i<n;i++)
    {
     sum += arr[i];
     if(arr[i]>max)max=arr[i];          /* 求最高分 */
     else if(arr[i]<min)min=arr[i];  /* 求最低分 */
}
return sum/n;    /* return 语句返回计算得到的平均分 */
}
/* 主函数 */
int main()
{   float avescore,score[10];
    int i;
    printf("Enter the scores:\n");
    for(i=0;i<10;i++) scanf("%f",&score[i]);
    avescore=getAve(score,10);
    printf("max=%f,min=%f,ave=%f",max,min,avescore);
    return 0;
}
```

程序的运行结果为:

```
Enter the scores:
86 95 77 68 76 98 60 45 87 72
max=98.000000,min=45.000000,ave=76.400002
```

在上述程序中，变量 max 和 min 是全局变量，它们的作用域是从定义位置到整个程序结束，所以 getAve()函数和 main()函数都可以访问 max 和 min。getAve()函数求得了最高分、最低分及平均分，平均分通过 return 语句返回给主函数，最高分和最低分通过全局变量传递给主函数。

**警告：**

对于局部变量来说，程序执行流程进入其所在的函数时才开辟存储单元，退出函数时便将存储单元释放；而全局变量在程序的整个执行过程中都有效(即变量一直占用着内存单元)，因此使用全局变量会增加程序的内存开销。另外，全局变量由多个函数共享，这增加了函数间的联系，降低了函数的独立性。因此，建议不要任意无限制地使用全局变量。

若不使用全局变量，可以解决例 6-12 的问题吗？利用函数 getAve()求出了最大值、最小值和平均值，由于一个函数只能通过 return 返回一个值给调用函数，因此可以通过函数参数将处理后的结果传递给调用函数。

方法二：利用函数参数进行函数和被调用函数之间的信息传递

```
#include<stdio.h>
float getAve(float arr[],int n, float max, float min)  /* 定义函数 */
{ int i;
  float sum=0;
  *max=*min =arr[0];
  for(i=0;i<n;i++)
  { sum += arr[i];
   if(arr[i]> *max) *max =arr[i];     /* 求最高分 */
   else if(arr[i]< *min) *min =arr[i];    /* 求最低分 */
  }
  return sum/n;     /* return 语句返回计算得到的平均分 */
}
int main()
{ float avescore,score[10], maxscore,minscore;
  int i;
  printf("Enter the scores:\n");
  for(i=0;i<10;i++)scanf("%f",&score[i]);
  avescore=getAve(score,10, &maxscore,&minscore);
  printf("max=%f,min=%f,ave=%f",maxscore,minscore,avescore);
  return 0;
}
```

形参 float arr[]和 int n 可以把调用函数中需要处理数据的信息传递给被调用函数，而形参 float *max 和 float *min 则可以把被调用函数中数据处理的结果传递给调用函数，这种方法使调用函数可以得到除了 return 返回的值外，还可以得到其他数据处理结果。希望读者能深刻体会这种方法并能灵活应用。

## 6.3.2 变量的生存周期

变量的生存周期是指程序执行时变量存在的时间段，即变量在程序执行的什么时间建立、什么时间消亡，变量的生存周期是由变量的存储类型决定的。从变量存在的时间来看，可将变量分为两类：静态存储变量和动态存储变量。

变量的生存期

在程序运行期间，所有变量均占用一定的内存空间，有的变量是临时占用内存，有的变量是在整个程序运行过程中从头到尾“永久性”占用内存。“永久性”占用固定内存的变量称为静态存储变量；在程序运行期间根据需要临时分配存储空间，使用结束后所占用的空间被立即收回的变量，称为动态存储变量。

程序在运行之前需要装入内存，获得并使用在逻辑上不同且用于不同目的的内存存储区域，如图 6-5 所示。主要分为：只读存储区、静态存储区和动态存储区。其中只读存储区存储程序的机器代码和字符串常量等只读数据；静态存储区存储程序中的全局变量和静态局部变量，它们都在静态存储区分配存储空间；动态存储区包括堆(heap)和栈(stack)两种存储结构，栈用于保存函数调用时的返回地址、函数形参、局部变量及 CPU 的当前状态等程序的运行信息。堆是一个自由存储区，在程序运行期间，用动态内存分配函数申请的内存都是从堆上分配的，用完后要用 free 函数释放内存。栈和堆在内存上是对向增长的，它们的容量并不是无限的，而是一定的。图 6-5 所示的存储区域从概念上描述了 C 语言程序的内存映像，实际的物理布局随 CPU 的类型和编译程序的实现而异。与变量有关的是动态存储区和静态存储区。

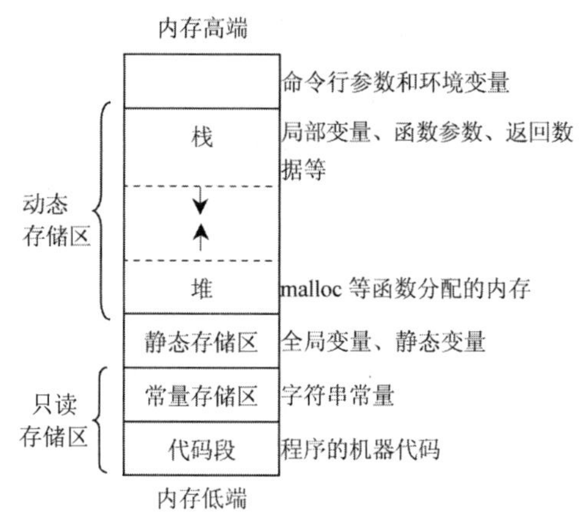


图 6-5　C 语言程序的内存映像

变量的数据类型决定了变量在内存中所占的字节数以及数据的表示方式。变量的生存周期由变量的存储类型决定。C 语言提供了变量的四种存储类型，分别用如下关键字表示：

```
auto
register
static
extern
```

这四种存储类型的含义分别是：自动变量(auto)、寄存器变量(register)、静态变量(static)和外部变量(extern)。变量的存储类型指定了系统如何为变量分配存储空间。C 语言中，完整的变量声明格式如下：

```
[变量的存储类型] 数据类型 变量名列表;
```

例如：

```
auto int a;
register int i;
static int si;
```

上面的代码定义变量 a 是自动变量，变量 i 是寄存器变量，变量 si 是静态变量。

auto、register 只能用来声明局部变量；static 既可以用来声明局部变量，也可以用来声明全局变量；extern 只能用来声明全局变量。

对于局部变量，默认的存储类型是 auto，也就是说，不加存储类型声明的局部变量是 auto 存储类型。

### 1. auto 存储类型

auto 存储类型只适用于局部变量。若一个局部变量使用 auto 进行了存储类型声明或者省略其存储类型，该变量就是 auto 类型，称为自动变量。auto 类型变量的存储空间在动态存储区分配，属于动态存储变量。auto 存储类型变量的作用域是定义变量的程序块或函数内，其生存周期是程序执行流程进入程序块或函数调用时该变量建立，离开程序块或函数调用结束后该变量消亡。

【例 6-13】auto 存储类型变量示例。

```
#include <stdio.h>
int main()
{    auto int a,b;     /* 在主函数中声明的 auto 存储类型变量 */
    scanf("%d%d",&a,&b);
    if(b>a)
       {
         int temp;     /* 在程序块中声明的 auto 存储类型变量 */
         temp=a;
         a=b;
         b=temp;
        }
    printf("Max=%d",a);
    return 0;
}
```

在上述程序中，变量 a、b、temp 均为 auto 存储类型。变量 a 和 b 在 main()函数内有效，变量 temp 在条件语句块中有效。程序进入 main()函数执行，变量 a 和 b 建立，main()函数运行结束，变量 a 和 b 消亡；而对于变量 temp，程序运行进入条件语句块后，temp 变量才建立，程序运行跳出语句块后，temp 变量消亡。

### 2. register 存储类型

寄存器是 CPU 内部的存储单元。一般的变量是在内存中分配所需的存储单元，由于内存的读写速度比 CPU 寄存器的读写速度慢，因此为了提高程序的运行速度，可以将使用频繁的局部变量声明为寄存器变量，即在局部变量前冠以 register，告知编译系统在 CPU 的寄存器中为其分配存储空间。

register 存储类型变量的生存周期、作用域以及使用方式与 auto 存储类型变量的完全相同。需要注意的是：CPU 内部寄存器的数量十分有限，因此 register 是优化声明。当 CPU 内部寄存器有可分配的存储空间时，就分配空间给寄存器变量；若没有，则按 auto 类型在内存中分配。

另外，寄存器和内存不同，一般寄存器变量只能存储整型数据，而且寄存器变量不能进行取地址操作(&运算)。

### 3. extern 存储类型

extern 只能用来声明全局变量。严格意义上说，extern 并不声明存储类型，而是用来对程序中已经定义好的全局变量进行修饰，把全局变量声明为外部变量，即扩展全局变量的作用域。

在 C 语言源程序文件中，全局变量的作用域是从定义变量的位置开始到程序文件结束。如果需要在定义全局变量之前的位置使用该变量，可以通过 extern 声明，扩展其作用域。

**【例 6-14】**通过 extern 扩展全局变量在同一源程序文件中的作用域。

```
#include <stdio.h>
int main()
{   void fun();  /* 函数原型声明 */
    extern a,b;  /* 使用 extern 声明变量 a 和 b */
    a=10;
    b=20;
    fun( );
    printf("a=%d,b=%d\n",a,b);
    return 0;
}
int a,b;  /* 定义全局变量 a 和 b */
void fun()  /* 定义函数 fun */
{
    int temp;
    temp=a;
    a=b;
    b=temp;
}
```

定义时，变量 a 和 b 的作用域

使用 extern 声明后，变量 a 和 b 的作用域

在上述程序中，全局变量 a 和 b 的定义在 fun()函数之前、主函数之后，它只能在 fun()函数中使用。在主函数中使用 extern 声明之后，其作用域被扩展到主函数。

在 C 语言中，一个项目可以由多个源程序文件组成。这些文件经过编译之后，通过连接程序最终连接成一个可执行文件。如果其中一个文件要引用另一个文件中定义的全局变量，就可以在需要引用此变量的文件中，用 extern 修饰符把此变量扩展到本文件中。

**【例 6-15】**利用 extern 在不同的源程序文件中扩展全局变量的作用域。

源程序文件 1：

```
#include<stdio.h>
int main()
{
    int power();
    extern a;
    int i;
    a=2;
    printf("2^1=%d\n",a);
    printf("2^2=%d\n",a*a);
    printf("2^3=%d\n",a*a*a);
    for(i=4;i<=10;i++)
        printf("2^%d=%d\n",i,power(i));
    return 0;
}
int a;
```

源程序文件 2：

```
extern a;
int power(int n)
{
    int j,y=1;
    for(j=1;j<=n;j++)
        y*=a;
    return y;
}
```

在源程序文件 1 的最后一行定义了全局变量 a，main()函数在其作用域之外，所以在 main()函数中对其作用域进行了扩展，而源程序文件 2 的第一行对变量 a 进行了引用扩展声明。

在内存静态存储区中为全局变量分配存储空间后，它在程序的运行过程中将一直存在。

#### 4. static 存储类型

static 存储类型既可以用于声明局部变量，也可以用于声明全局变量。当其作用于局部变量时，该变量称为静态局部变量；当其作用于全局变量时，该变量称为静态全局变量。

一般情况下，对于局部变量，当程序运行到定义它的函数时，才为其分配存储空间；当程序退出该函数时，它的存储空间将被释放，该变量随之消亡。如果希望函数调用结束后，函数中局部变量的值不消失，即它占用的内存空间不释放，以便在下次调用该函数时再次使用，可以将该变量定义为局部静态变量，即在定义该局部变量时用 static 进行声明。

**【例 6-16】**局部静态变量的使用。

```
#include<stdio.h>
int main()
{   void print_row();   /* 函数原型声明 */
    int k;
    for(k=1;k<=9;k++)
        print_row();    /* 函数调用 */
return 0;
}
void print_row()
{   static int a=1;     /* 声明变量 a 为静态局部变量 */
    int b;
    for(b=1;b<=9;b++)   /* 打印 9*9 乘法表的一行 */
        printf("%d*%d=%-4d",a,b,a*b);
```

```
    printf("\n");
    a++;              /* 静态局部变量在每次调用结束前自增 1 */
}
```

程序的运行结果为：

```
1*1=1   1*2=2   1*3=3   1*4=4   1*5=5   1*6=6   1*7=7   1*8=8   1*9=9
2*1=2   2*2=4   2*3=6   2*4=8   2*5=10  2*6=12  2*7=14  2*8=16  2*9=18
3*1=3   3*2=6   3*3=9   3*4=12  3*5=15  3*6=18  3*7=21  3*8=24  3*9=27
4*1=4   4*2=8   4*3=12  4*4=16  4*5=20  4*6=24  4*7=28  4*8=32  4*9=36
5*1=5   5*2=10  5*3=15  5*4=20  5*5=25  5*6=30  5*7=35  5*8=40  5*9=45
6*1=6   6*2=12  6*3=18  6*4=24  6*5=30  6*6=36  6*7=42  6*8=48  6*9=54
7*1=7   7*2=14  7*3=21  7*4=28  7*5=35  7*6=42  7*7=49  7*8=56  7*9=63
8*1=8   8*2=16  8*3=24  8*4=32  8*5=40  8*6=48  8*7=56  8*8=64  8*9=72
9*1=9   9*2=18  9*3=27  9*4=36  9*5=45  9*6=54  9*7=63  9*8=72  9*9=81
```

在 print_row()函数中，变量 a 被声明成 static 存储类型，该变量仅在程序编译阶段赋一次初值，在函数调用结束后仍然保持其值。主函数通过循环 9 次调用函数 print_row()，每次返回前变量 a 的值都自增 1，下次调用时变量 a 的值是上次返回前修改的值。

**警告：**

需要注意的是，虽然变量 a 一直存在，但它依旧是局部变量，只能在 print_row()函数中使用。

思考如何修改程序，让例 6-16 的运行结果只保留主对角线的以下部分？如果去掉 print_row()函数中变量声明语句 static int a=1;中的 static，变量 a 为动态变量，该程序的运行结果会是怎样的？

用 static 声明全局变量时，其含义与局部静态变量截然不同。如果希望在一个文件中定义的全局变量的作用域仅局限于此文件中，而不能被其他文件引用扩展，则可以在定义此全局变量的类型说明符前使用 static 关键字。该全局变量则被定义成静态全局变量，它的作用域是从定义它的位置开始到该文件结束，其他文件不能使用 extern 修饰符使用该全局变量。

例如：

```
文件 file1.c
. . .
static int a;
/* 定义变量 a 是静态全局变量，
仅在此文件中使用 */
. . .
. . .
```

```
文件 file2.c
. . .
extern a;
/* 错误！变量 a 的作用域仅限于 file1.c 中 */
. . .
. . .
```

# 6.4 函数的嵌套调用和递归调用

C 语言不允许函数嵌套定义，但允许在一个函数的定义中出现对另一个函数的调用，这样就出现了函数的嵌套调用，即在被调函数中又调用其他函数。函数的递归调用是一种特殊形式的嵌套调用。

## 6.4.1 函数的嵌套调用

C 语言中的函数是相互平行且独立的，函数与函数之间没有从属关系，即不允许在一个函数中定义另一个函数，但可以调用另一个函数。一个函数既可以被其他函数调用，在函数执行过程中，它也可以调用别的函数，这就是函数的嵌套调用。

函数的嵌套调用

图 6-6 展示了一个两层嵌套的函数调用，其执行过程是：

(1) 执行函数 main()的开头部分。

(2) 遇到调用函数 func1()的语句，程序执行转移到函数 func1()。

(3) 执行函数 func1()的开头部分。

(4) 遇到调用函数 func2()的语句，程序执行转移到函数 func2()。

(5) 执行函数 func2()，直到遇到 return 语句或结束。

(6) 返回函数 func1()中调用函数 func2()的地方。

(7) 程序执行函数 func1()剩下的语句，直至遇到 return 语句或结束。

(8) 返回函数 main()中调用函数 func1()的地方。

(9) 程序执行函数 main()剩余的部分，直至结束。

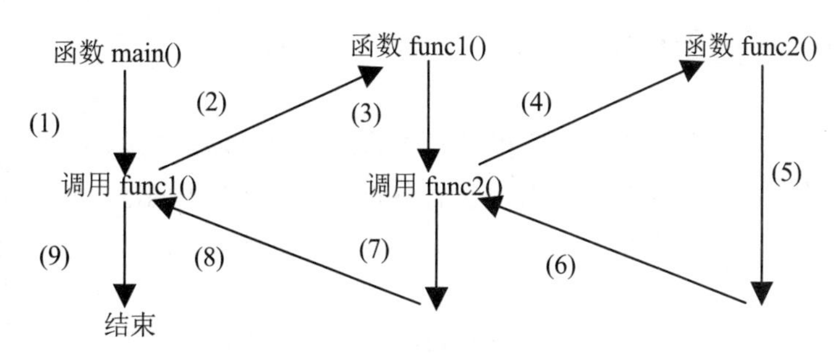


图 6-6 函数的嵌套调用

【例 6-17】编程求和 1!+2!+⋯+n!。

```
#include<stdio.h>
int sof(int);      /* 声明函数 sof() */
```

```
int factor(int);  /* 声明函数 factor() */
int main()
{   int n;
    int sum;
    printf("input n:\n");
    scanf("%d",&n);
    sum = sof(n);     /* 在主函数中调用函数 sof() */
    printf("the result is: %d\n",sum);
return 0;
}
/* 定义函数 sof()。该函数的功能是：定义一个整数 m，返回 1 至 m 的阶乘之和 */
int sof(int m)
{   int i;
    int s=0;
    for(i=1;i<=m;i++)
        s=s+factor(i); /* 调用函数 factor()，求阶乘 */
    return s;
}
/* 定义函数 factor()。该函数的功能是：定义一个整数 m，返回 m 的阶乘 */
int factor(int m)
{   int fa=1;
    int i;
    for(i=1;i<=m;i++)
        fa=fa*i;
    return fa;
}
```

在上述程序中，函数 main()调用函数 sof()，计算 1 至 n 的阶乘之和。在函数 sof()中，为了计算每一累加项，在循环中多次调用了求阶乘函数 factor()。

## 6.4.2 函数的递归调用

递归是一种强有力的数学工具，它可使问题的描述和求解变得简洁和清晰。递归算法的实质是把问题转换为规模缩小的同类问题的子问题，再把这些小问题进一步分解成更小的小问题，直至每个小问题都可以直接解决(问题分解)。

函数的递归调用

函数的递归调用就是一个函数在调用过程中又调用它自身的过程。在递归调用中，这种函数自我调用的过程不能无限制地进行下去，应该在递归调用将问题规模缩小到一定程度后终止这种过程，所以实现函数递归调用应具有以下两个要素。

(1) 具备递归结束条件及结束时的值(递归出口)。

(2) 能用递归形式表示，并且递归向终止条件发展(递归体)。

**【例6-18】** 利用递归将一个整数各位上的数字逆序输出，比如将12345逆序输出，结果为54321。

分析：要逆序输出x各位上的数字，可从个位开始，用x%10求余即可，将问题规模缩小，即将x/10作为实参传给下一次调用，如此重复，直到x值小于或等于0为止。

```
#include<stdio.h>
void reverse(int n)
{
    if(n>0)
    {
        printf("%d",n%10);
        reverse(n/10);
    }
}
int main( )
{
    int x;
    scanf("%d",&x);
    reverse(x);
    return 0;
}
```

程序的执行过程如图6-7所示。在主函数中调用reverse(12345)，执行流程转到调用函数中执行，实参为12345，输出该数与10求余的结果5，递归调用reverse()函数，但实参为x/10，即1234，数据缩小，如此重复，直到第(6)步，参数为0时调用reverse()函数，进入函数，但不再递归，然后逐层返回到主函数。

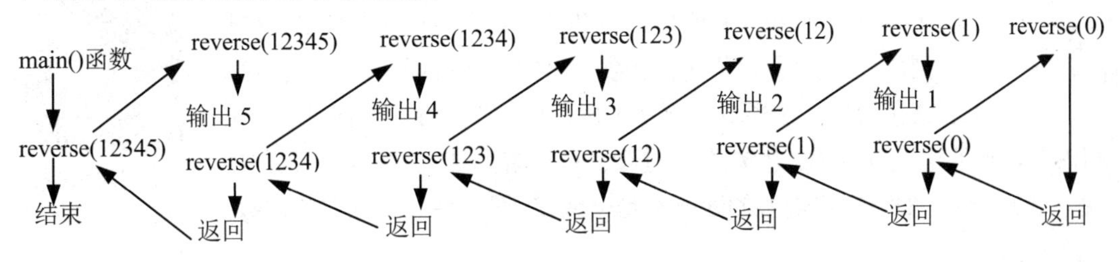


图6-7　地址传递时参数变化示意图

**【例6-19】** 用递归求n!。

分析：要计算n!，需要调用求阶乘函数f(n)，当n>0时，求n的阶乘f(n)需要计算表达式n*f(n−1)的值，该表达式中包含对f()函数的递归调用。而计算f(n−1)又需要计算表达式(n−1)*f(n−2)，如此反复调用自身，直到n为0时，得到f(0)=1，则函数调用开始逐级返回，最后得到 n！。

```
#include<stdio.h>
int factor(int);
int main()
{
    int n;
    scanf("%d",&n);
    printf("%d!=%d",n,factor(n));
     return 0;
}
int factor(int m)
{
    if(m==0) return 1;          /* 当参数为 0 时，返回计算结果 1 */
    else return m*factor(m-1);  /* 递归调用 */
}
```

假如在程序中输入 n 的值为 5，即要计算 5！，现在分析一下程序的执行过程。要计算 factor(5)，函数需要计算表达式 5*factor(4)，而要计算 factor(4)，函数需要计算 4*factor(3)，如此逐层向下调用函数 factor()，直到调用 factor(0)，函数返回 1；此时计算出 factor(1)为 1*1，函数返回 1，再次计算出 factor(2)为 2*1，函数返回 2，这样逐层向上返回，直至计算出 factor(5)。factor(5)调用结束。

## 6.5 案例：掷骰子游戏

进阶提高

编写函数来模拟掷骰子的游戏(两个骰子)。第一次掷的时候，如果点数之和为 7 或 11，则获胜；如果点数之和为 2、3 或 12，则落败；其他情况下的点数之和称为“目标”，游戏继续。在后续投掷中，如果玩家再次掷出“目标”点数，则获胜，掷出 7 则落败，其他情况都忽略，游戏继续进行。每局游戏结束时，程序询问用户是否再玩一次，如果用户输入的回答不是 y 或 Y，程序会显示胜败的次数，然后终止。

投骰子游戏源码

设计思路：

用一个函数 roll_dice()模拟实现一次掷骰子的过程，用另一个函数 play_game()可以多次调用该函数，以实现模拟一局掷骰子的过程。在主函数中调用 play_game()函数，设置循环，可以根据玩家的意图玩多局游戏，游戏结束后输出本次游戏的“战况”。

通过本例，练习如何将一个较复杂的任务划分成多个合适的模块，分别实现各个模块，并调用各个模块，实现一个较大的任务。

```
#include<stdio.h>
#include<time.h>
#include<stdlib.h>
/* 掷一次骰子的函数 */
int roll_dice(void)
{   int dot1,dot2;
    dot1=rand()%6+1;          /* 得到区间[1,6]之间的随机数 */
    dot2=rand()%6+1;
    printf("you rolled %d,%d,sum=%d\n",dot1,dot2,dot1+dot2);
    return(dot2+dot1);
}
/* 实现一局掷骰子游戏的函数 */
void play_game(int *win,int *lose)
{   int sum,point,status;
    sum=roll_dice();/* 每局第一次投掷 */
    if(sum==7||sum==11)
    {   status=1;
        (*win)++;
    }
    else if(sum==2||sum==3||sum==12)
    {   status=0;
        (*lose)++;
    }
    else
    {   status=2;
        point=sum;
        printf("your point is %d\n",point);
    }
    while(status==2)/* 第一次投掷的点数之和为“目标”时 */
    {   sum=roll_dice();
        if(sum==point)
        {    status=1;
            (*win)++;
        }
        else if(sum==7)
        {   status=0;
            (*lose)++;
        }
    }
```

```
    if(status==1) /* 每局投掷完成后的状态结果 */
        printf("you win!\n");
    else
        printf("you lose!\n");
}
/* 主函数 */
int main()
{   int wins=0,losses=0;
    char ch;
    printf("\n\n\t*******************************************\n");
    printf("\t*            欢迎使用                       *\n");
    printf("\t*          掷骰子游戏系统                   *\n");
    printf("\t*                            By nwsuaf *\n");
    printf("\t*                        Date:2016.8.21 *\n");
    printf("\t*******************************************\n\n\n");
    system("pause");   /* 使程序暂停，“请按任意键继续…” */
    srand(time(NULL));  /* 设置随机数种子 */
    do
    {   play_game(&wins,&losses);
        printf("\nplay again?(Y/N):");/* 每局结束，询问是否继续 */
        scanf("%c%*c",&ch);
    }while(ch=='Y'||ch=='y');
    printf("win %d times\nlose %d times\n",wins,losses);
    printf("Lucky ratio is %.2f%%,good lucky!\n",(float)wins/(wins+losses)*100);
return 0;
}
```

# 本章小结

函数是 C 语言程序的基本组成单位，本章要求读者掌握函数的定义、声明、调用、参数传递和返回值等基本知识及其应用，掌握变量的存储属性。递归是本章的难点，但递归可以方便地解决很多特定的问题。读者应理解递归的方法，了解和对比用不同方法解题的思路。本章教学涉及函数的有关知识的结构导图如图 6-8 所示。

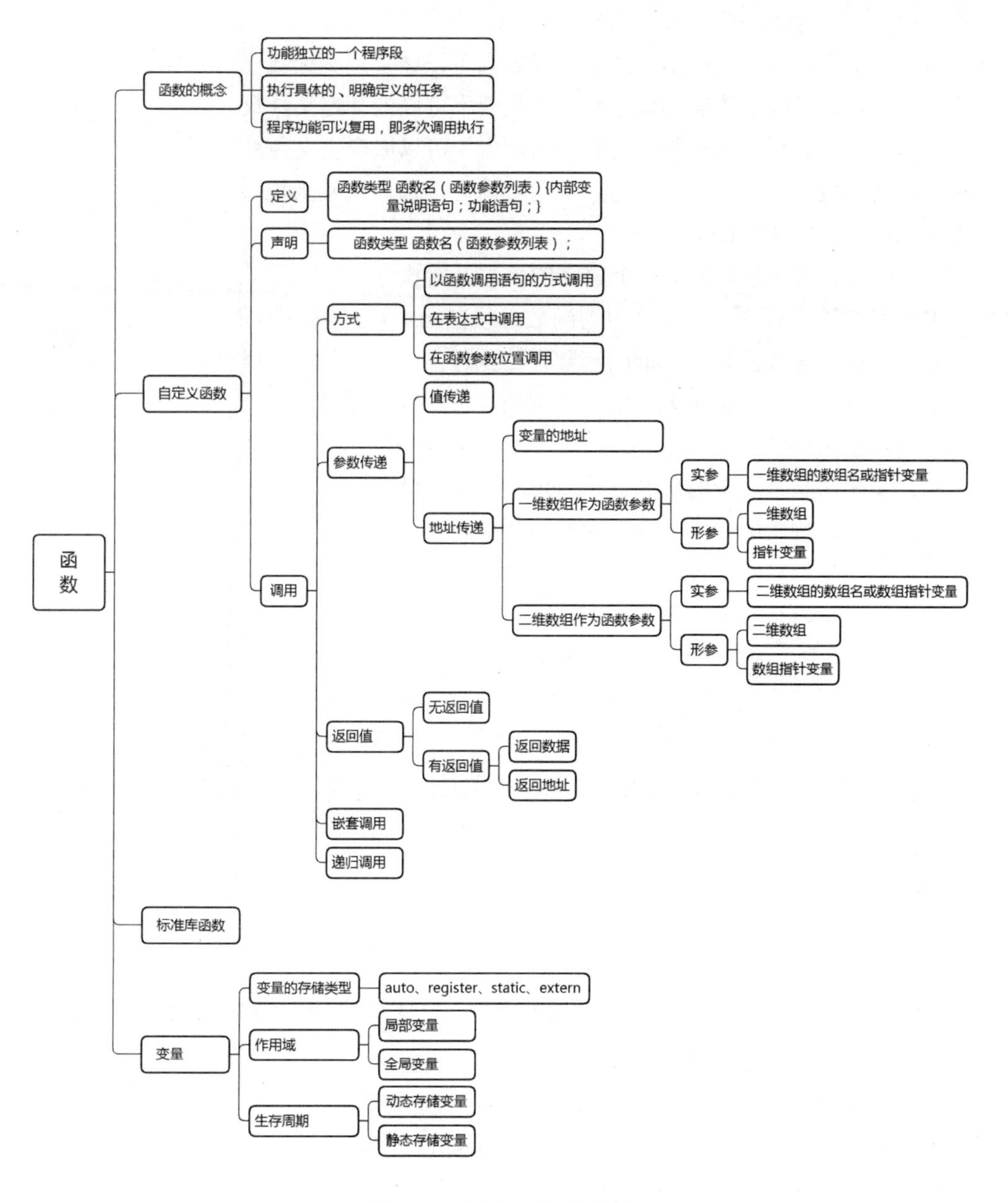


图 6-8　函数知识结构导图

# 习　题

## 一、选择题

1. C 语言程序的基本组成单位是(　　)。

   A．主程序　　　B．程序段　　　C．函数　　　D．过程

2. 下面关于函数的说法中正确的是(　　)。

A．主函数必须在其他函数之前，函数内可以嵌套定义函数

B．主函数可以在其他函数之后，函数内不可以嵌套定义函数

C．主函数必须在其他函数之前，函数内不可以嵌套定义函数

D．主函数必须在其他函数之后，函数内可以嵌套定义函数

3. 以下说法中正确的是(　　)。

A．C 语言程序总是从第一个定义的函数开始执行

B．在 C 语言程序中，要调用的函数必须在 main( )函数中定义

C．C 语言程序总是从 main( )函数开始执行

D．C 语言程序中的 main( )函数必须放在程序的开始部分

4. 下列描述中错误的是(　　)。

A．实参和与之对应的形参分别占用不同的存储单元

B．函数未被调用时，系统不为形参分配内存单元

C．实参与形参的个数应相等，且类型必须对应一致

D．形参可以是常量、变量或表达式

5. 在 C 语言中，函数的数据类型是指(　　)。

A．函数返回值的数据类型　　B．函数形参的数据类型

C．调用该函数时实参的数据类型　　D．任意指定的数据类型

6. 已知如下定义的函数，该函数的数据类型是(　　)。

```
fun1(int a)
{ printf("\n%d",a);
}
```

A．int 类型　　B．void 类型　　C．float 类型　　D．无法确定

7. 如果一个变量在整个程序运行期间都存在，但是仅在声明它的函数内是可见的，这个变量的存储类型应该被声明为(　　)。

A．静态内部变量　　B．动态变量

C．外部变量　　D．内部变量

8. C 语言中函数返回值的类型是由(　　)决定的。

A．return 语句中的表达式类型　　B．调用该函数的主调函数的类型

C．调用函数时临时指定的　　D．定义函数时指定的函数类型

9. C 语言规定，调用一个函数时，实参变量和形参变量之间的数据传递方式是(　　)。

A．地址传递

B．值传递

C．由实参传给形参，并由形参传回给实参

D．由用户指定传递方式

10. 当调用函数时，实参是一个数组名，实参向形参传递的是(　　)。

A．数组的长度　　B．数组的首地址

C．数组每一个元素的地址　　D．数组每个元素中的值

11. 下面函数的功能是(　　)。

```
void a(char s1[],char s2[])
{ while(*s2++=*s1++);
}
```

A．字符串比较　　B．字符串复制　　C．字符串连接　　D．字符串反向

12. 下列叙述中，错误的一项是(　　)。

A．全局变量的存储空间在静态存储区分配，在程序开始执行时就给全局变量分配存储空间，程序执行完才释放

B．在有参函数中，形参在整个程序一开始执行时便分配内存单元

C．用数组作为函数实参和形参时，应在主调函数和被调用函数参数中分别定义数组

D．在同一个源文件中，全局变量与局部变量同名时，在局部变量的作用域内，全局变量不起作用

13. 在下列函数调用中，不正确的是(　　)。

A. max(a,b);　　B. max(3,a+b);　　C. max(3,5);　　D. int max(a,b);

14. 以下程序的输出结果是(　　)。

```
long fib(int n)
{if(n>2) return(fib(n-1)+fib(n-2));
 else return(2);
}
int main()
{printf("%ld\n ",fib(3));
return 0;}
```

A. 2　　B. 4　　C. 6　　D. 8

15. 有以下程序，如果输入“an apple”，该程序的输出结果是(　　)。

```
#include<string.h>
inverse(char str[])
{char t;
 int i, j;
 for(i=0, j=strlen(str); i<strlen(str)/2; i++, j--)
 {t=str[i];
  str[i]=str[j-1];
  str[j-1]=t;
 }
}
int main()
{char str[100];
```

```
 scanf("%s", str);
 inverse(str);
 printf("%s\n", str);
return 0;
}
```

A. an apple　　B. elppa na　　C. an　　D. na

16. 以下程序的输出结果是(　　)。

```
#include<stdio.h>
void as( )
{int lv=0;
 static int sv=0;
printf("lv=%d, sv=%d,", lv, sv);
 lv++;
sv++;
}
int main( )
{int i;
for(i=0; i<2; i++)
 as ( );
}
```

A．lv=0,sv=0,lv=0,sv=1,　　B．lv=0,sv=0,lv=1,sv=1,

C．lv=0,sv=0,lv=0,sv=0,　　D．lv=0,sv=1,lv=0,sv=1,

17. C 语言中形参的默认存储类别是(　　)。

A．自动(auto)　　B．静态(static)

C．寄存器(register)　　D．外部(extern)

18．以下程序的输出结果为(　　)。

```
int f(int b[], int n)
{int i, r;
 r=1;
 for(i=0; i<=n; i++)  r=r*b[i];
 return(r);
}
int main()
{int x, a[ ]={2,3,4,5,6,7,8,9};
 x=f(a, 3);
 printf("%d\n", x);
return 0;
}
```

A．720　　B．120　　C．24　　D．6

19．已知函数声明语句 void *f( );，则它的含义是(　　)。

A．函数 f()的返回值是一个通用型的指针

B．函数 f()的返回值可以是任意数据类型

C．函数 f()无返回值

D．指针 f 指向一个函数，该函数无返回值

20．下列程序执行后的输出结果是(　　)。

```
int func(int *a, int b[])
{b[0]=*a+6;}
int main()
{int a, b[5];
 a=0; b[0]=3;
 func(&a, b);
 printf("%d\n", b[0]);
 return 0;
}
```

A．6　　　B．3　　　C．8　　　D．9

## 二、填空题

1．变量的存储类型有____________种，它们是______________________________。

2．下列程序的输出结果是_______________。

```
int t(int x, int y, int cp, int dp)
{cp=x*x+y*y;
 dp=x*x-y*y;
}
int main()
{int a=4, b=3, c=5, d=6;
 t(a, b, c, d);
 printf("%d  %d\n", c, d);
return 0;
}
```

3．以下程序的运行结果是_______________。

```
#include<stdio.h>
int func(int a, int b);
int main()
{int k=4, m=1, p;
 p=func(k, m); printf("%d,", p);
 p=func(k, m); printf("%d\n", p);
return 0;
}
int func(int a, int b)
{static int m=0, i=2;
 i+=m+1;
 m=i+a+b;
 return m;
}
```

4. 以下程序输出的最后一个值是________。

```
int ff(int n)
{static int f=1;
 f=f*n;
 return f;
}
int main()
{int i;
 for(i=1;i<=5;i++) printf("%d\n",ff(i));
return 0;
}
```

5. 下面的函数 sum(int n)计算 1～n 的累加和，请完善程序。

```
sum(int n)
{ if(n<=0)
   printf("data error\n");
     if(n==1) ____________ ;
     else________________ ;
}
```

三、编程题

1. 编写判断一个整数是否是素数的函数，打印输出 100 至 200 范围内的所有素数。

2. 编写函数，实现分段函数功能：

$$y=\begin{cases} x & (-5<x<0) \\ x\text{-}1 & (x=0) \\ x+1 & (0<x<10) \end{cases}$$

在主函数中输入 $x$ 的值，调用该函数求 $y$ 的值并输出。

3. 编写函数实现任意十进制正整数向八进制数的转换，在主函数中调用该函数。

4. 编写函数，将一维数组中对称位置的数据互换。比如 3、7、4、5、2，逆置后为 2、5、4、7、3。

5. 编写函数，将 5×5 的二维数组中第 1 行和第 5 行的数据对换，将第 2 行和第 4 行的数据对换。

6. 编写函数，检查一个字符串是否是回文，在主函数中输入字符串，调用该函数，输出是否是回文的信息。

7. 编写函数，实现从字符串中删除一个给定字符的功能。

8. 编写递归函数，求 s=1+(1+3)+(1+3+5)+(1+3+5+7)+(1+3+5+7+9)+…+(1+3+5+7+9+…+19)的值。

9. 用递归求斐波那契数列，斐波那契数列的定义如下：

$$f(n)=\begin{cases} 1 & n=0,1 \\ f(n-1)+f(n-2) & n>1 \end{cases}$$

# 第 7 章

# 结构体、共用体与枚举类型

📖 **本章内容提示**：在程序中除了可以定义和使用基本数据类型的数据外，还可以定义和使用用户自定义的数据类型——结构体和共用体。本章介绍结构体的定义，结构体变量和结构体数组的定义与使用，结构体指针的应用，将结构体变量作为函数参数和返回结构体类型数据的函数，以及共用体的定义和使用，结构体和共用体的区别。此外，还介绍枚举这种基本数据类型的概念和应用，以及类型定义 typedef 的用法。

📖 **教学基本要求**：理解结构体、共用体等用户自定义类型的概念，掌握结构体、结构体变量、结构体数组、结构体指针变量的定义和使用。掌握共用体、共用体变量、共用体数组、共用体指针变量的定义和使用。理解枚举的概念，掌握枚举类型变量的定义和使用。掌握类型定义 typedef 的用法。

# 7.1 结构体

我们经常用表格记录一些信息，例如，表 7-1 是某班学生期末考试成绩表。

表 7-1 学生期末考试成绩表

| 学号 | 姓名 | C 程序设计 | 高等数学 | 英语 | 总成绩 |
|---|---|---|---|---|---|
| B10199003 | 周高品 | 85 | 91 | 67 | 243 |
| B10199004 | 郑丽娜 | 76 | 82 | 64 | 222 |
| B10199005 | 林炜刚 | 58 | 77 | 69 | 204 |
| B10199006 | 史清龙 | 66 | 87 | 94 | 247 |
| … | … | … | … | … | … |
| … | … | … | … | … | … |

如果要对表 7-1 中的数据做处理，比如对学生成绩进行排序，首先要解决数据的存储问题。在表 7-1 中，每名学生有 6 项数据：学号、姓名、C 程序设计、高等数学、英语、总成绩。因为这些数据的类型不完全一致，所以要存储这 6 项数据，需要定义如下变量和数组。

结构体的定义

```
char  no[10];                    /* 表示学生学号 */
char  name[20];                  /* 表示学生姓名 */
float  score[3];                 /* 表示学生三门课的成绩 */
float  total;                    /* 表示学生三门课的总成绩 */
```

上面定义的变量和数组只能存储一名学生的信息，假如班上有 30 名学生，则需要定义如下数组来存储所有学生的信息。

```
char  no[30][10];                /* 表示 30 名学生的学号 */
char  name[30][20];              /* 表示 30 名学生的姓名 */
float  score[30][3];             /* 表示 30 名学生三门课的成绩 */
float  total[30];                /* 表示 30 名学生三门课的总成绩 */
```

这样，我们通过定义多个数组，就可以存储班上 30 名学生的信息。

用这种方法虽然解决了数据的存储问题，但一名学生的信息分别存储在 4 个不同的数组中。如果要对学生的数据进行输入、处理、输出等操作，则需要分别访问多个数组，操作很不方便，也不易于数据的管理。对于表 7-1 中的一行数据(一名学生的数据)，能不能将不同类型数据捆绑在一起，作为一个数据？对于多名学生，能不能定义一个数组，每个数组元素存储一名学生的所有信息？

可以使用 C 语言提供的用户自定义数据类型——结构体，它允许用户根据需要将不同的

数据类型组合在一起，构造出一种新的数据类型。然后申请这种类型的变量或数组，可以将一个人不同类型的信息存放在一个变量中，或将多个人的信息存放在一个数组中。

## 7.1.1 结构体的定义

利用结构体可以将一个对象(如学生)的不同类型的数据，组成一个有联系的整体。即定义一种结构体类型，可以将属于同一个对象的不同类型的数据组合在一起。

结构体是一种构造类型(自定义类型)，结构体类型要先定义，之后才能定义该类型的变量或数组。

定义结构体类型的一般形式为：

```
struct  结构体名
{
   类型名1  成员名1;
   类型名2  成员名2;
   …
   类型名n  成员名n;
};
```

在结构体类型的定义中：

(1) struct 是 C 语言的关键字，用来定义结构体。

(2) 结构体名是结构体的名称，遵循标识符命名规定，用于区别不同的结构体。

(3) 结构体由多个数据成员组成，分别属于各自的数据类型。结构体的成员名同样遵循标识符命名规定，可以与程序中的其他变量或标识符同名，但不会混淆。数据成员的定义放在一对花括号内，结构体内成员的个数、类型与要存储的对象信息有关。

(4) 花括号外的“;”是结构体定义的结束标志，不能省略。

要存储表 7-1 中的学生成绩表数据，可以定义关于学生信息的结构体：

```
struct student
{
    char   no[10];            /* 学号 */
    char   name[20];          /* 姓名 */
    float  score[3];          /* 三门课成绩 */
    float  total;             /* 总成绩 */
};
```

上面定义了一种新的数据类型，数据类型的名称为 struct student，其中包含四个成员，分别代表学生信息中的各项数据。

struct student 是一种数据类型，与系统中的 int、char 和 float 等基本数据类型具有同等地位。基本类型用来声明数据，不占存储空间，与此类似，系统也不为结构体类型分配存储空间。

在结构体的定义中，成员的数据类型可以是 C 语言提供的基本类型，也可以是用户已定义的结构体类型。例如，为前面的结构体 struct student 增加一个成员：出生日期。可以先把日期定义为一个结构体，包含年、月、日三个数据成员，该结构体的定义如下：

```
struct date
{
    int year;
    int month;
    int day;
 };
```

学生信息中增加了出生日期后的结构体定义如下：

```
struct student_new
{
    char  no[10];                /* 学号 */
    char  name[20];              /* 姓名 */
    struct date  birthday;       /* 出生日期，数据类型为 struct date */
    float  score[3];             /* 三门课的成绩 */
    float  total;                /* 总成绩 */
};
```

## 7.1.2　结构体变量

结构体是用户自定义的一种数据类型，可以定义结构体变量(如同 int 是整型，可以定义整型变量)，来存储程序中要处理的数据。

结构体变量

### 1. 结构体变量的定义

C 语言规定了三种定义结构体变量的方式。下面以通讯录结构体变量的定义为例，说明三种方法的应用和区别。

1) 先定义结构体，再定义结构体变量

一般形式如下：

```
struct  结构体名
{
  结构体成员列表
};
struct  结构体名  结构体变量列表;
```

例如：

```
struct  contacts
{
  char  name[20];
  char  phone[12];
```

```
  char  email[30];
};          /* 定义通讯录结构体 */
struct  contacts  ZhaoYi, LiMei;    /* 定义了两个结构体变量 ZhaoYi 和 LiMei */
```

2) 定义结构体的同时定义结构体变量

一般形式如下：

```
struct  结构体名
{
 结构体成员列表
}结构体变量列表;
```

例如：

```
struct  contacts
{
  char  name[20];
  char  phone[12];
  char  email[30];
} ZhaoYi, LiMei;  /* 定义结构体 struct contacts 的同时定义结构体变量 ZhaoYi 和 LiMei */
```

3) 定义无名结构体的同时定义结构体变量

一般形式如下：

```
struct
{
  结构体成员列表
} 结构体变量列表;
```

例如：

```
struct{
  char name[20];
  char phone[12];
  char email[30];
} ZhaoYi, LiMei;      /* 定义无名结构体的同时定义结构体变量 ZhaoYi 和 LiMei */
```

结构体变量的三种定义方法中，前两种方法是等价的，第二种方法比第一种方法在书写上要简洁一些。第三种方法在定义结构体时，没有给出结构体名，也叫无名结构体。对于前两种方法，结构体定义完成后，根据需要可以在程序中使用结构体定义变量；而无名结构体没有为结构体指定名称，只能一次性地定义结构体变量。

定义了结构体变量后，系统要为结构体变量分配存储空间。结构体变量的内存分配方式是：各成员按照先后顺序，根据自身的数据类型占用连续的存储单元。图 7-1 是通讯录结构体变量 ZhaoYi 的内存分配示意图，变量 LiMei 与它相同。变量所占内存空间的大小可通过 sizeof(ZhaoYi)或 sizeof(struct contacts)计算得到。

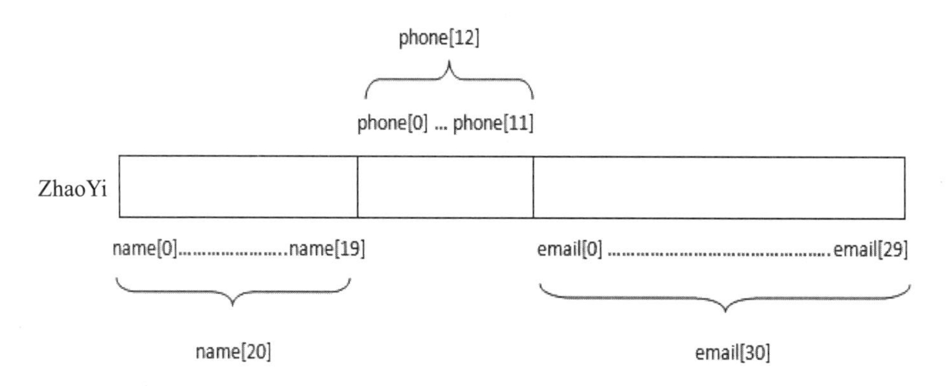


图 7-1　结构体变量的内存分配示意图

## 2. 结构体变量的引用

1) 结构体变量的初始化

结构体变量在定义时赋初值，称为结构体变量的初始化。

例如：

```
/* 定义图书结构体 */
struct book
{
    char  isbn[20];             /* 图书 ISBN 编号 */
    char  title[30];            /* 书名 */
    float  price;               /* 图书定价 */
};
/* 定义结构体变量 book1、book2 并赋初值 */
struct book book1={"978-7-121-10950-8","计算机应用技术",29};
struct book book2={"978-7-04-026469-2","大学计算机基础",32};
```

对结构体变量进行初始化时，应将结构体变量各成员的初始值按照顺序依次放在一对花括号中，并用逗号分隔。初始化时，可以只给前面的若干个成员赋初值。对于未赋初值的成员，系统会自动对数值型的成员赋初值 0 或 0.0，对字符型成员赋初值'\0'。

2) 结构体变量的引用

结构体是一种复合结构，一个结构体变量中有多个数据成员。在使用结构体变量时，除了允许同类型的结构体变量直接进行赋值外，对结构体变量的使用要通过引用结构体成员来实现。

引用结构体变量成员的一般形式如下：

```
结构体变量名.成员名
```

其中，“.”为成员运算符，“结构体变量名.成员名”说明引用的是哪个结构体变量的哪个成员，可以将其看成一个整体，与前面普通变量或数组的使用方法相同。结构体嵌套时，对成员的引用要逐级引用。

【例 7-1】从键盘输入两名学生的信息，输出英语成绩较高的学生的信息。每名学生的信息包括学号、姓名、出生日期、英语成绩。

```
#include <stdio.h>
/* 定义日期结构体 */
struct date
{
    int year;
    int month;
    int day;
};
/* 定义学生结构体 */
struct stud
{
    char no[10];                /* 学号 */
    char name[20];              /* 姓名 */
    struct date birthday;       /* 出生日期 */
    float score;
};
int main()
{
    struct stud stu1,stu2;
/* 输入第一名学生的各项信息 */
    printf("Enter the first student's info:\n");
    gets(stu1.no);              /* 输入第一名学生的学号 */
    gets(stu1.name);            /* 输入第一名学生的姓名 */
            /* 输入第一名学生的出生日期 */
    scanf("%d%d%d",&stu1.birthday.year,&stu1.birthday.month,&stu1.birthday.day);
    scanf("%f",&stu1.score);     /* 输入第一名学生的英语成绩 */
    getchar();
/* 输入第二名学生的各项信息 */
    printf("Enter the second student's info:\n");
    gets(stu2.no);                  /* 输入第二名学生的学号 */
    gets(stu2.name);                /* 输入第二名学生的姓名 */
                                    /* 输入第二名学生的出生日期 */
    scanf("%d%d%d",&stu2.birthday.year,&stu2.birthday.month,&stu2.birthday.day);
    scanf("%f",&stu2.score);        /* 输入第二名学生的英语成绩 */
                                    /* 比较，输出英语成绩较高的学生的信息 */
    puts("\nThe higher score student:");
    if(stu1.score>=stu2.score)
        { /* 输出第一名学生的各项信息 */
         puts(stu1.no);
         puts(stu1.name);
         printf("%d-%d-%d\n",stu1.birthday.year,stu1.birthday.month,stu1.
         birthday.day);
         printf("%f",stu1.score);
```

```
        }
    else
        { /* 输出第二名学生的各项信息 */
          puts(stu2.no);
         puts(stu2.name);
         printf("%d-%d-%d\n",stu2.birthday.year,stu2.birthday.month,stu2.
         birthday.day);
          printf("%f\n",stu2.score);
        }
    return 0;
}
```

程序的运行结果为：

```
Enter the first student's info:
20140001
ZhangLei
1995 8 27
90
Enter the second student's info:
20140002
LiTian
1996 1 2
97

The higher score student:
20140002
LiTian
1996-1-2
97.000000
```

在上述程序中定义了学生结构体 struct stud 和学生结构体变量 stu1、stu2，对学生各项数据的输入、输出以及两名学生英语成绩的比较，是通过引用结构体变量的成员来实现的，比如 stu1.no、stu1.birthday.year 等。

## 7.1.3 结构体数组

要存储一名学生的信息，可以定义一个结构体变量进行存储。如果要存储全班多名学生的信息，就要用到结构体数组。结构体数组和其他类型数组本质上相同，区别在于结构体数组的数组元素是结构体。

结构体数组与结构体指针

### 1. 结构体数组的定义与初始化

要存储表 7-1 中的数据，可以定义学生信息结构体，声明结构体数组。例如：

```
struct student
{   char no[10];
    char name[20];
    float score[3];
    float total;
}; /* 定义学生信息结构体 */
struct student  stu[30]={{"B10199003","周高品",85,91,67},
                         {"B10199004","郑丽娜",76,82,64},
                         {"B10199005","林炜刚",58,77,69},
                         {"B10199006","史清龙",66,87,94},
                        };/* 定义结构体数组并对部分数组元素初始化 */
```

这里定义了长度为30的结构体数组stu，并为数组的前四个数组元素赋予了初值。未赋值数组元素的成员若为整型，系统将自动赋初值0；若为float类型，将自动赋初值0.0；若为字符型，将自动赋初值'\0'。

### 2. 结构体数组的应用

**【例7-2】**对表7-1中的学生成绩按总成绩由高到低排序，若总成绩相等，则按英语成绩由高到低排序。

C源程序代码如下：

```
#include<stdio.h>
#define N 30
/* 结构体类型定义 */
struct student
{   char no[10];
    char name[10];
    float score[3];
    float total;
};
/* 主函数 */
int main()
{   struct student stu[N];  /* 定义结构体数组，存储30名学生的信息 */
    struct student temp;    /* 定义结构体变量，用于交换数据的临时存储空间 */
    int i,j,k;
/* 从键盘输入学生信息 */
    puts("Enter students' info:");
    for(i=0;i<N;i++)
    {   printf("student #%d:\n",i+1);
        gets(stu[i].no);    /* 输入学号 */
        gets(stu[i].name);  /* 输入姓名 */
        scanf("%f%f%f",&stu[i].score[0],&stu[i].score[1],&stu[i].score[2]);
              /* 输入3门课的成绩 */
        getchar();     /* 接收输入缓冲区的字符 */
        stu[i].total=stu[i].score[0]+stu[i].score[1]+stu[i].score[2];
```

```
  /* 计算总成绩 */
   }
   /* 用选择排序法，对学生成绩进行排序 */
   for(i=0;i<N-1;i++)
   {   k=i;
       for(j=i+1;j<N;j++)
       {
           if(stu[j].total>stu[k].total)k=j;
           else if(stu[j].total==stu[k].total)/* 若总成绩相等,则按英语成绩排序 */
           {
               if(stu[j].score[2]>stu[k].score[2])
                   k=j;
           }
       }
       /* 交换学生信息 */
       if(k!=i)
       {   temp=stu[i];   /* 为结构体变量赋值 */
           stu[i]=stu[k];
           stu[k]=temp;
       }
   }
/* 输出排好序的学生信息 */
   printf("\nThe sorted list:\n");
   printf("%-12s%-22s%-10s%-10s%-10s%-10s\n","no","name","C","Math",
   "English","Total");
   for(i=0;i<N;i++)
   {   printf("%-12s%-22s",stu[i].no,stu[i].name);
       printf("%-10.1f %-10.1f%-10.1f",
       stu[i].score[0],stu[i].score[1],stu[i].score[2]);
       printf("%-10.1f\n",stu[i].total);
   }
   return 0;
}
```

当修改 N 值为 3 时，程序的运行结果为：

```
Enter students' info:
student #1:
20140001
ZhangSan
70
80
90
student #2:
20140002
LiSi
90
```

```
91
92
student #3:
20140003
WangWu
90
80
70

The sorted list:
no          name              C         Math     English    Total
20140002    LiSi             90.0       91.0      92.0      273.0
20140001    ZhangSan         70.0       80.0      90.0      240.0
20140003    WangWu           90.0       80.0      70.0       240.0
```

## 7.1.4　结构体指针

可以定义指向结构体变量或数组元素的指针变量。通过结构体指针变量可以方便地访问结构体变量和结构体数组。

### 1. 指向结构体变量的指针变量

结构体指针变量的一般定义形式为：

```
struct 结构体名 *指针变量名
```

例如：

```
struct student
{   int num;
    char name[15];
    int age;
};
struct student stu1,*p;  /* 定义了一个结构体变量 stu1 和一个结构体指针变量 p */
```

结构体指针变量 p 可以指向结构体变量，也可以指向结构体数组元素，p 没有被赋值，p 的值为随机数。

也可以在定义结构体时定义结构体指针变量，定义方法与结构体变量的定义方法完全类似。

通过结构体指针变量访问结构体变量，需要为结构体指针变量赋值，例如：

```
p=&stu1;
```

p 指向了 stu1，利用指针变量 p 访问 stu1 的成员时，可以使用以下两种方式：

1) 使用间接运算符*

表达式的一般形式为：

```
(*结构体指针变量).成员名
```

例如：

```
(*p).num=100;
strcpy((*p).name, "zhangsan");
(*p).age=20;
```

*运算的优先级低于.运算，所以括号不能省略。

2) 使用->运算符

表达式的一般形式为：

```
结构体指针变量->成员名
```

其中，“->”是指向成员运算符(由减号-和大于号>组成)，较为简洁，很常用。

例如：

```
p->num=100;
strcpy(p->name, "zhangsan");
p->age=20;
```

如果定义了结构体变量和结构体指针变量，并让结构体指针变量指向结构体变量，那么要访问结构体变量的成员，以下三种方式是等价的：

```
结构体变量.成员
(*结构体指针变量).成员
结构体指针变量->成员
```

**【例 7-3】**从键盘输入年、月、日，计算此日期是该年的第几天。

```
int main()
{   struct date
    { int year;
    int month;
int day;
    } x,*p=&x;                          /* 定义结构体指针变量 p 和结构体变量 x */
    int i,s=0,a[]= {0,31,28,31,30,31,30,31,31,30,31,30};
/* 数组 a 存放 1 至 11 月的天数 */
    printf("Input year-month-day:");
    scanf("%d-%d-%d:",&x.year,&(*p).month,&p->day); /* 输入要计算的年、月、日 */
    for(i=1; i<x.month; i++)          /* 计算 1 月到输入月份前一月的天数 */
        s+=a[i];
    if(x.month>2)
```

```
        if(x.year%400==0 || x.year%100!=0 && x.year%4==0)
            s++;            /* 如果当年是闰年，应多加一天，即 2 月为 29 天 */
    s+=x.day;               /* 加当月的天数 */
    printf("Number of days is %d",s);
    return 0;
}
```

程序的运行结果为：

```
Input year-month-day:2014-11-11
Number of days is 315
```

### 2. 指向结构体数组的指针变量

与其他类型的数组相同，结构体数组的数组元素在内存中也占用一段连续的空间。定义完指向结构体数组元素的指针变量后，可以通过指针变量的移动，高效地访问结构体数组元素。

**【例 7-4】**从键盘输入 3 名学生的信息，每名学生的信息包含学号、姓名、英语成绩、数学成绩、物理成绩，求出每名学生的平均成绩并输出。要求用结构体指针变量实现。

分析：定义含有 3 个数组元素的结构体数组，每个数组元素是结构体类型，包含 6 个成员。定义结构体指针变量，同指向其他类型的指针变量类似。若指针变量指向第一个数组元素，指针变量自加后，将指向第二个数组元素，如图 7-2 所示。

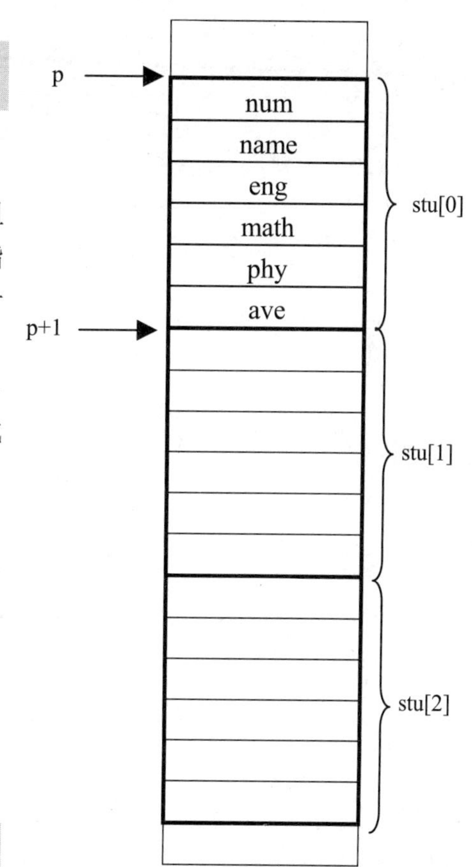


图 7-2　指向结构体数组的指针

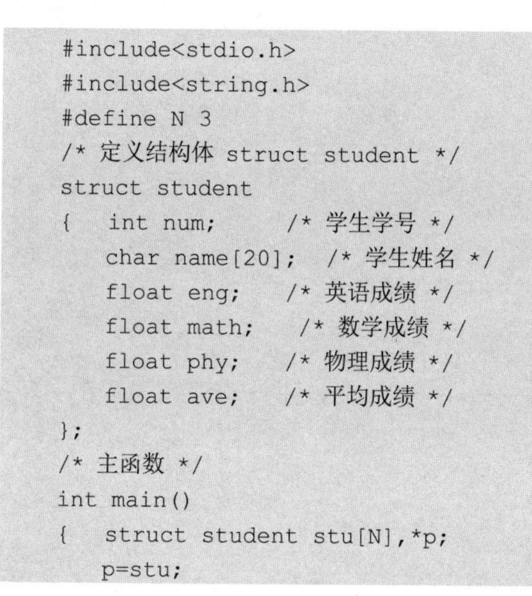

```
#include<stdio.h>
#include<string.h>
#define N 3
/* 定义结构体 struct student */
struct student
{   int num;        /* 学生学号 */
    char name[20];   /* 学生姓名 */
    float eng;      /* 英语成绩 */
    float math;      /* 数学成绩 */
    float phy;      /* 物理成绩 */
    float ave;      /* 平均成绩 */
};
/* 主函数 */
int main()
{   struct student stu[N],*p;
    p=stu;
```

```
    for(;p<stu+N;p++)
    {   printf("Enter name:\n");
        gets(p->name);
        printf("Enter num,eng,math,phy:\n");
        scanf("%d%f%f%f",&(p->num),&(p->eng),&(p->math),&(p->phy));
        getchar();
        p->ave =((p->eng)+(p->math)+(p->phy))/3; /* 计算平均成绩 */
    }
    printf("\nStudents' information:\n");    /* 使用指针输出结构体数组中的数据 */
    printf("---------------------------------------\n");
    for(p=stu;p<stu+N;p++)
    printf("%-6d%-10s%5.1f%5.1f%5.1f%5.1f\n",p->num,p->name,p->eng,p->math,
        p->phy,p->ave);
    return 0;
}
```

程序的运行结果为(N=3):

```
Enter name:
zhangsan
Enter num,eng,math,phy:
1001
90
80
70
Enter name:
lisi
Enter num,eng,math,phy:
1002
98
76
87
Enter name:
wangwu
Enter num,eng,math,phy:
1003
56
76
80

Students' information:
---------------------------------------
1001  zhangsan   90.0 80.0 70.0 80.0
1002  lisi       98.0 76.0 87.0 87.0
1003  wangwu     56.0 76.0 80.0 70.7
```

## 7.1.5　结构体与函数

结构体变量和结构体指针变量可以像其他类型的变量和指针变量一样作为函数的参数，也可以将函数定义为结构体或结构体指针类型，即函数的返回值为结构体、结构体指针类型。

### 1. 函数参数为结构体

函数参数为结构体可以分为三种情况：分别将结构体变量、结构体指针变量、结构体变量的成员作为函数参数。结构体变量的成员作为函数参数时只能作为实参，不能作为形参，结构体变量和结构体指针变量既可以作为实参，也可以作为形参。

结构体变量和地址做函数参数

1) 结构体变量作为函数实参和形参

结构体变量作为函数参数时，形参和实参的类型必须相同，这与基本类型的变量作为函数参数时相同。实参变量会将其值“拷贝”一份给形参，属于“值传递”，即实参结构体变量会将其值赋给对应的形参结构体变量，实参结构体变量和形参结构体变量分别占有各自的存储空间。

**【例 7-5】**假设有一名学生的信息(包括学号、姓名和一门课的成绩)，编写函数，在函数内打印该学生的信息，在主程序中调用该函数。

```
#include<stdio.h>
#include<string.h>
struct student
{
    int num;
    char name[20];
    float score;
};
int main()
{
    void print(struct student); /* 函数原型声明 */
    struct student stu;    /* 定义结构体变量 */
    stu.num = 10001;
    stu.score=91.5;
    strcpy(stu.name,"Li Ming");
    print(stu);      /* 函数调用，传递结构体变量 */
    return 0;
}
void print(struct student stu_x)/* 函数定义，形参为同类型的结构体变量 */
{
    printf("%d\n%s\n%.2f\n",stu_x.num,stu_x.name,stu_x.score);
    printf("\n");
}
```

程序的运行结果为：

```
10001
Li Ming
91.50
```

结构体变量作为函数参数的方式看似简单，但在实参传值给形参时，会将实参变量每个成员的值对应拷贝给形参变量的每个成员。当结构体变量的成员较多，或者有些成员为数组时，这一过程既耗时又耗空间，影响程序的运行效率。结构体变量作为函数参数的其他特性与基本类型变量作为函数参数时相同。

2) 结构体指针变量作为函数参数

当实参为结构体变量的地址或指向结构体变量的指针变量，形参为结构体指针变量，进行参数传递时，将实参“地址”传递给结构体指针变量，即形参指针变量指向实参结构体变量，在函数中可以访问结构体指针变量指向的存储单元。该方式没有结构体变量的值传递过程，因此结构体指针变量作为函数参数比结构体变量作为函数参数的效率更高。

另外，传递结构体变量的地址时，可以通过形参访问它所指向的结构体变量，修改结构体变量的值。

实参是结构体数组的数组名或指向结构体数组的指针变量，形参是结构体数组或结构体指针变量，可以将结构体数组的数据传递给被调用函数。

结构体数组及成员做函数参数

**【例 7-6】**对 7 名学生的数据排序(不交换数据)，每名学生的信息包括学号、姓名和一门课的成绩。

分析：前面学过的排序方法需要比较并且交换数据的位置，如果希望不交换数据而实现排序，可给每个学生数据多增加一个名次(mc)成员，初始值设为 1，即每个人在开始均为第一名。利用循环嵌套让结构体数组中的每个数组元素都与其他数组元素见一次面，见面过程中，如果该学生的成绩比其他学生低，即名次加 1，等与所有学生见完面，该学生的名次即为他的排名，若比 n 个学生低，则他的名次为 1+n。

```
struct st
{
    int xh;
    char xm[10];
    float cj;
    int mc;
};
void px(struct st a[],int n)
{
    int i,j;
    for(i=0; i<n; i++)
        a[i].mc=1;      /* 每个人的名次预先设为 1 */
    for(i=0; i<n-1; i++)    /* 循环嵌套可以让每个数组元素都见面 */
        for(j=i+1; j<n; j++)
```

```
            if(a[i].cj>a[j].cj) /* 成绩低的，名次加1 */
                a[j].mc++;
            else if(a[i].cj<a[j].cj)
                a[i].mc++;
}
void sc(struct st *p,int n) /* 打印输出结构体数组元素的值 */
{
    int i;
    for(i=0; i<n; i++,p++)
        printf("%-10d%-6s%6.1f%4d\n",p->xh,p->xm,p->cj,p->mc);
}
int main()
{
    struct st a[]= {{2014001,"zhang",68.4},
                {2014002,"wang",61.5},
                {2014003,"li",98.7},
                {2014004,"zhao",83.4},
                {2014005,"liu",75.6},
                {2014006,"chen",93.5},
                {2014007,"yang",83.4}
               };
    px(a,7);
    sc(a,7);
    return 0;
}
```

3) 结构体变量的成员作为函数参数

结构体变量的成员作为参数时只能为实参，不能为形参，形参是与实参结构体成员同类型的参数。在函数调用时，把结构体变量的成员数据传递给被调用函数。

### 2. 返回结构体数据的函数

返回结构体数据的函数

结构体既可以作为参数类型，也可以作为函数返回值的类型。当函数的返回值是结构体类型的值时，称该函数为结构体函数；当函数的返回值是一个结构体指针时，称该函数为结构体指针函数。

**【例7-7】**要求输入一名学生的学号，输出所查找到的该学生的信息。每名学生的信息包括学号、姓名、英语成绩。

```
#include<stdio.h>
struct student    /* 定义结构体 */
{
    int num;
    char *name;
    float english;
};
struct student stu[]={{1001,"QuJianjun",80.5},
```

```
                {1002,"WangGang",75.8},
                {1003,"LiHui",91.2},
                {1004,"JiaLilong",61.5},
                {1005,"TangYan",93.6},
                {1006,"GuoTian",88.4},
                {1007,"ZhangLi",97.5},
                {1008,"HuHeng",66.9},
                {1009,"FangTai",79.3},
                {1010,"QinFeng",90.8},
                {0}};
struct student find(int n)/* 查找函数，输入学号，返回结构体对象 */
{
    int i;
    for(i=0;stu[i].num!=0;i++)
        if(stu[i].num==n)
            break;
    return stu[i];
}
int main()
{
    struct student result;
    int number;
    printf("Enter a student num:\n");
    scanf("%d",&number);
    result=find(number);  /* result 接收查找函数返回的结构体变量 */
    if(result.num!=0)
    {
      printf("The student's info:\n");
      printf("No.:%d\nname:%s\nscore:%5.2f\n",result.num,result.name,
               result.english);
    }
    else
        printf("你要查找的学号不存在！");
    return 0;
}
```

程序的运行结果为：

```
Enter a student num:
1007
The student's info:
No.:1007
name:ZhangLi
score:97.50

Enter a student num:
1000
你要查找的学号不存在！
```

【例 7-8】将例 7-7 中的 find()函数修改成返回结构体指针的函数。

C 源程序部分代码修改如下：

```
......
struct student * find(int n)/* 查找函数，输入学号，返回结构体对象的指针 */
{
    int i;
    for(i=0;stu[i].num!=0;i++)
        if(stu[i].num==n)
            break;
    return &stu[i];
}
int main()
{
    struct student *result;
    ......
    result=find(number); /* result 接收查找函数返回的结构体指针 */
    if(result->num!=0)
    {
     printf("The student's info:\n");
    printf("No.:%d\nname:%s\nscore:%5.2f\n",result->num,result->name,
            result->english);
    }
    else
        printf("你要查找的学号不存在！");
    return 0;
}
```

# 7.2　共用体

C 语言能否允许不同类型的数据共用一个存储空间呢？答案是肯定的，可以使用“共用体”，共用体也称为联合体。共用体也是 C 语言的一种构造数据类型，其定义形式与结构体类似。但共用体变量占用的内存空间，不是所有成员所需存储空间的总和，而是成员中所需存储空间最大的那个成员所占的空间。在该存储空间内可以先后存放不同类型的数据，但同一个时间只能存放一种类型的数据，后来存放的数据会覆盖前面存放的数据。

共用体

## 7.2.1　共用体的定义

共用体的一般定义形式为：

```
union 共用体名
```

```
{
    类型 1  共用体成员 1;
    类型 2  共用体成员 2;
    …       …
    类型 n  共用体成员 n;
};
```

例如：

```
union data
{
  char ch;
  int i;
  float f;
};
```

上例声明了一个共用体类型 union data，如果声明该共用体类型的变量，则在该变量中可以存储 char、int 和 float 类型的数据。该变量的存储空间是共用体类型成员中占字节数多的成员所占的字节数。

## 7.2.2 共用体变量的定义

共用体变量的定义和结构体变量的定义方式相同，也有三种方式：(1)先定义类型，再定义变量；(2)定义类型的同时定义变量；(3)定义无名共用体的同时定义变量。

例如：

```
union exam
{  int a;
   float b;
};
union exam x, *px, arrx[10];
```

上面先定义了共用体类型 union exam，再定义了共用体变量 x、共用体指针变量 px 和共用体数组 arrx。

还可以定义类型的同时定义变量：

```
union exam
{
    int a;
    float b;
} x, *px, arrx[10];
```

或者，定义无名共用体的同时直接定义变量：

```
union
{  int a;
```

```
    float b;
} x, *px, arrx[10];
```

共用体变量和结构体变量的区别：结构体变量所占内存空间的大小是其所有成员需要字节数的总和(不考虑内存字节对齐问题)，每个成员占有独立的内存单元；而共用体变量所占内存空间的大小是其成员中需要字节数最多的那个成员所占用的字节数，所有成员共用一个内存单元。

例如，分别定义结构体变量和共用体变量，如下所示：

```
struct s_exam
{
    int i;
    float f;
    char ch;
}x;
```

```
union u_exam
{
int i;
float f;
char ch;
}v;
```

假设 int 型占用 4 字节，float 型占用 4 字节，char 型占用 1 字节；则 x 在内存中需要占用 4+4+1=9 字节(不考虑内存字节对齐)，而 y 在内存中只占用 4 字节。图 7-3 为 x 和 y 的内存分配示意图。

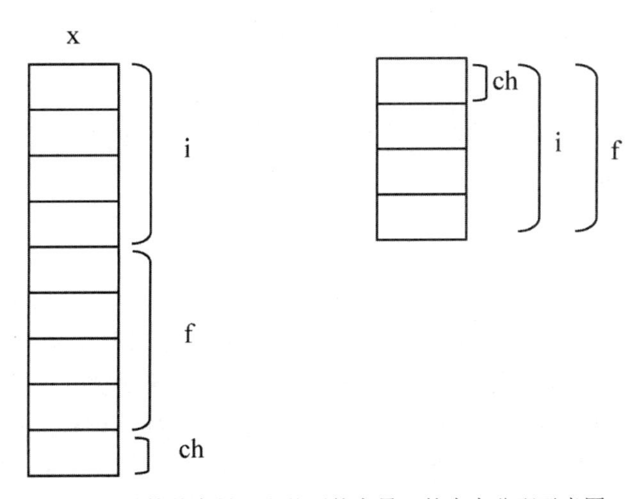


图 7-3　结构体变量 x 和共用体变量 y 的内存分配示意图

## 7.2.3　共用体变量的引用

完成共用体变量的定义后，就可以引用它，其引用方式与结构体变量的引用基本相似。可以通过成员运算符“.”或“->”来实现，引用的一般形式为：

```
共用体变量.成员
(*共用体指针变量).成员
共用体指针变量->成员
```

例如，若要定义：

```
union exam{int i; float f;}x,*px;
px=&x;
```

则可以使用：

```
x.i=100;
px->f=90.2;
```

**警告：**

尽管共用体变量在同一时间只有一个成员的值，但在引用它时只能引用共用体变量的成员比如上例中，要将整型数据 100 存储在共用体变量的存储空间内，只能写成 x.i=100，而不能写成 x=100。输入或输出数据给共用体变量时，也要引用其成员，如 scanf("%d",&x.i); 或 printf("%d",x.i);。

共用体变量虽然有多个成员，但在某一时刻该变量只能存储一个成员的数据。即，向其中一个成员赋值时，该存储单元存放的另一个成员的值会被覆盖(全部或部分被覆盖)。比如上例中，当执行 px->f=90.2;时，x.i=100 的值就会被覆盖。

与结构体变量可以互相赋值类似，共用体变量也可以相互赋值。

例如：

```
union exam x,y;
x.i=100;
y=x;
```

语句 y=x;将 x 的值赋予 y，即 y.i 的值也为 100。

【例 7-9】假设有若干个成员的数据，其中有教师和学生。学生的数据包括编号、姓名、性别、职业、班级编号。教师的数据包括编号、姓名、职业、职称。编程建立人员信息库。

分析：上述题目中，要为教师和学生建立统一的数据表示方式，但是教师和学生的最后一项数据不同，学生要存储所在班级的编号，而教师要存储职称信息。因此为了统一表示数据，把最后一项数据设计成共用体类型。

```
#include<stdio.h>
#define N 100
struct person
{   int num;           /* 编号 */
    char name[15];     /* 姓名 */
    char gender;       /* 性别 */
    char job;          /* 职业 */
    union
    {   int classid;       /* 班级编号 */
        char title[10];  /* 职称 */
    }cate;
```

```
};
struct person per[N]; /* 定义结构体数组，存储人员信息 */
/* 人员数据录入函数 input() */
void input()
{   int i;
    for(i=0;i<N;i++)
    {   printf("Enter num: ");
        scanf("%d%*c",&per[i].num);
        printf("Enter name: ");
        gets(per[i].name);
        printf("Enter gender: ");
        per[i].gender=getchar();
        getchar();
        printf("Enter job: ");
        per[i].job=getchar();
        getchar();
        if(per[i].job=='s')
        {   printf("Enter student's classid: ");
            scanf("%d",&per[i].cate.classid);
        }
        else if(per[i].job=='t')
        {   printf("Enter teacher's title: ");
            gets(per[i].cate.title);
        }
    }
}
/* 人员数据打印函数 print() */
void print()
{   int i;
    printf("num     name          gender    job     classid/title\n");
    printf("------------------------------------------------------------\n");
    for(i=0;i<N;i++)
    {   printf("%d\t",per[i].num);
        printf("%-15s",per[i].name);
        printf("%c\t",per[i].gender);
        printf("%c\t",per[i].job);
        if(per[i].job=='s')
            printf("%d\n",per[i].cate.classid);
        else if(per[i].job=='t')
            printf("%s\n",per[i].cate.title);
    }
}
/* 主函数 */
int main()
{   input();
    print();
```

```
    return 0;
}
```

当 N=2 时，程序的运行结果为：

```
Enter num: 1001
Enter name: ZhangTian
Enter gender: M
Enter job: s
Enter student's classid: 231
Enter num: 1002
Enter name: TanZhong
Enter gender: M
Enter job: t
Enter teacher's title: Professor
num    name        gender   job    classid/title
------------------------------------------------------------------------
1001   ZhangTian     M       s      231
1002   TanZhong      M       t      Professor
```

# 7.3 枚举类型

在 C 语言中，有些变量可能的取值是有限的，或只有少数几种可能的取值。例如一个逻辑变量，取值范围是“真”和“假”，表示星期几的变量的取值范围是 Sunday、Monday、Tuesday、Wednesday、Thursday、Friday 和 Saturday。用数字表示这些数据，远不如用名称表示更能让人明白数据的意义，对于这样的情况，就可以使用枚举类型。

枚举类型

## 7.3.1 枚举类型的定义

枚举类型的一般定义形式为：

```
enum  枚举类型名 {枚举元素列表};
```

其中，enum 为枚举类型关键字，“枚举类型名”是标识符，“枚举元素列表”是一个个标识符(不能是数字)。每个枚举元素代表一个枚举变量可取的值，是常量而不是变量，系统自动从左向右让其等价于值 0,1,2,3,…。枚举类型是基本数据类型，不是构造数据类型。

例如：

```
enum weekday {Sun, Mon, Tue, Wed, Thu, Fri, Sat};
```

上面定义了一个枚举类型 enum weekday，它的枚举元素依次为 Sun、Mon、Tue、Wed、Thu、Fri 和 Sat。其中，Sun 与 0 等价，Mon 与 1 等价，以此类推，Sat 等价于 6。

如果需要改变与枚举元素等价的值，可以采用以下方法实现：

```
enum weekday {Mon=1, Tue, Wed, Thu, Fri, Sat, Sun};
```

则 Tue 自动等价于 2，其他枚举元素依次等价于 3,4,…,7。

## 7.3.2　枚举变量的定义和引用

### 1. 枚举变量的定义

定义枚举变量可以采用以下三种方法。

(1) 定义枚举类型后定义枚举变量，一般形式为：

```
enum 枚举类型名 变量列表;
```

例如：

```
enum weekday {Sun, Mon, Tue, Wed, Thu, Fri, Sat};   /* 定义枚举类型 */
enum weekday workday;                               /* 定义枚举变量 */
```

(2) 定义枚举类型的同时定义枚举变量，一般形式为：

```
enum 枚举类型名 {枚举元素列表}变量列表;
```

例如：

```
enum weekday {Sun, Mon, Tue, Wed, Thu, Fri, Sat} workday; /* 定义枚举类型的同
                                                时定义枚举变量 workday */
```

(3) 定义无名枚举类型的同时定义枚举变量，一般形式为：

```
enum {枚举元素列表}变量列表;
```

省略枚举类型名，在定义枚举类型的同时定义变量。

例如：

```
enum {Sun, Mon, Tue, Wed, Thu, Fri, Sat} workday;
```

### 2. 枚举变量的引用

定义枚举类型的变量后，就可以对该变量直接赋予枚举元素的值。

例如：

```
enum color {Red, Green, Blue} color1, color2;
color1=Blue;color2=Red;
```

**警告：**

使用枚举类型数据时，应注意以下几点。

(1) 枚举元素是符号常量，它们的值不能用赋值或输入的方式获得，只能在定义枚举类型时获得。

(2) 只能把枚举元素赋值给枚举变量，不能把枚举元素对应的整数值直接赋值给枚举变量。

例如：

```
workday=Mon;
color1=Blue;
```

上述代码是正确的，如果要把整数值赋值给枚举变量，则必须使用强制类型转换。例如：

```
color2=(enum color)1;   /* 相当于 color2=Green; */
```

(3) 枚举变量可以参与各种算术运算。

(4) 枚举变量可以与枚举元素、同类型的枚举变量之间进行比较运算。

【例 7-10】枚举类型应用实例。

```
#include<stdio.h>
enum BOOL {True,False};/* 定义枚举类型 enum BOOL */
/* 素数判断函数，返回值为枚举类型 */
enum BOOL prime(int n)
{   int j;
    for(j=2;j<n;j++)
        if(n%j==0)return False;
    return True;   /* 返回枚举元素 */
};
/* 主函数 */
int main()
{   enum BOOL isPrime; /* 定义枚举变量 isPrime */
    int i;
    printf("Enter a number: ");
    scanf("%d",&i);
    isPrime=prime(i); /* 调用函数 prime()，将返回值赋值给 isPrime */
    if(isPrime==True)
        printf("%d is a prime number.",i);
    else
        printf("%d is not a prime number.",i);
    return 0;
}
```

程序的运行结果为：

```
Enter a number: 37
37 is a prime number.
```

上述程序首先定义了一个枚举类型 enum BOOL，表示逻辑类型，枚举元素为 True 和 False。然后定义了一个枚举类型的素数判断函数，并通过在主函数中调用该函数，判断所输入整数是否为素数。通过这个程序，读者可以好好理解一下枚举类型及枚举变量的用法。

# 7.4　typedef 类型定义

为了提高程序的可读性和可移植性，C 语言允许用户通过类型定义将已有的类型名称定义成新的类型标识符。经类型定义后，新的类型标识符和原类型名称可以等同使用。

typedef 类型定义

类型定义使用 typedef 关键字，类型定义并不产生新的数据类型，而是为系统的已有类型或已定义类型给出的"别名"。

### 1. 类型定义的形式

类型定义的一般形式如下：

```
typedef  类型名  标识符;
```

其中，typedef 是关键字；"类型名"是系统已有的或已定义的数据类型；"标识符"是为"类型名"定义的新名称、别名。

例如：

```
typedef int INTEGER;
typedef char BYTE;
```

有了以上定义语句，int 和 INTEGER 都代表整型，char 和 BYTE 都代表字符型，它们都可以出现在程序中。

### 2. 类型定义的使用

(1) 为基本类型定义新名称，例如：

```
typedef int INTEGER; /* 为 int 定义了新的类型名称 INTEGER */
INTEGER i,j,k;  /* 使用 INTEGER 定义变量 i、j、k，等同于语句 int i,j,k; */
```

(2) 为数组、指针定义新名称，例如：

```
typedef char STRING[80]; /* 定义类型 STRING 为长度为 80 的字符数组类型 */
STRING str;     /* 等同于语句 char str[80]; */
typedef char *PCHAR; /* 定义新类型名 PCHAR，代表字符指针类型 */
PCHAR p1,p2;    /* 用 PCHAR 定义了两个字符指针 p1 和 p2，等同于语句 char *p1,*p2; */
```

(3) 为用户定义的结构体或共用体定义名称，例如：

```
typedef  struct
{
    int num;
    char name[20];
```

```
    char address[50];
    char mobile[12];
} MYSTRUCT;  /* 定义结构体的名称为 MYSTRUCT */
MYSTRUCT stu, stuarr [100];  /* 用 MYSTRUCT 定义结构体变量 stu 和结构体数组 stuarr */
```

从上面可以看出，使用 typedef 定义一个新的类型大致分为以下几步：

(1) 按定义变量的方法写出定义语句(比如 char *p;)。

(2) 将变量名称换成新的类型名称(将 p 换成 PCHAR)。

(3) 在最前面加上关键字 typedef( typedef char *PCHAR)。

(4) 使用新的类型名称定义变量、数组、指针。

**警告：**

使用类型定义时应注意以下几点：

(1) typedef 是用来定义类型的，不能用来定义变量。

(2) 类型定义只是给原有类型定义了一个新名称，并没有实际创建新的数据类型。

(3) 新的数据类型名称在习惯上写成大写字母，以区别于原有的数据类型名称。

## 7.5 案例：维护通讯录数据库

进阶提高

通讯录系统是一个较大的程序，其中的数据库部分是该系统的核心。维护通讯录数据库对该系统至关重要，在设计通讯录数据库维护程序时，应使该程序能够提供数据库的插入、删除、查找、显示等功能。请设计该程序的菜单，完成以下操作：

维护通讯录数据库

- 插入新人数据记录，如果该人已经在数据库中，或者数据库已满，那么程序必须显示出错信息。
- 给定人名，显示此人的通讯录信息；如果此人不在数据库中，程序必须显示出错信息。
- 给定人名，删除此人的通讯录信息；如果此人不在数据库中，程序必须显示出错信息。

显示数据库中的全部信息。

终止程序的执行。

**设计思路：**

建立结构体数组来保存通讯录信息，每个人的信息包括三项数据：姓名、工作单位、电话号码。编写函数，分别实现数据的插入、删除、查找、显示等功能。

通过本案例可以学习将结构体数组、数组中存储元素的个数等重要数据作为函数参数在各个函数间进行传递。

```
#include<stdio.h>
#include<stdlib.h>
#include<string.h>
#define M 50    /* 可以存储的最大记录数 */
typedef struct /* 定义结构体 */
{
    char name[20];   /* 姓名 */
    char units[30];  /* 单位 */
    char tele[15];   /* 电话 */
} ADDRESS;
/******以下是函数原型*******/
void list(ADDRESS t[],int n);   /* 显示记录 */
void print(ADDRESS temp);       /* 显示单条记录 */
int del(ADDRESS t[],int n);     /* 删除记录 */
int insert(ADDRESS t[],int n);  /* 插入记录 */
int search(ADDRESS t[],int n,char *s); /* 查找函数 */
int menu_select();                       /* 主菜单函数 */
/******主函数开始*******/
int main()
{
    int i;
    char s[20];
    ADDRESS adr[M];  /* 定义结构体数组 */
    int length=0;  /* 保存记录长度 */
    for(;;)   /* 无限循环 */
    { switch(menu_select())   /* 调用主菜单函数，将返回值(整数)作为开关语句的条件 */
       {case 1:
            length=insert(adr,length); /* 插入记录 */
            break;
        case 2:
            length=del(adr,length);    /* 删除记录 */
            break;
        case 3:
            printf("please search name\n");
            scanf("%s",s);             /* 输入待查找姓名 */
            i=search(adr,length,s);    /* 查找记录 */
            if(i==-1)
                printf("not find!\n");
            else
                print(adr[i]);
            break;
        case 4:
            list(adr,length);          /* 显示全部记录 */
            break;
        case 5:
            exit(0);                   /* 如返回值为5，则程序结束 */
        }
        system("pause");
```

```
    }
    return 0;
}
/* 菜单函数，函数的返回值为整数，代表所选的菜单项 */
int menu_select()
{   int c;
    system("cls");  /* 清屏 */
    printf("\n\n\n**********************MENU**********************\n\n");
    printf("  1. Insert record\n");
    printf("  2. Delete a record\n");
    printf("  3. Search record on name\n");
    printf("  4. Display record \n");
    printf("  5. Quit\n");
    printf("***********************************************\n");
    do
    {   printf("\n Enter you choice(1~5):"); /* 提示输入选项 */
        scanf("%d",&c);       /* 输入选择项 */
    }
    while(c<1||c>5);  /* 选择项不在 1~5 范围内，重输 */
    return c;  /* 返回选择项，主程序根据该数调用相应的函数 */
}
/* 显示记录，参数为记录数组和记录条数 */
void list(ADDRESS t[],int n)
{   int i;
    system("cls");
    printf("\n\n*********************ADDRESS*******************\n");
    printf("name                unit                 telephone\n");
    printf("--------------------------------------------------\n");
    for(i=0; i<n; i++)
    {   printf("%-20s%-20s%-10s\n",t[i].name,t[i].units,t[i].tele);
        if((i+1)%10==0)   /* 判断输出是否达到 10 条记录 */
            system("pause");
    }
    printf("*************************end********************\n");
}
/* 显示指定的一条记录 */
void print(ADDRESS temp)
{   printf("\n\n***********************************************\n");
    printf("name                unit                 telephone\n");
    printf("-------------------------------------------------\n");
    printf("%-20s%-20s%-10s\n",temp.name,temp.units,temp.tele);
    printf("***********************end************************\n");
}
/* 查找函数，参数为记录数组和记录条数以及姓名 s */
int search(ADDRESS t[],int n,char *s)
{   int i;
    for(i=0; i<n; i++) /* 从第一条记录开始，直到最后一条 */
    {  if(strcmp(s,t[i].name)==0)  /* 记录中的姓名和待比较的姓名是否相同 */
```

```
            return i;    /* 若相同，则返回该记录的下标号，程序提前结束 */
    }
    return -1;    /* 返回-1 */
}
/* 删除函数，参数为记录数组和记录条数 */
int del(ADDRESS t[],int n)
{   char s[20];    /* 要删除记录的姓名 */
    int ch=0;
    int i,j;
    printf("please deleted name\n"); /* 提示信息 */
    scanf("%s",s);      /* 输入姓名 */
    i=search(t,n,s);    /* 调用 search()函数 */
    if(i==-1)
        printf("no found, not deleted\n"); /* 显示没找到要删除的记录 */
    else
    {   print(t[i]);   /* 调用输出函数来显示该条记录信息 */
        printf("Are you sure delete it(1/0)\n");  /* 确认是否要删除 */
        scanf("%d",&ch);           /* 输入整数 0 或 1 */
        if(ch==1)                  /* 如果确认删除整数为 1 */
        {  for(j=i+1; j<n; j++) /* 删除该记录，实际后续记录前移 */
            {
              strcpy(t[j-1].name,t[j].name);  /* 将后一条记录的姓名拷贝到前一条 */
              strcpy(t[j-1].units,t[j].units);/* 将后一条记录的单位拷贝到前一条*/
              strcpy(t[j-1].tele,t[j].tele);  /* 将后一条记录的电话拷贝到前一条 */
            }
            n--;  /* 记录数减 1 */
        }
    }
    return n;  /* 返回记录数 */
}
/* 插入记录函数，参数为结构体数组和记录数 */
int insert(ADDRESS t[],int n) /* 插入函数，参数为结构体数组和记录数 */
{   ADDRESS temp;                 /* 新插入记录信息 */
    int i,j;
    if(n>=M)
    {   printf("Database is full,can't add more person.\n");
        return n;
    }
    getchar();
    printf("please input the name:\n");
    gets(temp.name);
    i=search(t,n,temp.name); /*调用 search()函数*/
    if(i!=-1)
    {   printf("%s is exists.\n",temp.name); /* 此人已经存在 */
        return n;
    }
    printf("please input units:\n");
    gets(temp.units);
```

```
    printf("please input telephone:\n");
    gets(temp.tele);
    t[n]=temp;
    n++;     /* 记录数加 1 */
    return n;  /* 返回记录数 */
}
```

# 本章小结

C 语言不仅提供了基本数据类型，还允许用户自定义类型，如结构体、共用体，它们是构造类型。枚举类型是基本数据类型，使用时需要用户自己定义。学习本章要重点掌握结构体的定义、使用等，学习共用体时可与结构体进行类比学习，掌握它们的区别与联系。掌握枚举类型的定义和使用，注意与前两种自定义类型的区别。掌握 typedef 类型定义的使用。本章教学涉及结构体、共用体和枚举类型等的有关知识的结构导图如图 7-4 所示。

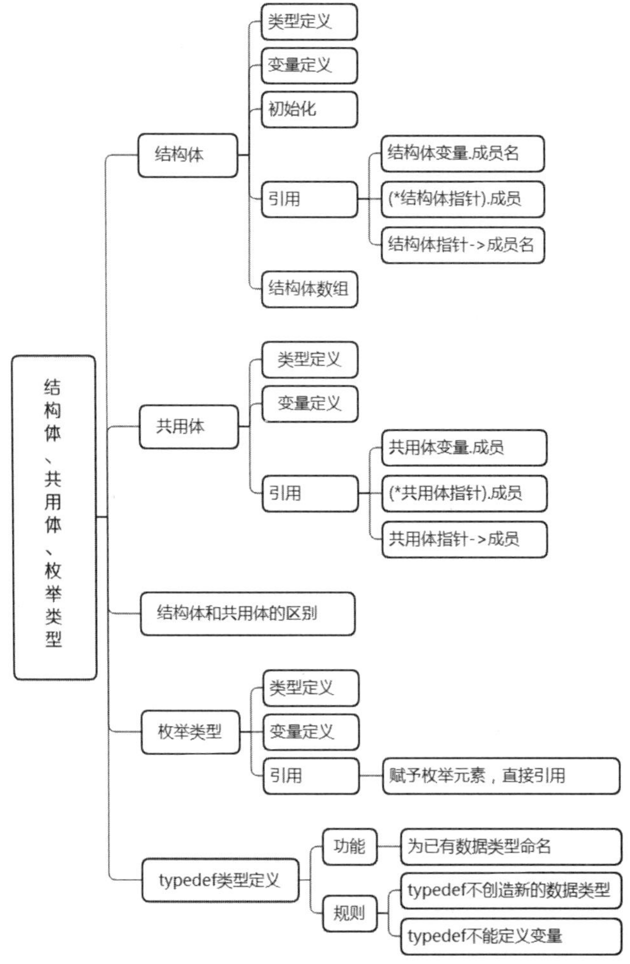


图 7-4　结构体、共用体和枚举类型知识结构导图

# 习　题

## 一、选择题

1．以下选项中，能定义 s 为合法的结构体变量的是(　　)。

A．
```
typedef struct abc
{double a;
 char b[10];
}s;
```
B．
```
struct
{double a;
 char b[10];
}s;
```
C．
```
struct ABC
{double a;
 char b[10];
}
struct ABC s;
```
D．
```
typedef ABC
{ double a;
 char b[10];
}
ABC s;
```

2．已知有如下结构体变量的定义，如果不考虑字节对齐问题，sizeof(test)的值是(　　)。

```
struct
{  int i;
   char c;
   float a;
} test;
```

A．4　　B．5　　C．6　　D．9

3．以下程序的输出结果是(　　)。

```
struct  student
{ char name[20];
  char gender;
  int age;
}stu[3]={"Li Lin", 'M', 18, "Zhang Fun", 'M', 19, "Wang Min", 'F', 20};
int main()
{ struct student *p;
  p=stu;
  printf("%s, %c, %d\n", p->name, p->gender, p->age);
return 0;
}
```

A．Wang Min,F,20　　B．Zhang Fun,M,19　　C．Li Lin,F,19　　D．Li Lin,M,18

4. 下面程序的输出结果是(　　)。

```
struct st
{ int x;
  int *y;
}*p;
int dt[4]={10, 20, 30, 40};
struct st aa[4]={50, &dt[0], 60, &dt[1], 70, &dt[2], 80, &dt[3]};
int main()
{ p=aa;
  printf("%d  ", ++p->x);
  printf("%d  ", (++p)->x);
  printf("%d\n", ++(*p->y));
  return 0;
}
```

A. 10　20　20　　B. 50　60　21
C. 51　60　21　　D. 60　70　31

5. 以下对 C 语言中共用体类型数据的叙述中，正确的是(　　)。

A. 一旦定义了一个共用体变量，就可引用该变量或该变量中的任意成员

B. 一个共用体变量中可以同时存放其所有成员

C. 一个共用体变量中不能同时存放其所有成员

D. 共用体类型的数据可以出现在结构体类型的定义中，但结构体类型的数据不能出现在共用体类型的定义中

6. 已知函数原型为 struct tree *f(int x1, int *x2, struct tree x3, struct tree *x4);，其中 tree 为已定义过的结构体，且有变量定义 struct tree pt, *p; int i;，则正确的函数调用语句是(　　)。

A．&pt=f(10,&i,pt,p);　　B．p=f(i++, (int *)p, pt, &pt);
C．p=f(i+1, &(i+2), *p, p);　　D．f(i+1, &i, p, p);

7．字符'0'的 ASCII 码为 48，且数组的第 0 个元素在低位，则以下程序的输出结果是(　　)。

```
#include<stdio.h>
int main()
{union
 {short i[2];
  long k;
  char c[4];
 }r, *s=&r;
 s->i[0]=0x39;
 s->i[1]=0x38;
 printf("%c\n", s->c[0]);
 return 0;
}
```

A．39　　B．9　　C．38　　D．8

8. 以下对结构体变量的定义中错误的是(　　)。

A.
```
#define STUDENT struct student
STUDENT
{ int num;
  float age;
} std1;
```

B.
```
struct student
{ int num;
  float age;
 }std1;
```

C.
```
struct
{ int num;
float age;
} std1;
```

D.
```
struct
{ int num;
  float age;
} student;
struct student std1;
```

9. 假设有以下声明语句，则下面叙述中错误的是(　　)。

```
struct stu
{ int a;
   float b;
} stutype;
```

A. struct 是结构体类型的关键字

B. struct stu 是用户定义的结构体类型

C. stutype 是用户定义的结构体类型名

D. a 和 b 都是结构体成员名

10. 已知：

```
struct sk
{ int a; float b;
} data, *p;
```

若有 p=&data，则对 data 中成员 a 的正确引用是(　　)。

A. (*p).data.a　　B. (*p).a　　C. p->data.a　　D. p.data.a

11. 以下程序的输出结果是(　　)。

```
#include<stdio.h>
struct  stu
{int num;
 char name[10];
 int age;
};
void fun(struct stu *p)
{printf("%s\n", (*p).name);}
int main()
{struct stu students[3]={{9801, "Zhang", 20}, {9802, "Wang", 19},
 {9803, "Zhao", 18}};
 fun(students+2);
```

```
 return 0;
}
```

A．Zhang　　B．Zhao　　C．Wang　　D．18

12．下列程序的输出结果是(　　)。

```
struct abc
{ int a, b, c; };
int main()
{ struct abc s[2]={{1,2,3},{4,5,6}}; int t;
  t=s[0].a + s[1].b;
  printf("%d \n", t);
  return 0;
}
```

A．5　　B．6　　C．7　　D．8

13．有如下定义：

```
struct person{char name[9]; int age;};
struct person class[10]={"Johu", 17, "Paul", 19 , "Mary", 18, "Adam", 16};
```

根据上述定义，能输出字母 M 的语句是(　　)。

A．printf("%c\n", class[3].name);　　B．printf("%c\n", class[3].name[1]);

C．printf("%c\n", class[2].name[1]);　　D．printf("%c\n", class[2].name[0]);

14．已知函数定义的形式如下：

```
struct data *f(void)
{ ....... }
```

则函数 f(　　)。

A．没有参数，返回值是一个结构体

B．有一个参数 void，返回值是一个结构体

C．没有参数，返回值是一个结构体指针

D．有一个参数 void，返回值是一个结构体指针

15．下列对 typedef 的叙述中错误的是(　　)。

A．用 typedef 可以定义各种类型名，但不能定义变量

B．用 typedef 可以增加新类型

C．用 typedef 只是将已存在的类型用一个新的标识符来代表

D．使用 typedef 有利于程序实现通用性和移植性

16．以下程序的输出结果是(　　)。

```
union myun
{ struct
  { int x, y, z; } u;
```

```
  int k;
} a;
int main()
{a.u.x=4; a.u.y=5; a.u.z=6;
 a.k=0;
 printf("%d\n", a.u.x);
 return 0;
}
```

A. 4　　B. 5　　C. 6　　D. 0

17. 以下枚举类型的定义中，正确的是(　　)

A. enum a={one,tow,three};　　B. enum a{one=9,two=-1,three};

C. enum a={"one","two","three"};　　D. enum a{"one","two","three"};

18. 若有以下定义：

```
union un{
    char c;
    int i;
    double d;
}x;
int y;
```

则以下语句中正确的是(　　)。

A. x=10.5;　　B. x.c=101;　　C. y=x;　　D. printf("%d",x);

## 二、填空题

1. 设有以下结构体类型声明和变量定义，则变量 a 在内存中所占的字节数是__________，变量 p 在内存中所占的字节数是__________(设系统为整型变量分配 4 字节的存储空间，不考虑字节对齐问题)。

```
struct  stud
{char num[6];
 int s[4];
 double ave;
}a, *p;
```

2. 若用 typedef 定义整型一维数组 typedef int ARRAY[10];，则对整型数组 a[10]、b[10]、c[10]可以定义为____________________。

3. 已知：

```
struct {
  int x, y;
} s[2]={{1,2},{3,4} }, *p=s;
```

则表达式++p->x 的值为______________，表达式(++p)->x 的值为______________。

4．已知：

```
struct {
  int x;
  char *y;
} tab[2] = {{1,"ab"}, {2,"cd"}}, *p=tab;
```

则表达式*p->y 的结果为______________，表达式*(++p)->y 的结果为________________。

5．建立并输出 100 名同学的通讯录，每个通讯录包括学生的姓名、地址、邮政编码。根据题意，请将下列程序补充完整。

```
#include<stdio.h>
#define  N  100
struct  communication
{char name[20];
 char address[80];
 long int post_code;
}commun[N];
void set_record(struct communication *p)
{printf("Set a communication record\n");
 scanf("%s %s %ld", _________________, p->address, ___________________);
}
void print_record(__________________________ p)
{printf("Print a communication record\n");
 printf("Name: %s\n", p->name);
 printf("Address: %s\n", p->address);
 printf("Post_code: %ld\n", _____________________________ );
}
int main()
{int i;
 for(i=0; i<100; i++)
 {set_record(commun+i);
  print_record(commun+i);
 }
 return 0;
}
```

三、编程题

1．有 4 名学生，每名学生的信息包括学号、姓名和三门课成绩。求每名学生的总成绩，并按总成绩由大到小对所有学生的信息进行排序后输出。

2．某班有 45 人，每名学生的信息包括姓名、性别、年龄和一门课成绩。建立结构体数组来存储全班学生的信息，输出全班成绩最高的那名学生的所有信息。

3．已知一个无符号整数占用 4 字节的内存空间，现在希望从低字节存储地址开始，将每字节存储的数据作为单独的一个 ASCII 码字符输出，试用共用体实现上述转换。

4．现有教师(姓名、单位、住址、职称)和学生(姓名、班级、住址、入学成绩)的信息。请编写程序，实现以下功能：输入 10 名教师和学生的信息后，按姓名进行排序，最后按排序后的顺序进行输出。对于教师要输出姓名、单位、住址和职称，对于学生要输出姓名、班级、住址和入学成绩。

# 第8章

# 文　件

📖 **本章内容提示**：文件可以为程序的运行提供数据，保存程序处理的中间数据和最终的结果数据，实现不同程序间的数据共享。本章主要介绍文件的基本概念、基本操作和应用。

📖 **教学基本要求**：掌握文件以及与文件相关的基本概念、分类；重点掌握打开、读、写及关闭文件等操作的函数及操作步骤，具备灵活应用文件解决实际应用问题的能力。

# 8.1 文件概述

## 8.1.1 什么是文件

文件概述

文件是指存储在外部介质(如硬盘和 U 盘等外存储器)上的数据或信息的集合。例如，程序文件中保存着源程序，数据文件中保存着数据，声音文件中保存着声音数据等。

通过编辑器输入一个程序、一篇文章，或者录入一段声音，这些信息都会暂存在内存中。如果需要长久保存，则这些数据必须以文件的形式保存在外存储器上。

前面编写的程序如果需要输入数据，无论多少，均从键盘输入，程序处理的结果数据都输出到显示器上。如果程序再次运行时，数据需要重新输入，运行的结果数据也是输出到显示器上，不能长久保存。原因是程序在运行过程中，所输入的数据保存在变量和数组中，即内存中；程序运行结束后，内存变量和数组空间被释放，所存储的数据就不复存在。如果数据量较大，将给用户带来不便。

文件是解决此类问题的有效方法，可以将输入的数据存入文件。程序运行需要此数据时，可从文件中读入，程序处理的结果数据也可写入文件进行长久保存。

将数据存储于文件中有以下优点:

(1) 存储在文件中的数据可反复使用。

(2) 存储在文件中的数据可永久保存。

(3) 通过文件可实现不同程序之间的数据传递和共享。

## 8.1.2 文本文件和二进制文件

在文本文件(或称 ASCII 文件，即 Text 文件)中，数据采用 ASCII 码的形式存储。保存在内存中的所有数据在存入文件时都要先转换为等价的字符形式，在 ASCII 文件中，每个字符占用 1 字节，每字节中存放相应字符的 ASCII 码。

二进制文件与文本文件不同，将内存中的数据存入文件时不进行数据转换，文件中保存的数据与其在内存中的数据形式一致。

例如，int 型的十进制数 13297 用文本形式输出时要占用 5 字节；若按二进制形式输出，则占用 4 字节，如图 8-1 所示。

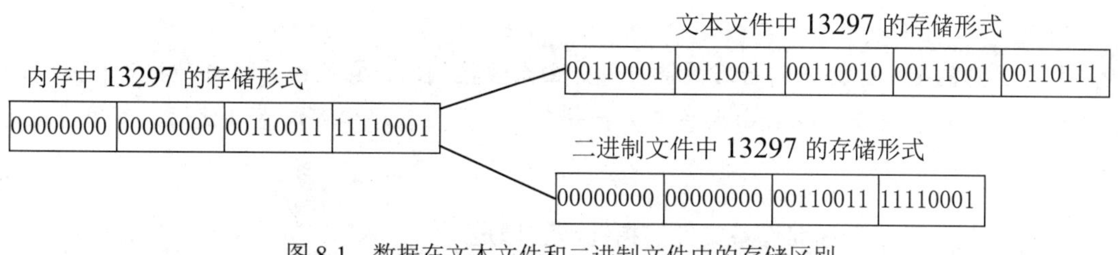


图 8-1　数据在文本文件和二进制文件中的存储区别

数据在文本文件中存储时，存储的是数据各位上数字符号的 ASCII 码，如十进制数据 13297，在文本文件中存储的是“1”的 ASCII 码“00110001”、“3”的 ASCII 码“00110011”、“2”的 ASCII 码“00110010”、“9”的 ASCII 码“00111001”、“7”的 ASCII 码“00110111”，这方便了对字符的逐个处理。但这种存储形式占用外存空间较多，同时还要付出将数据内存中二进制形式向 ASCII 码形式转换的时间开销；而用二进制形式存储可以节省外存空间和转换时间，但输出的形式由于是内存中的表示形式，因此一般无法直接识别。

**警告：**

内存中的数值型数据在写文件时有以上区别，但对于字符型数据，由于在内存中存储的是字符的 ASCII 码，因此写文件时没有以上两种方式的区别。

## 8.1.3　文件类型指针

每个正在使用的文件均要声明一个 FILE 类型的结构体变量，该结构体变量用于存放文件的有关信息，如文件名、文件状态等。FILE 类型不需要用户自己定义，它已由系统事先定义在头文件 stdio.h 中。

FILE 为系统定义的结构体类型，简称文件类型。FILE 类型的结构体变量在打开文件时由操作系统自动建立。在 C 程序中，凡是要对已打开的文件进行操作，都要通过指向该结构体变量的指针来执行。为此，需要在程序中定义指向 FILE 类型的指针。在 C 语言中，无论是存储在不同存储介质(如硬盘、U 盘和光盘等)上的文件还是不存储文件的设备(显示器、键盘和打印机等)，都要通过 FILE 类型的结构体变量的数据集合进行输入/输出处理。

FILE 类型指针变量的一般声明形式为：

```
FILE *标识符;
```

例如，FILE *fp;，此处 fp 是一个文件类型的指针变量。

如果在程序中需要同时处理多个文件，则需要声明多个 FILE 类型的指针变量，使它们分别指向多个不同的文件。

实际上，系统把终端设备(如显示器、键盘、打印机等)看作文件来进行管理，这些文件被称为标准设备文件。把它们的输入/输出等同于对外存储介质文件的读和写。通常把显示器定义为标准输出文件，一般情况下在屏幕上显示有关信息就是向标准输出文件输出；键盘通常被指定为标准输入文件，从键盘上输入就意味着从标准文件输入数据。

**警告：**

需要注意的是，C 语言的标准设备文件是由系统控制的，它们由系统自动打开和关闭，标准设备文件的文件类型指针由系统定义和命名，用户在程序中可以直接使用，不用再进行说明。

C 语言提供了三个标准设备文件的指针，它们是：

- stdin：指向标准输入文件(键盘)
- stdout：指向标准输出文件(显示器)
- stderr：指向标准错误输出文件(显示器)

## 8.1.4 文件操作

C 语言的文件操作主要由标准库函数实现。同前面章节中介绍的输入/输出函数一样，文件操作函数也属于 C 语言标准输入/输出库中的函数。因此，为了使用其中的函数，应在程序的前面使用预处理命令“#include”将“stdio.h”文件包括到用户的源文件中。即在源文件的开头写上：

文件的打开与关闭

```
#include<stdio.h>
```

文件的存取是通过 C 语言提供的文件操作函数实现的，一般要经过以下 3 个步骤：

**(1) 打开文件**。建立用户程序与文件间的联系，使用标准库函数 fopen( )打开文件，告知系统 3 个信息：需要打开文件的文件名；打开文件的模式(读还是写等)；使用的文件指针。

**(2) 读写文件中的数据**。此处是指对文件的读、写、追加和定位操作。读操作：从文件中读出数据，即将文件中的数据读入计算机内存。写操作：向文件中写入数据，即将计算机内存中的数据输出到文件中。追加操作：将内存中的数据写到文件中原有数据的后面。定位操作：移动文件读写位置指针。

**(3) 关闭文件**。切断文件与程序的联系，将文件缓冲区的内容写入文件，并释放文件缓冲区。

文件操作的步骤和相关的标准库函数如表 8-1 所示。

表 8-1　文件操作的步骤和相关函数

| 文件操作步骤 | 相关的标准库函数 | | 说明 |
|---|---|---|---|
| 打开文件 | fopen( ) | | |
| 文件读写 | fscanf( ) | fprintf( ) | 格式 I/O 函数 |
| | fgetc( ) | fputc( ) | 字符 I/O 函数 |
| | getc( ) | putc( ) | 字符 I/O 函数 |
| | fgets( ) | fputs( ) | 字符串 I/O 函数 |
| | fread( ) | fwrite( ) | 数据块 I/O 函数 |
| 关闭文件 | fclose( ) | | |

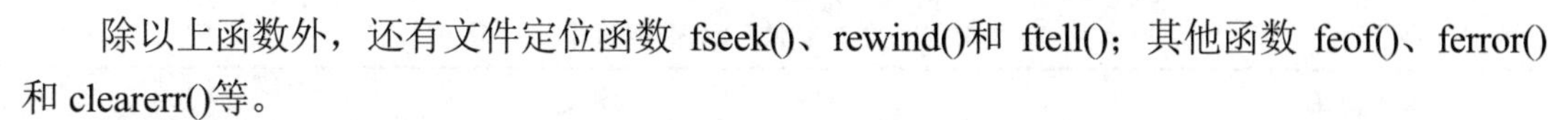

除以上函数外，还有文件定位函数 fseek()、rewind()和 ftell()；其他函数 feof()、ferror()和 clearerr()等。

C 语言提供的文件打开和关闭函数是针对非标准设备文件而言的，如硬盘文件；而标准设备文件由系统自动打开和关闭。

# 8.2 文件的打开与关闭

## 8.2.1 打开文件

C 语言用函数 fopen( )实现文件打开的操作，该函数的调用形式是：

```
FILE * fp;
fp = fopen(文件名, 文件使用模式);
```

函数的功能：以指定的文件使用模式打开指定的文件，返回一个文件指针。

其中，FILE 是前面介绍的文件类型，fp 是一个 FILE 类型的指针变量，指向被打开的文件。若文件没有正确打开，函数 fopen()会返回一个空指针，这可能是因为文件不存在，也可能是因为文件的地址错误，还可能是因为我们没有打开文件的权限。如果文件正确打开，以后对文件的访问通过指针变量 fp 进行。

文件名为所要打开文件的完整描述，即“文件地址+文件名”，是一个字符串。

例如：

```
FILE *fp;
fp=fopen("c:\\c_programe\\test8-1.txt","r");
```

表示用只读方式打开 c 盘 c_programe 目录下的 test8-1.txt 文件，该文件的文件指针为 fp。

**注意：**

文件地址含有字符“\”时一定要注意，因为 C 语言会把字符\看成转义字符的开始标志，如写成 fopen(("c:\c_programe\test8-1.txt","r")，会发生文件找不到的问题，因为编译器会把\t 看成转义字符(\c 不是有效的转义字符，含义未定义)。有两种方法可以解决这一问题，一种方法是用双斜杠\\代替单斜杠\，如上面的路径所示；另一种方法是用斜杠/代替反斜杠\，比如上面的路径可写成 fopen(("c:/c_programe/test8-1.txt","r")。

文件使用模式用来说明将对文件执行的操作，如为字符串"r"，表示从文件中读入数据，但是不会向文件中写入数据。向 fopen( )函数传递文件使用模式字符串，不仅依赖于稍后将要对文件采取的操作，还取决于文件中的数据是文本形式还是二进制形式。如果要打开一个文本文件，可以使用表 8-2 中的一种模式字符串。

表 8-2　文本文件的模式字符串

| 字符串 | 意义 |
|---|---|
| "r"(只读) | 为读打开一个文本文件 |
| "w"(只写) | 为写打开一个文本文件(文件不需要存在) |
| "a"(追加) | 为追加打开一个文本文件 |
| "r+"(读写) | 打开文件用于读/写，从文件头开始 |
| "w+"(读写) | 打开文件用于读/写，如果文件存在，则覆盖 |
| "a+"(读写) | 打开文件用于读/写，如果文件存在，就追加 |

如果要打开一个二进制文件，需要在模式字符串中包含字符 b，表 8-3 中列出了可用于二进制文件的模式字符串。

表 8-3　二进制文件的模式字符串

| 字符串 | 意义 |
|---|---|
| "rb"(只读) | 为读打开一个二进制文件 |
| "wb"(只写) | 为写打开一个二进制文件(文件不需要存在) |
| "ab"(追加) | 为追加打开一个二进制文件 |
| "rb+"或者"r+b"(读写) | 打开文件用于读/写，从文件头开始 |
| "wb+" 或者"w+b"(读写) | 打开文件用于读/写，如果文件存在，则覆盖 |
| "ab+" 或者"a+b"(读写) | 打开文件用于读/写，如果文件存在，就追加 |

以下对文本文件的读写模式进行说明，二进制文件的读写模式与其类似。

(1) 用"r"方式打开文件时，只能从文件向内存输入(读入)数据，而不能从内存向文件输出(写)数据。以"r"方式打开的文件应该已经存在，如果文件不存在，则打开文件会出错。

(2) 用"w"方式打开文件时，只能从内存向文件输出(写)数据，而不能从文件向内存输入数据。如果该文件原来不存在，则打开时建立一个以指定文件名命名的文件。如果原来的文件已经存在，则打开时会将文件中的内容全部覆盖(清除)，将文件的位置指针指向文件开头。

(3) 如果希望向一个已经存在的文件的尾部添加新数据(保留原文件中已有的数据)，则用"a"方式打开。如果此时该文件已经存在，打开文件时，文件的位置指针指向文件末尾；如果打开的文件不存在，则建立一个空的新文件。

(4) 用"r+"、"w+"、"a+"方式打开的文件可以输入和输出数据，但要注意文件位置指针的位置。用"r+"方式打开文件时，该文件应该已经存在，这样才能对文件进行读/写操作。用"w+"方式则建立一个新文件，先向此文件中写数据，然后可以读取该文件中的数据。用"a+"方式打开的文件，则保留文件中原有的数据，文件的位置指针指向文件末尾，此时，可以进行追加或读操作。

(5) 如果不能完成文件打开操作，函数 fopen()将返回错误信息。出错的原因可能是：用"r"方式打开一个并不存在的文件；外存储介质故障；外存储介质空间已满，无法建立新文件等。此时 fopen()函数返回空指针 NULL(NULL 在 stdio.h 文件中已被定义为 0)。

文本文件的每一行通常以两个特殊字符结尾，特殊字符的选择与操作系统有关。在 Windows 中，行末的标记是回车符('\x0d')与一个换行符('\x0a')，将文本文件向内存输入时，将回车符和换行符转换为一个换行符，在输出时将换行符换成回车符和换行符两个字符；而二进制文件不分行，不进行这种转换，在内存中的数据形式与在文件中的数据形式完全一致，一一对应。

在打开文件的操作语句中，通常需要判断打开过程是否出错。例如，以只读方式打开文件名为 filename 的文件，语句如下：

```
if((fp = fopen("filename", "r")) == NULL)
{   printf("Cannot open file.\n");           /* 如果文件出错，显示提示信息 */
    exit(0);                                /* 调用 exit 函数，终止程序的运行 */
}
```

为了以后方便打开文件并且判断是否正确打开文件，可将以上过程定义成函数，打开文件时调用该函数即可。

```
FILE *fopenfun(char *file,char *model)
{  FILE *fp;
   if((fp = fopen(file, model)) == NULL)
   { printf("Cannot open file of %s.\n",file); /* 打开文件出错时，显示提示信息 */
     exit(0);                               /* 调用 exit()函数，终止程序的运行 */
   }
   else return fp;
}
```

由系统打开的三个标准设备文件，在使用的时候不需要调用 fopen()函数来打开，可以直接使用它们的文件指针(stdin、stdout 和 stderr)进行操作。

## 8.2.2 关闭文件

fclose()函数允许程序关闭不再使用的文件，该函数的调用形式是：

**fclose(文件指针);**

文件指针来自 fopen()函数调用，即关闭“文件指针”指向的文件，它是 fopen()函数的逆过程。该函数的功能：关闭文件指针指向的文件。切断缓冲区与该文件的联系，释放文件缓冲区。

fclose()函数的返回值为：正常关闭时返回值为 0；否则返回一个非 0 值，表示关闭文件时出错。

# 8.3 文件的读写操作

文件的读操作就是从文件中读出数据，即将文件中的数据输入计算机内存；文件的写操作是向文件中写入数据，即将内存中的数据输出到文件中。

文件写字符函数 fputc()

C语言提供了丰富的文件读写函数，包括按字符读写函数、按格式读写函数和按数据块读写函数等。

在写字时，笔尖接触的位置为“写”的位置；读书时，眼睛盯的位置为“读”的位置。文件由一个个字节组成，程序在读文件时，也有一个类似人的眼神的指针；写文件时，有一个类似笔尖的指针，这个指针称为文件位置指针。读文件时，文件位置指针总指向下次要从文件中读取的位置；写文件时，文件位置指针总指向文件中即将要写入的位置，且随着文件的读写，文件位置指针自动后移。

当打开一个文件时，文件位置指针就自动指向文件的第一个字节；而以追加方式打开文件时，文件位置指针自动指向文件最后一个字节的下一个字节，准备写追加。

**警告：**
文件指针和文件位置指针是两个完全不同的概念。文件指针是一个指针变量(如FILE *fp;中的fp)，它用于关联整个文件，只要不用fclose()函数解除它的关联或重新为它赋值，它的值是不变的；而文件位置指针位于文件内部，用于指向文件中当前读写的位置，它不需要我们定义，由系统自动设置，且随着文件的读写，该指针会自动向后移动。

## 8.3.1 按字符读写文件

### 1. 读写文件中的字符

**字符输出函数 fputc()**

fputc()函数的调用形式为：

```
fputc(ch, fp);
```

其中，ch是要输出的字符(可为字符常量或字符变量)，fp为文件类型的指针变量。

Fputc()函数的功能：将一个字符输出到指定文件中。即，将字符变量ch中的字符输出到fp指向的文件中。若输出操作成功，该函数返回输出的字符；否则，返回EOF。

**【例8-1】**从键盘输入字符串，将该字符串加密后存储到文件file.txt中，当输入字符“@”时停止输入。

分析：从键盘输入字符串，以某一指定字符作为结束输入的字符时，一般采用的方法是循环，一次循环接收一个字符，如while((ch=getchar())!='@')，在循环体中对每个字符进行处理。

要对存入的字符加密，可使用位运算对每个字节的数据按位取反(按位取反操作是指对于存储在变量中的每位二进制数字，原来该位是 1 的变为 0，原来是 0 的变为 1，具体见第 9 章)。解密时再次按位取反可得原始数据，将加密后的字符写入文件中。

```
#include <stdio.h>
FILE *fopenfun(char *file,char *model)
{   FILE *fp;
    if ( ( fp = fopen (file, model) ) == NULL )
    { printf ("Cannot open file of %s.\n",file);
      exit (0);
    }
    else return fp;
}
/* 主函数 */
int main()
{   FILE *fp;
    char ch;
    fp=fopenfun("file.txt","w");
    while((ch=getchar()) != '@')        /* 判断输入的是否为结束标志 */
        {ch=~ch;                        /* 对输入的字符按位取反加密 */
        fputc(ch, fp);                  /* 将读入的字符写入文件 */
        }
    fclose(fp);                         /* 关闭文件 */
    return 0;

}
```

**字符输入函数 fgetc()**

fgetc()函数的调用形式为：

```
ch = fgetc(fp);
```

其中，fp 为文件类型的指针变量，ch 为字符变量。

文件读字符函数 fgetc()

fgetc()不远函数的功能：从指定的文件中读取一个字符。即，从 fp 指向的文件(该文件必须以读或读写方式打开)中读取一个字符并返回，将读取的字符赋给变量 ch。若读取字符时文件已经结束或出错，fgetc()函数返回文件结束标记 EOF(EOF 是在头文件 stdio.h 中定义的符号常量，其值为-1，而 ASCII 码中没有-1。可见，用它作为文件结束标记是合适的)。

【例 8-2】在屏幕上显示文件 file.txt 解密后的内容。

分析：要从文件中顺序读入字符并在屏幕上显示，可通过调用 fgetc()函数并与循环语句结合来实现：

```
while((c=fgetc(fp)) != EOF)
    putchar(c);
```

文件结束标记 EOF 是不可输出的字符，不能在屏幕上显示。程序对读取的字符按位取反解密后显示在屏幕上。

```
#include<stdio.h>
FILE *fopenfun(char *file,char *model)
{   FILE *fp;
    if((fp = fopen(file, model)) == NULL)
    { printf("Cannot open file of %s.\n",file);
      exit(0);
    }
    else return fp;
}
int main()
{   FILE *fp;
    char ch;
    fp = fopenfun("file.txt","r");  /* 打开文件 */
    while((ch = fgetc(fp))!=EOF)    /* 从文件中读字符 */
{ch=~ch; /* 对读取的字符按位取反解密 */
    putchar(ch);/* 显示从文件读入的字符 */
}
    fclose(fp);/* 关闭文件 */
    return 0;
}
```

### 2. 读写文件中的字符串

对于文件的输入/输出，除了前面介绍的以字符为单位进行处理之外，还允许以字符串为单位进行处理，这也被称为“行处理”。

C 语言提供了 fputs()和 fgets 函数来实现文件的按字符串读写。

文件读写字符串函数 fgets()和 fputs()

#### 字符串输出函数 fputs()

fputs()函数的调用形式为：

```
fputs(s, fp);
```

fputs()函数的功能：将以 s 为首地址的字符串或字符串常量写入 fp 指向的文件。输出字符串到文件时，字符'\0'会被自动舍去，也不会自动加换行符'\n'。因此，为了便于以后读入，在写字符串到文件时，必要时可以人为地加入'\n'这样的字符。若函数调用成功，则返回值为 0，否则返回 EOF。

【例 8-3】将从键盘输入的若干行字符串存入文件 file.txt。

```
#include<stdio.h>
#include<string.h>
FILE *fopenfun(char *file,char *model)
{   FILE *fp;
    if((fp = fopen(file, model)) == NULL)
```

```
    { printf("Cannot open file of %s.\n",file);
      exit(0);
    }
    else return fp;
}
int main()
{
    FILE *fp;
    char str[81];
    int n,i;
    fp=fopenfun("file.txt", "w");
    printf("请输入您想输入的字符串个数：\n");
    scanf("%d%*c",&n);
    printf("请输入字符串：\n");
    for(i=0; i<n; i++ )
    {
        gets(str);
        fputs(str, fp);  /* 将该字符串存入文件 file.txt */
        fputs("\n", fp); /* 在字符串末尾存入回车换行符 */
    }
    fclose(fp); /* 操作结束，关闭文件 */
    return 0;
}
```

字符串输入函数 fgets()

fgets()函数的调用形式为：

```
fgets(s, n, fp);
```

fgets()函数的功能：从 fp 指向的文件中读取长度不超过 n-1 个字符的字符串，将该字符串存放到字符数组 s 中。读入结束后，自动在字符串的末尾加一个字符串结束符'\0'。如果操作正确，函数的返回值为字符数组 s 的首地址；如果文件结束或出错，函数的返回值为 NULL。

需要指出的是，在执行 fgets()函数的过程中，如果在未读满 n-1 个字符时，读到换行符或文件结束标志 EOF，则将结束本次读操作，此时读入的字符数小于 n-1 个。

**【例 8-4】**从键盘输入文件名，在屏幕上显示该文件的内容。

分析：若要多次读取文件中的数据，可使用循环语句 while(!feof(fp))，其中 feof( )函数检测文件是否读结束，若文件读结束，该函数返回非零值；若文件读没有结束，返回 0 值。

```
#include<stdio.h>
FILE *fopenfun(char *file,char *model)
{   FILE *fp;
    if((fp = fopen(file, model)) == NULL)
    { printf("Cannot open file of %s.\n",file);
      exit(0);
```

```
    }
    else return fp;
}
int main()
{   FILE * fp;
    char file[20], str[10];
    int i=0;
    printf("Enter filename:");
    gets(file);
    fp = fopenfun(file, "r"); /* 打开文件 */
    while(!feof(fp))
    {   fgets(str,10,fp); /* 从文件中读出字符串 */
        printf("%s", str);
    }
    fclose(fp);
    return 0;
}
```

【例 8-5】复制文本文件。

```
#include<stdio.h>
FILE *fopenfun(char *file,char *model)
{   FILE *fp;
    if((fp = fopen(file, model)) == NULL)
    { printf("Cannot open file of %s.\n",file);
      exit(0);
    }
    else return fp;
}
int main()
{
    FILE *fp1, *fp2;
    char file1[20], file2[20], s[10];
    printf("Enter filename1:");
    gets(file1);
    printf("Enter filename2:");
    gets(file2);
    fp1 = fopenfun(file1, "r");    /* 打开文本文件 1 */
    fp2 = fopenfun(file2, "w");   /* 打开文本文件 2 */
    while(!feof(fp1))
    {   fgets(s,10,fp1);/* 从文件 fp1 中读出字符串 */
        fputs(s, fp2);  /* 将字符串写入文件 fp2 中 */
    }
    fclose(fp1);
    fclose(fp2);
    return 0;
}
```

## 8.3.2 按格式读写文件

C 标准函数库提供了 fscanf()和 fprintf()这两个格式化输入/输出函数，以满足文件格式化输入/输出的需要。fscanf()和 fprintf()函数分别与 scanf()和 printf()函数类似，只不过数据的来源和目的地不同。Scanf()中的实参变量是从键盘输入得到的数据，fscanf()是从文件中读取数据到实参变量中；printf()函数将实参变量的数据输出到显示器上，而 fprintf()是将实参变量中的数据写到文件中。

文件格式读写函数 fscanf()和 fprintf()

### 1. 格式化输出函数 fprintf()

fprintf()函数的调用形式为：

**fprintf(fp，格式控制符，输出列表)；**

其中，fp 指向将要写入数据的文件，格式控制串和输出列表的内容及对应关系与第 2 章中介绍的 printf()函数相同。

fprintf()函数的功能：将输出列表中的各个变量或常量数据，依次按格式控制符声明的格式写入 fp 指向的文件。该函数调用后的返回值是实际输出的字符数。

**【例 8-6】**从键盘输入古代剑客的档案资料，包括姓名、年龄和技能三项内容，将它们写入 swordsman.txt 文件中进行保存，当输入"*"时停止输入。

```
#include<stdio.h>
FILE *fopenfun(char *file,char *model)
{   FILE *fp;
    if((fp = fopen(file, model)) == NULL)
    { printf("Cannot open file of %s.\n",file);
      exit(0);
    }
    else return fp;
}
typedef struct Character
{   char name[32];
    int age;
    char skill[32];
} CHARACTER;
int main()
{   FILE *fp;
    char *in_file_name = "swordsman.txt";
    CHARACTER tmp;
    fp = fopenfun(in_file_name, "a");
    gets(tmp.name);
    while(strcmp(tmp.name, "*")!=0)
    {   scanf("%d %s", &tmp.age, tmp.skill);
```

```
        fprintf(fp, "%s %d %s\n", tmp.name, tmp.age, tmp.skill);
        gets(tmp.name);
    }
    fclose(fp);
    return 0;
}
```

### 2. 格式化输入函数 fscanf()

fscanf()函数的调用形式为：

**fscanf(fp, 格式控制符, 地址列表);**

其中，fp 指向将要读取的文件，格式控制串和地址列表的内容、含义及对应关系与第 2 章中介绍的 scanf()函数相同。

fscanf()函数的功能：从 fp 指向的文件中，按格式控制符读取相应数据并赋给地址列表中对应的变量。

例如：

```
fscanf(fp, "%d,%f", &i, &t);
```

从 fp 指向的文件读取数据，并按%d 和%f 格式赋值给变量 i 和 t。

**【例 8-7】**将例 8-6 所写的文件读出并显示在显示器上。

```
#include<stdio.h>
FILE *fopenfun(char *file,char *model)
{   FILE *fp;
    if((fp = fopen(file, model)) == NULL)
    { printf("Cannot open file of %s.\n",file);
      exit(0);
    }
    else return fp;
}
typedef struct Character
{   char name[32];
    int age;
    char skill[32];
} CHARACTER;
int main()
{   FILE *fp;
    char *in_file_name = "swordsman.txt";
    CHARACTER tmp;
    fp = fopenfun(in_file_name, "r");
    while(!feof(fp))
    {   fscanf(fp,"%s %d %s",tmp.name,&tmp.age, tmp.skill);
        printf("%s %d %s\n", tmp.name, tmp.age, tmp.skill);
    }
```

```
    fclose(fp);
    return 0;
}
```

### 8.3.3 按数据块读写文件

这类函数是 ANSI C 标准对缓冲文件系统所做的扩展，以方便文件操作实现读写一组数据的功能。采用这种方式对数组和结构体数据进行整体的输入/输出是比较方便的。

文件数据块写函数 fwrite()

1. 文件数据块写函数 fwrite()

fwrite()函数的调用形式为：

**fwrite(buffer, size, count, fp);**

其中，buffer 是一个指针，指向数据在内存中存放的起始地址；size 是要写数据的字节数；count 是写入大小为 size 字节的数据块的个数；fp 是文件指针。

fwrite()函数的功能：将内存 buffer 中的数据写入 fp 指向的文件，每次写 size 字节，共写 count 次。该函数的返回值是实际写入的 count 值。

例如：

```
float f[2];
    FILE *fp;
    for(i=0;i<2;i++)
        scanf("%f",&f[i]);
    fp=fopen("aa.dat", "wb");
    fwrite(f,4,2,fp);              /* 将数组 f 中的数据写入 fp 指向的文件中，一次写 4
                                      字节，写两次 */
```

再如：

```
struct student
        { int num;
          char name[20];
          char sex;
          int age;
         }stud[3]={{10101,"Li Lin",'M',18},
                  {10102,"Zhang Fun",'M',19},
                  {10104,"Wang Min",'F',20}};
       fp=fopen("student.dat", "wb");
       for(i=0;i<3;i++)
             fwrite(&stud[i],sizeof(struct student),1,fp);  /* 将数组元素
               stud[i]中的数据写入 fp 指向的文件中 */
```

### 2. 文件数据块读函数 fread()

fread()函数的调用形式为：

```
fread(buffer, size, count, fp);
```

其中，buffer 是一个指针，指向读入数据在内存中存放的起始地址；size 是要读入数据的字节数；count 是读入大小为 size 字节的数据块的个数；fp 是文件指针。

文件数据块读函数 fread()

fread()函数的功能：从 fp 指向的文件读取 count 次，每次读取一个大小为 size 字节的数据块，将读取的各数据块存放到 buffer 指向的内存空间。该函数的返回值是实际读取的 count 值。

例如：

```
float  f[2];
FILE  *fp;
fp=fopen("aa.dat", "rb");
fread(f,4,2,fp);               /* 从 fp 指向的文件中读取两个 4 字节的数据，存储到 f
                                  数组的两个数组元素中 */
```

再如：

```
struct  student
   {    int num;
        char  name[20];
        char sex;
        int age;
        float  score[3];
   }stud[10];
  fp=fopen("student.dat", "rb");
  for(i=0;i<10;i++)
      fread(&stud[i],sizeof(struct student),1,fp);      /* 从 fp 指向的文件中
          读取 1 个 sizeof(struct student)字节的数据，存储在数组元素 stud[i]中 */
```

【例 8-8】从键盘输入 3 名学生的数据，每名学生的数据包括学号、姓名、年龄和住址，将它们存入文件 student.dat；然后再从该文件中读出数据，显示在屏幕上。

```
#include<stdio.h>
FILE *fopenfun(char *file,char *model)
{   FILE *fp;
    if((fp = fopen(file, model)) == NULL)
    { printf("Cannot open file of %s.\n",file);  /* 打开文件出错，显示提示信息 */
      exit(0);                             /* 调用 exit()函数，终止程序的运行 */
    }
    else return fp;
}
```

```
#define SIZE 3
struct student /* 定义结构体 */
{  long num;
     char name[10];
     int age;
     char address[10];
} stu[SIZE], out;
/* 存盘函数：将学生的信息以数据块的形式写入文件 */
void fsave ()
{   FILE *fp;
    int i;
    fp=fopenfun("student.dat","wb");
    for(i=0; i<SIZE; i++)
      if(fwrite(&stu[i], sizeof(struct student), 1, fp) != 1)
         printf("File write error.\n");          /* 写过程中的出错处理 */
    fclose(fp);                                  /* 关闭文件 */
}
/* 主函数 */
int main()
{   FILE *fp;
    int i;
    for(i=0; i<SIZE; i++) {                    /* 从键盘读入学生的信息 */
       printf("Input student %d:", i+1);
       scanf("%ld%s%d%s",&stu[i].num, stu[i].name, &stu[i].age,
               stu[i].address );
    }
    fsave( );                                /* 调用函数，保存学生信息 */
    fp = fopenfun("student.dat", "rb");
    printf(" No.   Name   Age   Address\n");
    while(fread(&out, sizeof(out), 1, fp))         /* 读入数据块 */
       printf("%8ld %-10s %4d %-10s\n", out.num, out.name, out.age,
               out.address );
    fclose(fp); /* 关闭文件 */
    return 0;
}
```

## 8.4 文件的定位

前几节介绍的文件操作都是顺序读写，即从文件的第一个数据开始，文件位置指针自动移位，依次进行读写。但在文件的实际应用中，还希望能直接读写文件中的某个数据项，而不是按文件的物理顺序逐个读写数据项，这就要求对文件具有随机读写的功能，也就是要强制将文件位置指针指向用户所希望的位置。

文件的定位

### 1. fseek()函数

fseek()函数的调用形式为：

```
fseek(fp,offset,position);
```

其中，fp 为文件类型指针；position 为起始点，指出以文件的什么位置为基准进行移动。position 的值用整型常量表示。起始点位置有如表 8-4 所示的几种取值。

表 8-4　起始点位置取值

| 起始点位置 | 符号常量 | 数值 |
|---|---|---|
| 文件开头 | SEEK_SET | 0 |
| 文件指针当前位置 | SEEK_CUR | 1 |
| 文件末尾 | SEEK_END | 2 |

offset 为位移量，是指从起始点 position 到新位置的字节数。也就是以起始点为基准，向前或向后移动的字节数，要求该参数为长整型数据。

fseek()函数的功能：将文件 fp 的读写位置指针移到离起始位置(position)的 offset 字节处的位置，如果函数读写指针移动失败，返回值为-1。

例如：

```
fseek(fp,50L,SEEK_SET); /* 将文件位置指针移到文件开始第 50 字节处 */
fseek(fp,100L,1);        /* 将文件位置指针从当前位置向前(文件末尾方向)移动 100 字节 */
fseek(fp,-20L,SEEK_END);/* 将文件位置指针从文件末尾向后(文件开头方向)移动 20 字节 */
```

### 2. rewind()函数

rewind()函数的调用形式为：

```
rewind(fp);
```

其中，fp 为文件类型指针。

rewind()函数的功能：使 fp 指向的文件的位置指针重新定位到文件的开始位置。

### 3. ftell()函数

ftell()函数的调用形式为：

```
ftell(fp);
```

其中，fp 为文件类型指针。

ftell()函数的功能：得到 fp 所指向文件的当前读写位置，即文件位置指针的当前值。该值是一个长整型数，是文件位置指针从文件开始处到当前位置的位移量的字节数。如果函数的返回值为-1L，表示出错。

【例 8-9】将文件 file1.c 的内容连接到文件 file2.c 的后面，并在屏幕上显示文件 file1.c

的字节数。

```
#include<stdio.h>
FILE *fopenfun(char *file,char *model)
{   FILE *fp;
    if ( ( fp = fopen (file, model) ) == NULL )
    { printf ("Cannot open file of %s.\n",file);
      exit (0);
    }
    else
    return fp;
}
int main()
{   FILE *fp1,*fp2;
    int len;
    fp1=fopenfun("file1.txt","r");
    fp2=fopenfun("file2.txt","a");
    fseek(fp1,0,SEEK_END);
    len = ftell(fp1);
    rewind(fp1);
    while(!feof(fp1))
      fputc(fgetc(fp1),fp2); /* 把文件 file1.c 的内容复制到 file2.c 的后面 */
    fclose(fp1);
    fclose(fp2);
    printf("the file1.txt is %d byte\n",len);
    return 0;
}
```

## 8.5 文件出错检测

C 标准函数库提供了对文件出错的检测函数，这些检测函数包括 ferror 和 clearerr。

### 1. ferror()函数

ferror()函数的一般调用形式为：

```
ferror(fp);
```

其中，fp 为文件指针。

函数 ferror()的功能：测试 fp 所指的文件是否有错误。如果没有错误，返回值为 0；否则，返回一个非 0 值，表示出错。

### 2. clearerr()函数

clearer()函数的一般调用形式为：

```
clearerr(fp);
```

其中，fp 为文件指针。

函数 clearerr()的功能：清除 fp 所指的文件的错误标志。即，将文件错误标志和文件结束标志置为 0。

## 8.6 案例：打字练习程序

设计打字练习程序，练习的材料分为英文、中文或中英文混合，要求计时，对玩家打字的成绩进行各项测评：打字用时、字符输入量、对和错的字数、打字的速度、正确率等。

打字练习程序源码

**设计思路：**

设计菜单，让玩家对练习的材料进行选择；设计函数，参数为字符串，可以在函数中打开不同的练习素材，读取素材文件并显示；玩家输入结束后，对玩家输入的字符进行统计对比，显示玩家打字成绩的各项测评数据。

通过本案例，练习文件的读取以及程序中数据的处理。了解程序模块的划分，完整的小型系统的设计、实现等。程序中用到的函数如表 8-5 所示。

```
#include "stdio.h"
#include "time.h"
#include "stdlib.h"
#include "string.h"
/* 判断成绩级别 */
void score(float t)
{   printf("********************Your Score********************\n");
    if(t<=0.5)
       printf("Bad!\n");
    else if(t<=0.7)
       printf("Not Very Good!\n");
    else if(t<=0.9)
       printf("Good\n");
    else printf("Very Good!\n");
}
/* 打字练习函数 */
float practise(char *filename)
{
    char r[1000],w[1000];
    int k,R_Ch,W_Ch,i;
    float t;
    FILE *fp;
```

```
    time_t now;
    long time_s = 0,time_s1=0;
    if((fp=fopen(filename,"r"))==NULL)       /* 打开需要练习的文件 */
    {   printf("can't open this file.");
        exit(0);
    }
    printf("**************************************************************\n");
    for(i=0; (r[i]=fgetc(fp))!=EOF; i++)/* 从文件中读出数据且输出 */
        putchar(r[i]);
    printf("\n**************************************************************\n");
    printf("按任意键开始打字练习...\n");
    getch();
    time(&now);                             /* 获取打字开始的日期时间并存储于变量now中 */
    time_s=time( NULL );                    /* 获取此时到1970年的秒数 */
    printf("开始计时:%s",ctime(&now)); /* 打印now中获取的开始时间 */
    gets(w);                                /* 玩家输入数据 */
    time(&now);                             /* 获取练习结束的日期时间 */
    time_s1 = time( NULL );                 /* 获取此时到1970年的秒数 */
    printf("结束计时:%s",ctime(&now)); /* 打印结束的时间 */
    for(i=0,k=0; w[i]!='\0'; i++)       /* 对玩家输入的数据进行统计计数 */
        k++;
    for(i=0,R_Ch=0,W_Ch=0; i<k; i++) /* 对玩家输入数据的对错进行统计计数 */
    {   if(r[i]==w[i])
            R_Ch++;
        else
            W_Ch++;
    }
    t=(float)time_s1-time_s;               /* 计算打字用时 */
    printf("*******************Your Score*******************\n");
    printf("1:测试用时:%.3f秒\n", t);
    printf("2:你一共输入的字符总数:%d\n", k);
    printf("3:打对的字符数:%d\n", R_Ch);
    printf("4:打错的字符数:%d\n", W_Ch);
    printf("5:你的输入速度:%.2f\\min\n", k*60/t);
    printf("6:你的正确率是:%.2f%%\n", 1.0*(100*R_Ch)/k);
    return((float)R_Ch/k);
}
/* 主函数 */
int main()
{
    int x;
    float t;
    char k,file[30];
    do
    {   system("cls");
        printf("                The Typing World Menu\n");
```

```
    printf("----------------------------------------------------\n");
    printf("1:Practice Only ENGLISH Characters.\n");
    printf("2:Practice Other Characters.\n");
    printf("3:Practice All Characters.\n");
    printf("4:Quit at once.\n");
    printf("****************************************************\n");
    printf("Please input your choice:");
    scanf("%d%*c",&x);
    if(x==1)
       t=practise("only english.txt"); /* 打开 only English.txt 文件练习 */
    else if(x==2)
       t=practise("other.txt");         /* 打开 other.txt 文件练习 */
    else if(x==3)
       t=practise("all characters.txt");/* 打开 all characters.txt 文件练习 */
    else if(x==4)
      exit(0);
    score(t);                           /* 输出打字评价 */
    printf("  Try it Again,OK? [Y/N]");
    scanf("%c",&k);
  }while(k=='Y'||k=='y');
  return 0;
}
```

表 8-5　程序中的函数说明

| 函数名 | 函数原型 | 功能 | 头文件 |
|---|---|---|---|
| time | time_t time(time_t *t); | 此函数会返回从公元 1970 年 1 月 1 日的 UTC 时间(世界统一时间)从 0 时 0 分 0 秒算起到现在所经历的秒数。如果 t 并非空指针的话，此函数还会将返回值存放到 t 指针所指的内存中；如果参数为空，此函数仅通过返回值返回秒数 | time.h |
| ctime | char *ctime (const time_t *timep); | 将参数 timep 所指的 time_t 类型中的信息转换成当地所使用的时间日期形式，然后将结果以字符串形式返回。例如，字符串格式为"Wed Jun 30 21 :49 :08 2017\n" | time.h |

# 本章小结

文件是程序设计中非常重要的内容，对文件的操作遵循打开、读或写、关闭三个步骤。C 语言没有文件操作语句，有关文件的操作通过调用库函数进行。在理解文件的基本概念之后，接下来学习和掌握与文件操作有关的库函数。

本章教学涉及文件的有关知识的结构导图如图 8-2 所示。

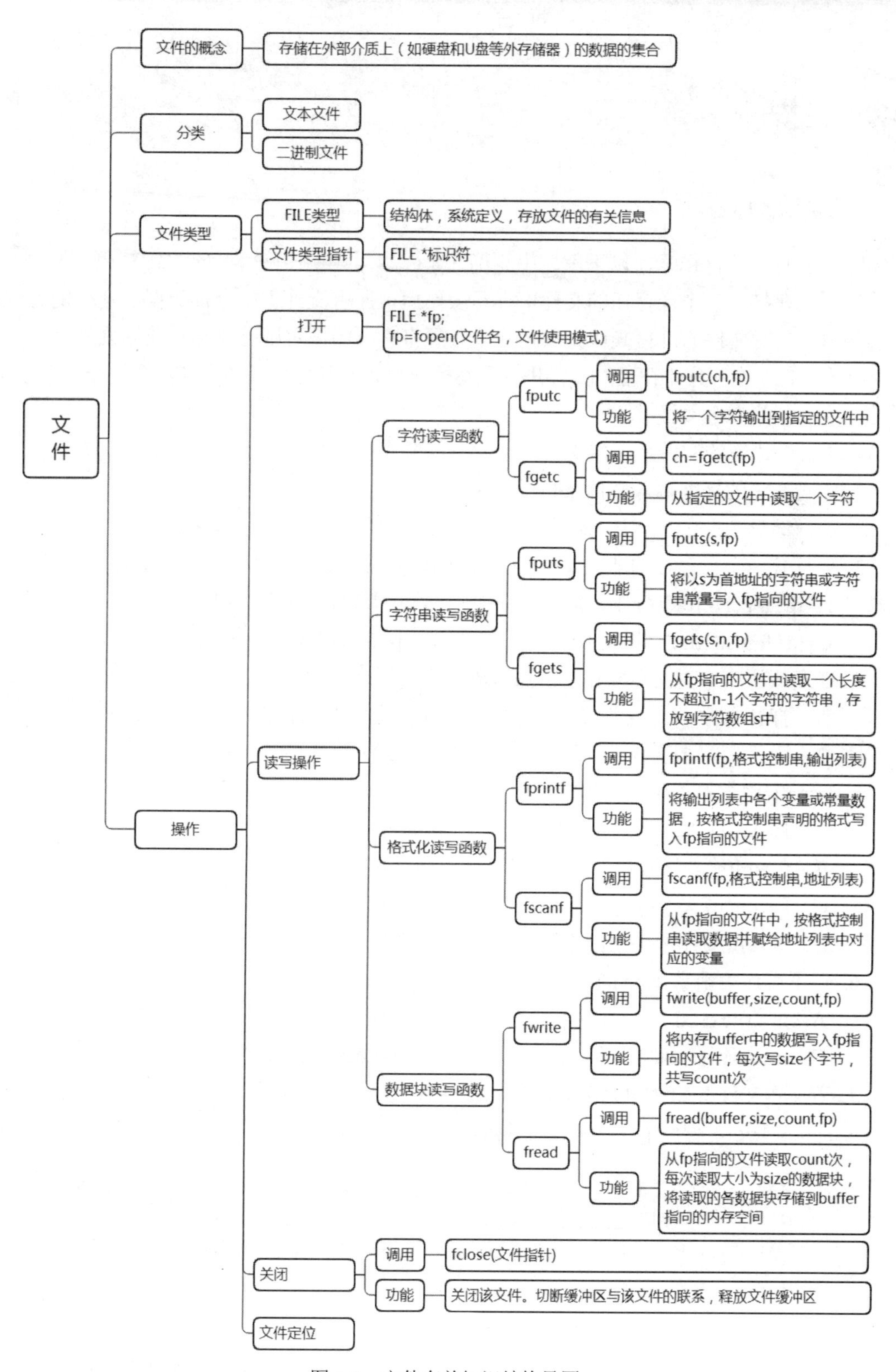


图 8-2　文件有关知识结构导图

# 习　题

## 一、单项选择题

1. 在进行文件操作时，以下叙述中正确的是(　　)。

   A．在打开一个已存在的文件进行写操作后，原有文件中的全部数据必定被覆盖

   B．当对文件的读写操作完成之后，必须将它关闭，否则可能导致数据丢失

   C．在一个程序中，当对文件进行了写操作后，必须先关闭该文件，再打开，才能读到第一个数据

   D．C 语言的文件是流式文件，因此只能顺序存取数据

2. C 语言中的标准输入文件 stdin 是指(　　)。

   A．键盘　　B．显示器　　C．鼠标　　D．硬盘

3. 要打开一个已存在的非空文件"file"用于修改，选择正确的语句(　　)。

   A. fp=fopen("file", "r");　　B. fp=fopen("file", "a+");

   C. fp=fopen("file", "w");　　D. fp=fopen('file", "w+");

4. 在高级语言中对文件操作的一般步骤是(　　)。

   A．打开文件-操作文件-关闭文件　　B．操作文件-修改文件-关闭文件

   C．读写文件-打开文件-关闭文件　　D．读文件-写文件-关闭文件

5. fscanf()函数的正确调用形式是(　　)。

   A．fscanf(文件指针，格式字符串，输出列表);

   B．fscanf(格式字符串，输出列表，文件指针);

   C．fscanf(格式字符串，文件指针，输出列表);

   D．fscanf(文件指针，格式字符串，输入列表);

6. 以下可作为函数 fopen()中第一个参数的正确格式是(　　)。

   A. c:user\text.txt　　B. c:\user\text.txt

   C. "c:\user\text.txt"　　D. "c:\\user\\text.txt"

7. 若文本文件 file.txt 中原有的内容是 This is a book，执行下述程序之后文件的内容变成 This is a book Tom，程序的下画线中不能填入的是(　　)。

```
FILE *fp;
fp=fopen("file.txt",____________ )
fputs("Tom",fp);
fclose(fp);
```

   A. "a"　　B. "at"　　C. "a+"　　D. "r+"

8. 若文本文件 file.txt 中原有的内容是 This is a book，执行下述程序之后文件的内容变成 Tom，程序的下画线中不能填入的是(　　)。

```
FILE *fp;
fp=fopen("file.txt",__________ )
fputs("Tom",fp);
fclose(fp);
```

A. "w"　　B. "wt"　　C. "w+"　　D. "a+"

9. 在下面读取二进制文件的函数中，其中buffer代表的是(　　)。

```
fread(buffer,size,count,fp);
```

A. 一个文件指针，指向待读的文件

B. 一个整型变量，代表待读取数据的字节数

C. 一个内存块的首地址，代表读入数据存放的地址

C. 一个内存块的字节数

10. 判断二进制文件的结束方式是(　　)。

A. fgetc(fp)==EOF　B. fgetc(fp)!=EOF　C. feof(fp)==0　D. feof(fp)!=0

11. 利用fseek()函数可以(　　)。

A. 改变文件的位置指针　　B. 实现文件的顺序读写

C. 实现文件的随机读写　　D. 以上答案均正确

## 二、填空题

1. 在C程序中，数据能够以__________和__________两种形式的文件存放。

2. 若已定义 pf 是一个 FILE 类型的指针，已知待输出的文本文件的路径和文件名是D:\zk04\data\txfile.dat，则要使pf指向上述文件的打开语句是____________________________________________。

3. feof()函数可以用于__________和__________文件，它用来判断即将读入的是否为__________。若是，函数的返回值为__________。

## 三、编程题

1. 统计文本文件 file.txt 中字母、数字、空格和其他字符的个数，将统计结果显示到屏幕上。

2. 已知一个学生数据库包含如下信息：学号(6位整数)、姓名(3个字符)、年龄(2位整数)和住址(10个字符)。请编程实现如下功能：由键盘输入10名学生的数据，将它们输出到文件中；然后从该文件中读取这些数据并显示在屏幕上。

3. 某班有N名学生，每名学生有5门课的成绩。从键盘输入每名学生的学号、姓名和各门课的成绩，然后计算出全班每门课的平均成绩及每名学生5门课的平均成绩，并将所有这些数据存放在文件studata.dat中。

4. 已知有一个存放数千种仓库物资信息的文件CK，每个信息元素包含两项内容：物资编号KNO和库存量KNOM。请编程实现如下功能：检查仓库物资的库存量，建立一个新的文件XK，其中包括所有库存量大于100的物资的编号和库存量。

# 第 9 章

# 底层程序设计

- 本章内容提示：介绍位运算中的按位逻辑运算和移位运算，其中按位逻辑运算包括按位与、按位或、按位异或、按位取反；移位运算包括按位左移和按位右移。另外，还介绍位段的定义和引用等。
- 教学基本要求：要求掌握位运算各个运算符的运算规则，掌握位运算表达式的运算，熟悉位运算的应用，了解位段的使用。

前面几章讨论了C语言中高级的、与机器无关的特性。虽然这些特性对于完成不少程序设计任务够用了，但仍有一些程序需要进行“位”级别的操作。

位运算是指二进制位的运算，位运算符是以二进制位为操作对象的运算符。在C语言的其他运算(算术运算、关系运算、逻辑运算等)中，操作数是作为整体进行运算的；位运算不再将数据作为整体进行运算，而是对数据的某个或某几个二进制位进行运算。

正是因为C语言提供了位运算功能，才使得C语言有别于其他的高级语言，可用它来编写系统程序(包括编译器和操作系统)、加密程序、图形程序、检测和控制程序、游戏动画及其他一些需要高执行速度或高效利用空间的程序。

# 9.1 位运算符

C语言提供了6种基本的位运算功能：按位取反、按位与、按位或、按位异或、按位左移和按位右移。其中除按位取反是单目运算外，其余5种均为双目运算，6个位运算符分为5个优先级别，如表9-1所示。

表 9-1 位运算符

| 运算符 | 含义 | 运算对象个数 | 结合方向 | 优先级 |
|---|---|---|---|---|
| ~ | 按位取反 | 单目运算符 | 自右向左 | 2 |
| << | 按位左移 | 双目运算符 | 自左向右 | 5 |
| >> | 按位右移 | 双目运算符 | 自左向右 | 5 |
| & | 按位与 | 双目运算符 | 自左向右 | 8 |
| ^ | 按位异或 | 双目运算符 | 自左向右 | 9 |
| \| | 按位或 | 双目运算符 | 自左向右 | 10 |

**说明：**

(1) 位运算的运算对象只能是整型(int)或字符型(char)数据，不能是实型数据。

(2) 位运算是对运算量的每一个二进制位分别进行操作。

下面对各个运算符分别进行介绍。

## 9.1.1 按位逻辑运算

按位逻辑运算包括按位与、按位或、按位异或和按位取反4种运算。

### 1. 按位与运算(&)

按位与运算是对两个运算量相应的位进行逻辑与操作，“&”的运算规则是：

0&0=0　　0&1=0　　1&0=0　　1&1=1

按位与表达式：c=a&b

【例 9-1】求两个数字按位与的结果。

```
#include<stdio.h>
intmain()
{
   unsigned char a,b,c;
   a=86;b=31;
   c=a&b;
   printf("%d\n",c);
   return 0;
}
```

分析：86 和 31 按位与的过程如下：

```
   86：01010110
 & 31：00011111
 ─────────────────
    c：00010110
```

所以 c 的结果为 22。

### 2. 按位或运算(|)

按位或运算是对两个运算量相应的位进行逻辑或操作，“|”的运算规则是：

0|0=0　　　0|1=1　　1|0=1　　1|1=1

按位或表达式：c=a|b

【例 9-2】求两个数字按位或的结果。

```
#include<stdio.h>
int main()
{
   unsigned char a,b,c;
   a=86;b=31;
   c=a|b;
   printf("%d\n",c);
   return 0;
}
```

分析：86 和 31 按位或的过程如下。

```
   86：01010110
  |31：00011111
 ─────────────────
    c：01011111
```

所以 c 的结果为 95。

### 3. 按位异或运算(^)

按位异或运算的规则是：两个运算量的相应位相同，则结果为 0；相异，则结果为 1。

0^0=0　　0^1=1　　1^0=1　　1^1=0

按位异或表达式：c=a^b

【例 9-3】求两个数字按位异或的结果。

```
#include<stdio.h>
int main()
{
    unsigned char a,b,c;
    a=86;b=31;
    c=a^b;
    printf("%d\n",c);
      return 0;
}
```

分析：86 和 31 按位异或的过程如下。

```
   86：01010110
  ^31：00011111
 ---------------
    c：01001001
```

所以 c 的结果为 73。

### 4. 按位取反运算(~)

按位取反运算的规则是：将二进制表示的运算对象按位取反，即将 1 变为 0，将 0 变为 1。

按位取反表达式：b=~a

【例 9-4】求对一个数字按位取反的结果。

```
#include<stdio.h>
int main()
{
    unsigned char a,b;
    a=86;
    b=~a;
    printf("%d\n",b);
    return 0;
}
```

分析：对数字 86 按位取反的过程如下。

```
  ~86：01010110
 ---------------
    b：10101001
```

所以 b 的结果为 169。

### 5. 按位逻辑运算的应用

**【例 9-5】**设 int a=7，求 b=~a+1。

```
#include<stdio.h>
int main()
{
    short int a,b;
    a=7;
    b=~a+1;
    printf("%d\n",b);
    return 0;
}
```

分析：b=~a+1=~7+1=~(0000 0000 0000 0111)+1=1111 1111 1111 1001，结果为-7。可见，对 a 的值(7)按位求反加 1 后的结果恰为-7 的补码。

**【例 9-6】**输入一个字符串和用于进行加密的密码，对每字节加密后输出。

分析：可将原数据与密码按位异或进行加密，而将加密后的数据与密码再次按位异或，得到原数据。

```
#include<stdio.h>
int main()
{char c[100],pd;
 int i;
 printf("please input:");
 gets(c);
 printf("please input a password:");
 getchar();                          /* 接收前面输入字符串时输入的回车符 */
 pd=getchar();                       /* 输入作为密码的字符 */
 for(i=0;c[i]!=0;i++)
    c[i]=c[i]^pd;                    /* 加密 */
 puts(c);
 for(i=0;c[i]!=0;i++)
     c[i]=c[i]^pd;                   /* 解密 */
 puts(c);
return 0;
}
```

如果不输入密码，可对原数据按位取反加密，再次按位取反解密，请读者自行编写该程序。

**【例 9-7】**用按位与运算屏蔽特定位(将指定位清为 0)。

```
#include<stdio.h>
int main()
```

```
{
    short int a,b;
    a=01467;
    b=a&0177;
    printf("%d\n",b);
    return 0;
}
```

分析：

```
  01467：0000001100110111
& 0177：0000000001111111
―――――――――――――――――――――――――
      b：0000000000110111
```

经过按位与运算，将 01467 的前 9 位屏蔽掉，即截取它的后 7 位。

与 1 按位与运算可保留特定位。

要想将一个数的特定位保留下来，只需设一个数，使该数的某些位为 1，这些位是与要保留的 a 的特定位相对应的位，再将 a 与该数按位与即可。

设 a=011050(为八进制数，对应的二进制为 0001 0010 0010 1000)，要将 a 的右起第 2、4、6、8、10 位保留下来，只要执行 a=a & 01252 即可：

```
  011050：00010010 00101000
& 01252：00000010 10101010
―――――――――――――――――――――――――――
          00000010 00101000
```

结果为 01050。

**警告：**

按位与的“&”的功能与取址运算的“&”的功能不同，尽管两者采用的符号相同。

【例 9-8】用按位或运算将指定的位置为 1。

设 a=065，b=012，则 c=a | b 为：

```
  065：00000000 00110101
| 012：00000000 00001010
―――――――――――――――――――――――――
       00000000 00111111
```

上面将 a 中右起第 2 位和第 4 位设置成 1，结果是 c 中的后 6 位为 1。

【例 9-9】用按位异或运算将某个量的特定位翻转。

设 a=065，要将后四位翻转，只需执行 a=a ^ 017：

065：00000000 00110101
^ 017：00000000 00001111

00000000 00111010

由此可以看出，与 1 异或，可使该位翻转，与 0 异或，可保留原值。

【例 9-10】不用中间变量，用异或运算交换两个变量的值。

```
#include<stdio.h>
int main()
{
    int a,b;
    a=3;b=4;
    a=a^b;
    b=b^a;
    a=a^b;
    printf("a=%d  b=%d\n",a,b);
    return 0;
}
```

分析：a=3、b=4，按位异或运算过程如下

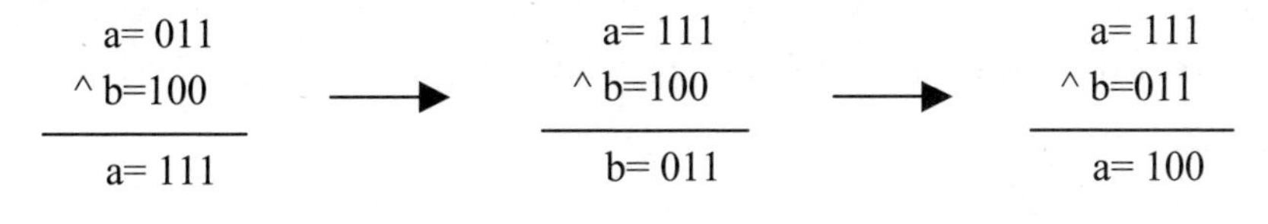


a 的值变成 7　　　　　　b 的值变为 3　　　　　　a 的值变成 4

这里没有使用中间变量，用两个变量进行异或运算，可交换两个变量的值。

## 9.1.2　移位运算

C 语言提供了两种移位运算：左移和右移。

### 1. 左移运算符(<<)

将一个数的各个二进制位整体向左平移若干位，左边移出的部分忽略，右边补 0。

左移运算的表达式：x << n

其中，x 是操作数，可以是整型或 char 型的变量或表达式，n 表示左移的位数，n 必须是整数，表达式的意思是将 x 中的所有二进制位顺序左移 n 位。

例如：

```
unsigned char a=26;      /* (26)10=(0001,1010)2 */
a=a<<2;                  /* (0110,1000)2 =(104)10 */
```

**警告：**

每左移 1 位，相当于对该数乘以 2，左移 n 位相当于乘以 $2^n$。但此结论只适用于该数左移被溢出舍弃的高位中不包含 1 的情况，若包含 1，左移 n 位相当于对原来的数值乘以 $2^n$ 后再取 $2^8$(假设该数字用一字节存储)的模。左移比乘法运算要快得多。

### 2. 右移运算符(>>)

右移运算的表达式：x >> n

其中，x 和 n 的意义和要求与左移运算表达式相同，此表达式的功能是将 x 中的所有二进制位顺序向右移动 n 位。

例如：

```
unsigned char a=0x9A;     /* (9A)16=(154)10=(1001,1010)2 */
a=a>>2;                   /* (26)16=(38)10= (0010,0110)2 */
```

每右移 1 位，相当于除以 2，右移 n 位相当于除以 $2^n$。

将一个数的各个二进制位全部向右平移若干位，右边移出的部分忽略，左边(高位)有如下规则：

(1) 对无符号数和有符号正数补 0。

(2) 有符号数的符号位为 1(即负数)，左边是移入 0 还是 1，取决于所用的计算机系统，有的移入 1，有的移入 0。移入 0 的称为“逻辑右移”，移入 1 的称为“算术右移”，Code::Blocks 采用的是算术右移。

例如，设 a=−7，在计算机中的存储形式为其补码：11111001

算术右移时：c=a>>2，即 c=1111 1001>>2=1111 1110= −2

逻辑右移时：c=a>>2，即 c=1111 1001>>2=0011 1110= 62

**【例 9-11】**编程将一个整数循环右移 n 位。

分析：循环右移 n 位，即将右边的 n 位放到左边，将左边的 sizeof(x)*8−n 位移到右边即可。可将该整数存储在无符号变量 x 中，将 x 左移 sizeof(x)*8−n 位，即右边的 n 位移到左边，存储在变量 y 中；再将 x 右移 n 位，即将左边的 sizeof(x)*8−n 位移到右边，存储在变量 z 中，然后再进行 x=y|z 运算，即把 y 中左边的 n 位和 z 中右边的 sizeof(x)*8−n 位同时复制到 x 中。

```
#include<stdio.h>
int main()
{
int n;
 unsigned char x,y,z;
 printf("Enter a integer:");
 scanf("%u",&x);
 printf("Enter n:");
 scanf("%d",&n);
 y=x<<sizeof(x)*8-n;
 z=x>>n;
```

```
 x=y|z;
 printf("%u\n",x);
return 0;
}
```

运行结果如下：

```
Enter a integer:15
Enter n:2
195
```

x 为 unsigned char，在内存中占一字节的存储空间，如果从键盘输入 15，循环右移 2 位，则结果为 195，如图 9-1 所示。

| 0 | 0 | 0 | 0 | 1 | 1 | 1 | 1 |
|---|---|---|---|---|---|---|---|

| 1 | 1 | 0 | 0 | 0 | 0 | 1 | 1 |
|---|---|---|---|---|---|---|---|

图 9-1　数据循环右移图示

## 9.1.3　位运算赋值运算符

位运算符与赋值运算符可以组成以下 5 种位运算赋值运算符：

&=、 |=、^= 、>>=、 <<=

由这些位运算赋值运算符可以构成位运算赋值表达式。例如：

- x&=y 相当于 x=x&y
- x<<=2 相当于 x=x<<2
- x>>=3 相当于 x=x>>3
- x^=5 相当于 x=x^5

**【例 9-12】**将一个十进制数转换为二进制数。

分析：C 语言标准输出函数只能将一个整数以八进制、十进制和十六进制形式输出(使用%o、%d 和%x)，但是 C 语言没有二进制输出格式。人工转换的方法是：十进制数字在内存中以二进制形式存储，转换时可以设置一个屏蔽字，其中只有一个位为 1，其余位为 0，为 1 的位为测试位。将此屏蔽字与被转换数进行“位与”运算，根据运算结果判断被测试的位是 1 还是 0。循环测试(一个整数 4 字节，32 位，测试 32 次，从最高位开始测试，每次测试后屏蔽字右移 1 位以便测试下一个位)并输出测试的结果，即为整数对应的二进制数。

```
#include<stdio.h>
int main()
{int i,bit;   /* 定义循环变量 i 和位 1/0 标志变量 bit */
 unsigned int n,mask; /* 定义欲转换的整数 n 和屏蔽字变量 mask */
 mask=0x80000000;  /* 初始屏蔽字，从左边最高位开始检查 */
 printf("Enter a integer:");
 scanf("%d",&n);  /* 输入要转换的整数 */
 printf("binary of %u is:",n);
 for(i=0;i<32;i++) /* 循环检查 32 位，并输出结果 */
```

```
{ if(i%8==0&&i!=0)printf(",");/* 习惯上二进制每 8 位用“,”分隔以便查看 */
  bit=(n&mask)?1:0; /* n&mask 非 0，该位为 1；否则该位为 0 */
  printf("%1d",bit); /* 输出 1 或 0 */
  mask=mask>>1;/* 右移 1 位，得到下一个屏蔽字 */
 }
 printf("\n");
 return 0;
}
```

运行结果为：

```
Enter a integer:67
binary of 67 is: 00000000,00000000,00000000,01000011
```

## 9.2　位段

在存储某些信息时，并不需要占用一个完整的字节，而只需占用一个或几个二进制位。例如，在计算机用于过程控制、参数检测或数据通信时，控制信息往往只占一字节中的一个或几个二进制位。为了节省存储空间，并使处理简便，C 语言允许在一个结构体中以位为单位来指定其成员所占的内存长度，这种以位为单位的成员称为“位段”或“位域”。

例如：

```
struct control_bs
{unsigned a:3;
 unsigned b:5;
 unsigned c:2;
 unsigned d:6;
 int x;
}data;
```

上面声明结构体类型 struct control_bs 的成员 a、b、c、d 为位段，冒号后面的数字说明每个位段的二进制位数。data 变量各成员 a、b、c、d、x 在内存中的结构如图 9-2 所示。

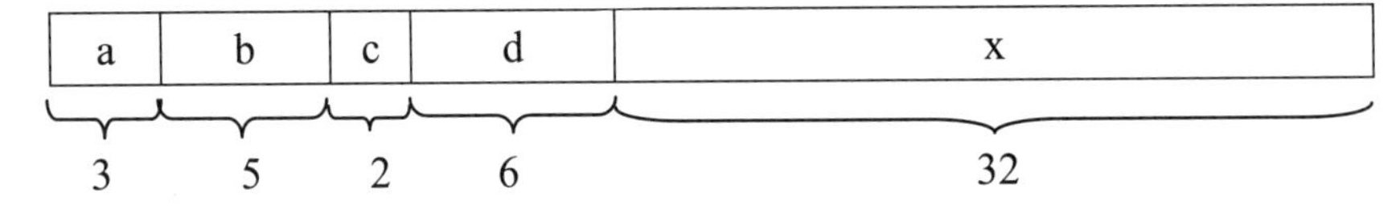


图 9-2　位段结构示意

### 1. 位段结构体和变量的定义

位段结构体的一般定义形式为：

```
struct 结构体名
{ 位段列表 };
```

其中位段列表的形式为：

**类型说明符 位段名：位段长度；**

**警告：**

位段成员的类型必须指定为 unsigned 或 int 类型。

例如：

```
struct control_bs
{
  int a:5;
  int b:5;
  int c:6;
};
```

位段变量的定义有三种方式：先定义位段结构类型后定义变量、同时定义和直接定义。例如：

```
struct control_bs
{
    int a:8;
    int b:2;
    int c:6;
}data;
```

定义 data 为 struct control_bs 变量，共占 2 字节。其中位段 a 占 8 位，位段 b 占 2 位，位段 c 占 6 位。

对于位段结构体的定义有以下几点说明：

(1) 一个位段必须存储在同一个“存储单元”中，不能跨两个存储单元。“存储单元”的大小与具体的计算机系统有关，通常为 8 位、16 位或 32 位。当一个存储单元所剩空间不够分配给另一位段时，应从下一存储单元起为该位段分配存储空间。也可以有意使某位段从下一单元开始。

例如：

```
struct control_bs
{
  unsigned a:4;
  unsigned b:5;
}
```

如果所用计算机系统的一个存储单元为 8 位，在这个位段定义中，a 占第一字节的 4 位，b 从第二字节开始，占用 5 位。

(2) 若某一位段要从另一字节开始存放，可以用以下形式进行说明：

```
struct control_bs
{
```

```
    unsigned a:1;
    unsigned b:3;
    unsigned  :0;
    unsigned c:4;   /* 从下一单元开始存放 */
}
```

如果没有 unsigned :0;，a、b、c 的存储空间应在一个存储单元中连续分配，由于它的存在，使 c 的存储单元从下一单元开始分配。

(3) 位段不允许跨两个存储单元，因此位段的长度不能大于一个存储单元的长度，也不能定义位段数组。

(4) 可以定义无名位段，无名位段是不能使用的。例如：

```
struct control_bs
{
   int a:1
   int :2        /* 这两位不能使用 */
   int b:4
   int c:2
};
```

### 2. 位段的使用

位段的一般使用形式为：

位段变量名.位段名

例如，当声明 struct control_bs data 变量后，可以引用变量 data 的成员：

```
data.a=1,data.b=12;
```

**注意：**

赋值时要注意位段所能够存储数据的范围。

说明：

(1) 位段可以用%d 格式符输出，也可以用%u、%o、%x 等格式符输出。例如：

```
printf("%d,%o,%x\n",data.a,data.b,data.c);
```

(2) 位段可以出现在数值表达式中，它会被系统自动转换成整型数。例如：

```
data.b+3*data.a;
```

(3) 使用位段有一个限制，从通常意义上讲位段没有地址，C 语言不允许将取地址运算符&用于位段。所以，不能使用 scanf()函数直接向位段中存储数据：

```
scanf("%d",&data.b);    /* 这是错误的 */
```

但是，可以用 scanf()函数将输入的数据读到一个普通变量中，然后赋给位段 data.b。

【例 9-13】定义位段结构，赋值、运算后输出各位段中的数据。

```
#include<stdio.h>
```

```
int main()
{   struct control_bs
    {
     unsigned a:2;
     unsigned b:3;
     unsigned c:4;
    } data,*pdata;
    int x,y,z;
    scanf("%d%d%d",&x,&y,&z);
    data.a=x,data.b=y,data.c=z;
    printf("%d,%d,%d\n",data.a,data.b,data.c);
    pdata=&data;
    pdata->a=0;
    pdata->b^=3;
    pdata->c|=1;
    printf("%d,%d,%d\n",pdata->a,pdata->b,pdata->c);
    return 0;
}
```

上述程序中定义了位段结构 struct control_bs，声明了该类型的变量 data 和指向该类型的指针变量 pdata。程序使用函数 scanf("%d%d%d",&x,&y,&z)从键盘输入数据(注意输入的数据不能超过该位段的存储范围)，分别赋给普通变量 x、y、z，再分给三个位段。用指向位段的指针对位段中的数据进行运算，输出最终的结果。

## 9.3　案例：查看内存单元

进阶提高

设计程序，先显示主程序的地址和主程序中两个不同类型的变量的地址，接着提示用户输入要查看的起始地址和需要查看的字节数，程序显示从指定地址开始指定字节数的内存块内容。

查看内存单元源码

**设计思路：**

大多数计算机内存处于“保护模式”，这意味着程序只能访问那些分配给它的内存，这种方式可以阻止对其他应用程序和操作系统本身所占用内存的访问。因此程序只能访问程序本身分配到的内存，如果要对其他内存地址进行访问，将导致程序崩溃。

字节按 12 个一组的方式显示(最后一组例外，有可能小于 12 字节)。每组字节的开始地址显示在一行的开头，后面是该组中的字节(按十六进制数形式)，再后面为该组字节中的字符，只有打印字符(使用 isprint()函数来判断)才会被显示，其他字符显示为点号。

```
#include<ctype.h>
#include<stdio.h>
typedef unsigned char BYTE;
int main()
```

```
{   unsigned int addr;
    char chaddr='A';
    int i,n;
    BYTE *ptr;
    addr=97;
    printf("Address of main function:%x\n",(unsigned int)main);
    /* 显示主函数在内存中的地址 */
    printf("Address of addr variable:%x\n",(unsigned int)&addr);
    /* 显示变量 addr 的地址 */
    printf("Address of chaddr variable:%x\n",(unsigned int)&chaddr);
    /* 显示变量 chaddr 的地址 */
    printf("\nEnter a (hex)address:");
    scanf("%x",&addr);                    /* 输入要查看的内存的起始地址 */
    printf("Enter number of bytes to view:");
    scanf("%d",&n);                       /* 输入要查看的内存的字节数 */
    printf("\n");
    printf("Address                  Bytes                    Characters\n");
    printf("-------- ---------------------------------   ------------\n");
    ptr=(BYTE *)addr;                     /* 将输入的整数强制转换成指针型 */
    for(; n>0; n-=12)                     /* 每 12 字节为一组，进行处理 */
    {   printf("%-8X  ",(unsigned int)ptr};/* 显示每组的起始地址 */
        for(i=0; i<12&&i<n; i++)          /* 以十六进制形式显示该组中每字节中的内容 */
            printf("%.2X ",*(ptr+i));
        for(; i<12; i++)                  /* 如果该组字节数不满 12，则显示空格 */
            printf(" ");
        printf("  ");
        for(i=0; i<12&&i<n; i++)          /* 以字符形式显示该组中每字节的内容 */
        {   BYTE ch=*(ptr+i);
            if(!isprint(ch)) /* 如果该字节的内容不可显示(用 isprint()函数判断)，用.代替*/
                ch='.';
            printf("%c",ch);              /* 该字节内容可显示，以字符形式显示 */
        }
        printf("\n");
        ptr+=12;
    }
    return 0;
}
```

# 本章小结

位运算是C语言区别于其他高级语言的一项重要的内容，位运算不再将数据作为整体进行运算，而是对数据中的一个或几个二进制位进行运算。本章的重点是掌握位运算各运算符的运算规律，掌握如何编程，了解位运算的应用，了解位段的用法。本章教学涉及位运算的有关知识的结构导图如图 9-3 所示。

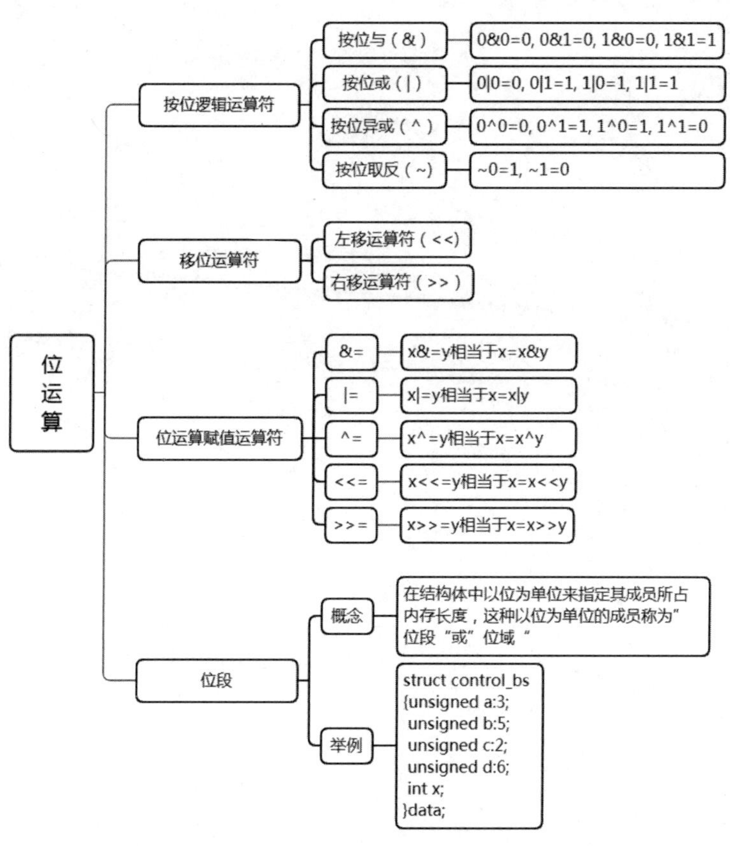


图 9-3　位运算知识结构导图

# 习　　题

1. 设整型变量 a=25(即二进制的 00011001)、b=7(即二进制的 00000111)，计算下列各式的值(用十进制数表示)。

(1) a=a^b，a 的值为(　　)。

(2) a=(a>>3)&b，a 的值为(　　)。

(3) c=a&0x0f，c 的值为(　　)。

(4) d=a|(b<<2)，d 的值(　　)。

2. 分别计算下列表达式的值：

(1) 3&&5　　(2) 3&5　　(3) 3||5　　(4) 3|5　　(5) −2&3<<2|3　　(6) 5^3|2<<1

3. 编写一个函数，对一个 8 位的二进制数取出它的偶数位，即从左边开始的第 2、4、6、8 位。

4. 编写程序，将一个十六进制数据以二进制的形式输出。

5. 编写函数，从一个 32 位的存储单元中取出以 n1 开始至 n2 结束的某几位，起始位和结束位都从左向右计算。

# 第 10 章

# 编译预处理

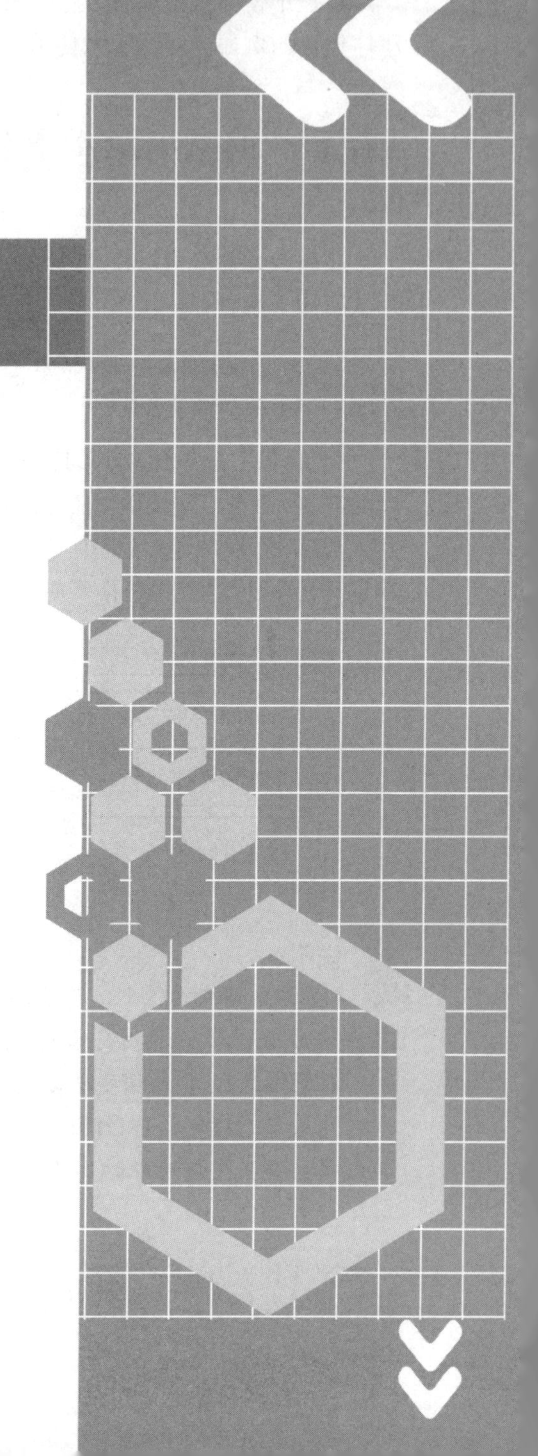

📖 **本章内容提示**：编译预处理是 C 语言的一个重要功能，但不是 C 语言编译的一部分，它由预处理程序负责完成。本章介绍 C 语言的编译预处理命令，包括#include 文件包含命令、使用#define 定义宏和条件编译。

📖 **教学基本要求**：掌握#include 文件包含命令；掌握用#define 命令定义宏；了解条件编译。

C 语言源程序除了包含程序语句外，还可以包含各种预编译命令。预编译命令不是 C 语言的组成部分，编译程序不能识别它们，不能直接对它们进行编译。预编译命令在源程序编译前由预处理程序对其进行“编译预处理”。

当对一个源程序进行编译时，系统会自动运行预处理程序，对源程序中的预处理命令进行处理，处理完成后对源程序进行编译。

C 语言的预编译处理命令主要包括文件包含、宏定义、条件编译等，它们均以“#”开头，命令末尾不加分号，因为它们不是 C 语言的语句。

合理地使用预处理命令能使编写的程序便于阅读、修改、移植和调试，也有利于模块化程序设计，例如前面编程时使用#define 定义符号常量，使用#include 包含头文件等。

## 10.1 #include 文件包含命令

文件包含命令可以将另外一个文件的内容完全包含到当前文件中，文件包含命令的一般形式有如下两种：

```
#include<文件名>                    /* 格式 1 */
#include "文件名"                   /* 格式 2 */
```

例如，有文件 file1.c，其中的内容如图 10-1(a)所示，文件 file1.c 中有一条“#include <file2.c>”命令，文件包含命令后还有程序段 1。图 10-1(b)是文件“file2.c”中的内容，包含程序段 2。程序编译预处理时，文件“file1.c”中的“#include <file2.c>”命令会被“file2.c”中的内容(即程序段 2)替换，得到图 10-1(c)所示的源代码后进入编译阶段。

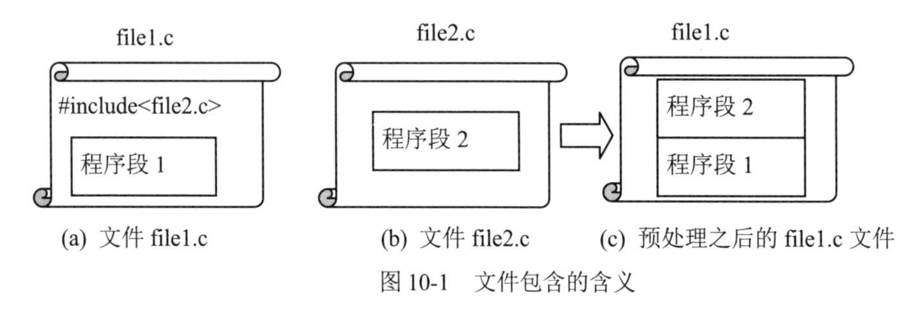


图 10-1　文件包含的含义

**说明：**

(1) 两种格式的区别。对于格式 1，预处理程序在系统头文件所在的目录(编译平台软件在安装时指定)下查找指定的文件。

对于格式 2，预处理程序首先在引用被包含文件的源文件(例如，图 10-1 中的 file1.c 文件)所在的目录或指定的路径(假设文件名中包含文件的路径)中寻找指定的文件，如果没找到，再搜寻系统头文件所在的目录。

鉴于查找速度的要求，通常对用户自定义的非标准文件使用格式 2，对使用系统库函数等的标准文件使用格式 1，也可在使用系统库函数时选择格式 2。

(2) 一条#include 命令只能包含一个文件。

(3) 被包含的文件一定是文本文件，不能是可执行程序或目标程序。

(4) 文件包含也可以嵌套，即 prog.c 中可包含文件 file1.c，在 file1.c 中可包含文件 file2.c，也可以在 prog.c 中使用两条#include 命令，分别包含 file1.c 和 file2.c，而且 file2.c 应当写在 file1.c 的前面，即:

```
#include<file2.c>
#include<file1.c>
```

(5) 被包含文件的扩展名可以是“.c”，也可以是“.h”，甚至可以是没有文件扩展名的文件。

(6) 被包含文件与使用#include 命令包含它的文件在编译预处理后会成为同一个文件，包含文件可以使用被包含文件中定义的全局变量而且不必使用 extern 声明。

在多模块应用程序的开发中，经常使用头文件来组织程序模块。

头文件成为共享源代码的手段之一。程序员可以将模块中的某些公共内容移入头文件，供本模块或其他模块包含使用。例如，用户定义的常量和数据类型。

头文件可以作为模块对外的接口。例如，头文件中可以提供其他模块使用的函数、全局变量声明，使其他模块产生正确的调用或引用(好像一个接口)。

文件包含在程序设计中非常重要。一般在头文件中定义一些外部变量、函数等，例如 head.h。凡是需要使用这些定义的程序，只要用文件包含命令将 head.h 包含到程序中，既可以避免重复劳动、减少工作量，又可以避免出错。

# 10.2　#define 宏定义

宏定义就是用一串替换文本替换程序中指定的标识符，因此宏定义也叫宏替换。宏定义有两类：不带参数的宏定义和带参数的宏定义。

## 10.2.1　不带参数的宏定义

不带参数的宏定义的一般格式为：

```
#define 宏名 替换文本
```

说明：

(1) 宏名符合标识符命名规则。为了区别程序中其他的标识符，宏名通常用大写字母。

(2) 替换文本是要替换宏名的一串字符。

例如：

```
#define PI 3.1415926
```

在预编译处理时，程序中所有出现的“宏”(如 PI)，都会被替换成“替换文本”(如3.1415926)，这个过程称为“宏展开”。如果需要在程序中修改 PI 的值，只需要在宏定义处将 3.1415926 修改为新的取值即可。

在前面章节中学习的符号常量的定义即为不带参数的宏定义。

**注意：**

(1) 宏定义仅仅是符号替换，不是赋值语句，因此不做语法检查。

(2) 宏名与替换文本之间应有空格，但宏名中不能有空格，宏定义结束之后不能加分号，因为宏定义不是 C 语句。

(3) 双引号中出现的宏名不会被替换。

例如：

```
#define PI 3.14159
printf("PI=%f", PI);
```

结果为：PI=3.14159

双引号中的 PI 不进行替换。

(4) 宏定义可以出现在程序文件中的任何地方，它的作用域是从定义位置开始到文件末尾，一般将宏定义放在文件的开头部分。如果要终止其作用域，在程序中可以使用#undef 来终止。

例如：

```
#define PI 3.1425926
int main()
{
  …
}
#undef PI
fun()
{
  …
}
```

代码中的 PI 只在 main()函数中有效，在 fun()函数中无效。

(5) 宏定义可以嵌套，即后定义的宏中可以使用先定义的宏。

例如：

```
#define PI 3.1415926
#define R 5
#define L 2*PI*R
```

使用宏定义有两个优点：首先，给编程带来了一定的便利性，可以一次定义，多次使用；其次，使用符号代替常量，可增强程序的易读性，有见名知意的效果，用户只需要查看常量名就可以知道常量所代表的含义，例如PI代表圆周率等。

## 10.2.2 带参数的宏定义

宏定义还可以像函数一样带有参数，以增加程序的灵活性和宏的实用性。

带参数的宏的一般定义格式为：

```
#define 宏名(形参列表) 替换文本
```

说明：

(1) 形参列表可以是一个形参，也可以是多个形参。如果是多个形参，中间用逗号隔开。

(2) 替换文本中应包含形参。

(3) 定义完带参数的宏后，在程序中需要的地方就可以调用它，调用宏的一般形式为：

```
宏名(实参列表)
```

例如：

```
#define circleArea(r) ((PI)*(r)*(r))
```

此后，程序中凡是出现circleArea(r)的地方(双引号中的除外)都会被替换成( ( 3.1415926 ) * (r) * (r) )。假设符号常量PI之前已经定义过，PI也会被替换成它自己的值，宏被展开。

程序编译前，预处理程序会将程序中出现的所有带参数的宏名，展开成由实参组成的表达式。

【例10-1】带参数的宏替换举例。

```
#define PI 3.1415926
#define circleArea(r) ((PI)*(r)*(r))   /* 定义带参数的宏名circleArea */
#include<stdio.h>
int main()
{   int radius;
    scanf("%d", &radius);
    printf("%f", circleArea(radius));
    /* 编译前，会将circleArea(radius)替换成((3.1415926)*(radius) * (radius)) */
     return 0;
}
```

注意：

(1) 宏名与括号之间不可以有空格，否则括号就成为替换文本的一部分，成了不带参数的宏定义。例如：

```
#define ADD (a,b) ((a)*(b))
```

```
    z=ADD(4,5);
```

宏被替换后成为:

```
z=(a,b)  ((a)*(b))(4,5);
```

(2) 有些参数表达式必须加括号，否则，在实参表达式进行替换时，会出现错误。

例如，将例 10-1 中的带参数的宏定义写为:

```
#define circleArea(r)  PI * r * r
```

调用宏时为 circleArea(radius + 2)，那么替换的结果会是什么呢?

很明显，这样替换得到的结果为 3.1415926 * radius + 2 * radius + 2，这是错误的。按照例 10-1 中的定义，替换时会得到(3.1415926 *( radius + 2) *( radius + 2))，这样的结果是正确的。

带参数的宏与函数类似，都有形参与实参，运行效果相同，但原理上二者是不同的。主要区别有:

(1) 函数的形参与实参要求类型一致，而宏替换不要求类型，不对类型做检查，只是做简单替换。

(2) 函数调用在程序运行时进行，为所有的形参分配内存空间，实参给形参传递值。函数调用结束，形参占用的空间被收回。而带参数的宏替换在编译预处理时进行，不为形参分配存储空间，无值传递，无返回值等。

(3) 函数影响程序运行时间，宏替换影响程序编译时间。

宏有时可以代替简单的函数，从而消除了函数调用产生的开销。

**【例 10-2】**编程实现两个数的交换。

方法一：不使用宏定义

```
#include<stdio.h>
int main()
{ int a,b,t;
scanf("%d %d", &a,&b );
t=a;a=b;b=t;
printf("after swap:a=%d,b=%d", a , b);
return 0;
}
```

方法二：使用带参数的宏定义

```
#define swap(mya,myb)  {t = mya ; mya = myb ; myb = t ;}
#include<stdio.h>
int main()
{ int a,b,t;
```

```
    scanf("%d %d", &a,&b );
    swap(a,b)
    printf("after swap:a=%d,b=%d", a , b);
    return 0;
}
```

分析：预处理程序将程序中带实参的 swap(a,b)替换成{t = a ; a = b ; b = t ; }，即可实现对变量 a、b 的值的交换。

## 10.3　条件编译

通常，源程序中所有的代码行都要参与编译。但是，有时候会希望根据不同的条件只对某段程序进行编译。也就是说，根据不同的条件编译不同的程序部分，从而产生不同的目标程序。指定条件进行编译，称为“条件编译”。条件编译有如下 3 种形式：

(1) 第一种形式如下：

```
#ifdef 标识符
程序段 1
[#else
程序段 2]
#endif
```

若标识符已经定义(例如，采用#define 定义过)，则对程序段 1 进行编译，否则编译程序段 2，其中[ ]内的内容可以省略。

**【例 10-3】**若有宏定义 DEBUG，则打印输出变量 sum、i 的值，否则不输出。

```
#define DEBUG
#ifdef DEBUG
 printf("%d %d", sum,i);
#endif
```

(2) 第二种形式如下：

```
#ifndef 标识符
  程序段 1
[#else
  程序段 2]
#endif
```

和第一种形式的作用恰好相反，如果标识符未定义，则编译程序段 1，否则编译程序段 2。同样，这里[ ]内的内容可以省略。

(3) 第三种形式如下：

```
#if 表达式
```

```
  程序段 1
[#else
  程序段 2]
#endif
```

作用是：若指定的表达式为真(即非零值)，则编译程序段 1，否则编译程序段 2。此处的表达式可以是任意类型的表达式，例如逻辑表达式、关系表达式等。

例如，我们正在调试一个程序，想要程序显示某些变量的值，可以将 printf()函数添加到程序中需要打印这些变量的地方。经常是一旦找到错误，就需要保留这些 printf()函数，以备以后使用，可以采用下面的方法：

```
#define DEBUG 1
#if DEBUG
 printf("i=%d\n",i);
 printf("j=%d\n",j);
#endif
```

需要打印 i 和 j 的值时，给名为 DEBUG 的宏定义一个非零值，如果不需要，则将 DEBUG 的宏定义改成#define DEBUG 0 即可。

如果源文件包含同一个头文件两次，那么可能产生编译错误。当头文件包含其他头文件时，这种问题十分普遍。

例如，假设 file1.h 包含 file3.h，file2.h 包含 file3.h，而 prog.c 同时包含 file1.h 和 file2.h，如图 10-2 所示。那么在编译 prog.c 时，file3.h 就会被 prog.c 包含两次。

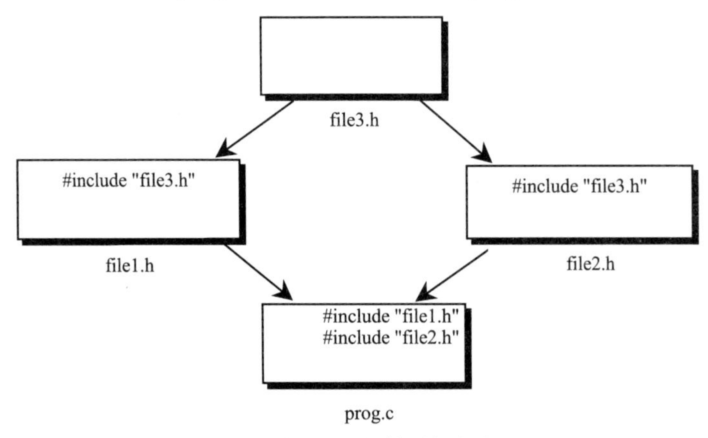


图 10-2　文件重复包含

两次包含同一个头文件并不总是会导致编译错误。如果文件只包含宏定义、函数原型和/或变量声明，那么将不会有任何困难。然而，如果文件包含类型定义，则会带来编译错误。

为安全起见，保护全部头文件避免多次包含可能是个好主意，这样就可以在稍后添加类型定义而不用冒可能因忘记保护文件而产生的风险。此外，在程序开发期间，避免同一个头文件的不必要重复编译可以节省一些时间。

为了防止头文件多次包含，使用#ifndef 和#endif 指令来封闭文件的内容。例如，文件 boolean.h 中的内容如下，这种方式可以保护文件 boolean.h。

```
#ifndef BOOLEAN_H
#define BOOLEAN_H

#define TRUE 1
#define FALSE 0
typedef int Bool;

#endif
```

在首次包含这个文件时，没有定义宏 BOOLEAN_H，所以预处理器允许保留#ifndef 和#endif 之间的多行内容。但是如果再次包含此文件，那么预处理器将把#ifndef 和#endif 之间的多行内容删除。

## 10.4　编写大型程序

虽然某些 C 程序足够小可以放入一个单独的文件中，但是当程序复杂时，源代码通常会较长，如果将全部代码放在一个源文件中，会使程序的编写、修改、调试都很不方便。

在实践中人们体会到，当程序较大时可以将程序分割成多个源文件，分别进行开发、编译、调试，然后把它们组合起来，形成整个程序(软件)。

将一个较大的程序分为多个源文件有以下几个优点：

(1) 把相关的函数和变量分组放入同一个文件中可以使程序的结构清晰。

(2) 可以对每个源文件单独进行编译，如果程序规模较大且需要频繁修改(这一点在程序开发过程中非常普遍)，这种方法能极大地节省时间。

(3) 把函数分组放在不同的源文件中更利于复用。

当把一个程序分为几个源文件时，会有如下问题：

- 一个文件中的函数怎样调用在另一个文件中定义的函数？
- 函数怎样访问其他文件中的外部变量？
- 两个文件怎样共享相同的宏定义和类型定义？

答案在于使用#include 指令，具体见本章 10.1 节的内容，此指令使得在任意数量的源文件中共享信息成为可能。这些信息可以是函数原型、宏定义、类型定义等。

常见的大型程序由多个源文件组成，通常还有一些头文件。源文件包含函数的定义和外部变量，而头文件包含可以在源文件之间共享的信息，即源程序可以由以下几部分组成。

(1) 一个或几个自定义的头文件，通常用.h 作为扩展名。头文件里一般包含：

- #include 预处理命令，引用系统头文件和其他头文件。
- #define 定义的宏。
- 数据类型定义，如结构体、共用体等的类型定义或使用了 typedef 的类型定义。
- 函数原型声明、外部变量的 extern 声明等。

(2) 一个或几个源文件，通常用.c 作为扩展名，这些文件中包含：

- 对自定义头文件的使用(用#include 命令)。
- 在源文件内部使用的宏的定义(用#define 命令)。
- 外部变量的定义。
- 各函数的定义，包括 main()函数和其他函数。

不提倡在一个.c 文件里使用#include 命令引入另一个.c 文件的做法。这样往往导致不必要的重新编译，在调试程序查错时也容易引起混乱。应该通过头文件里的函数原型声明和外部变量的 extern 声明，建立起函数、外部变量的定义(在某个源程序文件中)与它们的使用(可能在另一个源程序文件中)之间的联系。

在 C 语言中，如果要开发一个完整的系统，就必须建立“项目”。项目是为了便于维护和构建大型程序而设计的，是一个总体的概念。一个项目包含了构建一个程序所需要的所有源文件(不只是 C 语言源代码文件，还有可能是其他的图标文件、数据文件、说明文件等)。这些源文件可能有多个，一般会按类型、功能、模块分别放在若干个目录中。当然，这些文件之间必然是相互依赖的。一个项目需要按一系列的规则来使用这些文件，比如哪些文件需要先编译、哪些文件需要后编译、哪些文件需要重新编译，甚至是进行更为复杂的工作。

## 10.5 案例：数据压缩和解压缩

进阶提高

行程编码(Run-Length Encoding，RLE)又称游程编码或变动长度编码，是一种简单的无损压缩方法。压缩的方法是将原始数据中连续出现的信源符号(称为行程)，用一个计数值(称为行程长度)和该信源符号代替。

压缩解压缩源码

例如 AAAABBBFFFFFFRRRR，编码后结果为 4A3B6F4R。

RLE 是一种简单的压缩算法，是用来压缩有大量连续重复数据的压缩编码，主要用于压缩图像中连续重复的颜色块。当然，并不是说 RLE 只能应用于图像压缩，它能压缩任何二进制数据，只要原始文件中有大量连续重复的数据。但对于其他二进制文件而言，由于文件中相同的数据出现的概率较小，使用 RLE 压缩这些数据重复性不强的文件效果不太理想，有时压缩后的数据反会变大。

设计思路：

RLE 压缩就是将一串连续的相同数据转换为特定的格式来达到压缩的目的。因为是对文件执行的操作，所以需首先判断输入的参数(文件名及路径)是否正确，然后调用压缩函数对

文件进行压缩。即打开需要压缩的文件(源文件)，建立保存压缩结果的文件(目标文件)，利用循环从源文件中读数据，压缩后输入目标文件，最后关闭文件。解压缩是压缩的逆过程，可采用与压缩类似的方法。

通过本案例可以学习利用项目组织编写一个完整系统的过程和方法。

新建项目，该项目包括 main.c、fileCommon.c、ys-func.c、jys-func.c 和头文件 ysjys-head.h，每个文件中的代码如下。

文件 ysjys-head.h 中的内容如下，其中包含头文件和函数的声明。使用条件编译的目的是保护头文件，使函数的声明和头文件的应用不会被重复声明和引用。

```
#ifndef RLEYS_H_INCLUDED
#define RLEYS_H_INCLUDED
#include<stdio.h>
#include<stdlib.h>
#include<string.h>
void Common(char *filename);        /* 打开失败的提示 */
void Compress(char *infilename,char *outfilename); /* 压缩函数 */
void Decompress(char *infilename,char *outfilename);/* 解压缩函数 */
#endif // RLEYS_H_INCLUDED
```

文件 fileCommon.c 中为函数 Common()的定义，该函数的功能是对打不开的文件输出出错信息，并退出程序，代码如下：

```
void Common(char *filename)
{
  char tempspace[200];
  strcpy(tempspace,"Unable to open");/* 将字符串复制到数组 tempspace 内 */
  strcat(tempspace,filename);/* 将字符串 filename 链接到字符串 tempspace 的后面 */
  puts(tempspace);
  exit(1);       /* 退出程序 */
}
```

文件 ys-func.c 中为压缩函数 Compress()的定义，代码如下：

```
#include "ysjys-head.h"
void Compress(char *infilename,char *outfilename) /* 压缩文件 */
{    FILE *infile,*outfile;
    register int seq_len;
    char cur_char,cur_seq;
    if((infile=fopen(infilename,"rb"))==NULL)   /* 判断文件是否打开成功 */
       Common(infilename);
    if((outfile=fopen(outfilename,"wb"))==NULL) /* 判断文件是否创建成功 */
       Common(outfilename);
    cur_char=fgetc(infile);
    cur_seq=cur_char;
    seq_len=1;
```

```
    while(!feof(infile))        /* 进行压缩 */
    {
        cur_char=fgetc(infile);
        if(cur_char==cur_seq)
        {
            seq_len++;
        }
        else
        {
            fputc(seq_len,outfile);
            fputc(cur_seq,outfile);
            cur_seq=cur_char;
            seq_len=1;
        }
    }
    fclose(infile);          /* 关闭文件 */
    fclose(outfile);
}
```

文件 jys-func.c 中为解压缩函数 Decompress()的定义，代码如下：

```
#include"ysjys-head.h"
void Decompress(char *infilename,char *outfilename)
{
    FILE *infile,*outfile;
    register int seq_len,i;
    char cur_char;
    if((infile=fopen(infilename,"rb"))==NULL) /* 判断文件是否打开成功 */
        Common(infilename);
    if((outfile=fopen(outfilename,"wb"))==NULL)/* 判断文件是否创建成功 */
        Common(outfilename);
    while(!feof(infile))        /* 解压文件 */
    {
        seq_len=fgetc(infile);
        cur_char=fgetc(infile);
        for(i=0; i<seq_len; i++)
        {
            fputc(cur_char,outfile);
        }
    }
    fclose(infile);          /* 关闭文件 */
    fclose(outfile);
}
```

文件 main.c 中包含的函数体代码如下：

```
#include"ysjys-head.h"
```

```
int main()
{
    int choice;
    char sourcefile[80],targetfile[80];
    for(;;)
    {
        system("cls");        /* 清屏 */
        printf("1:Compress file.\n");
        printf("2:DeCompress file.\n");
        printf("3:Quit.\n");
        do
        {
            printf("\n Enter you choice(1~3):");/* 提示输入选项 */
            scanf("%d",&choice);        /* 输入选择项 */
        }
        while(choice<1||choice>3);     /* 选择项不在 1~3 范围内，重输 */
        getchar();
        switch(choice)
        {
        case 1:
            printf("please input compress source file name:");
            gets(sourcefile);
            printf("please input compress target file name:");
            gets(targetfile);
            printf("\n compression ...\n");
            Compress(sourcefile,targetfile);/* 调用函数 Compress()压缩数据 */
            break;
        case 2:
            printf("please input Decompress source file name:");
            gets(sourcefile);
            printf("please input Decompress target file name:");
            gets(targetfile);
            printf("\n Decompression ...\n");
            Decompress(sourcefile,targetfile);/* 调用函数 Decompress()解压缩
                                                数据*/
            break;
        case 3:
            exit(0);
        }
        system("pause");
    }
    return 0;
}
```

# 本章小结

本章介绍了预编译处理命令，即文件包含、宏定义和条件编译命令，这些命令不是 C 语言语句，它们均以“#”开头，末尾不加分号。合理地使用预处理命令有利于模块化程序设计，使编写的程序便于阅读、修改和调试。本章教学涉及编译预处理的有关知识的结构导图如图 10-3 所示。

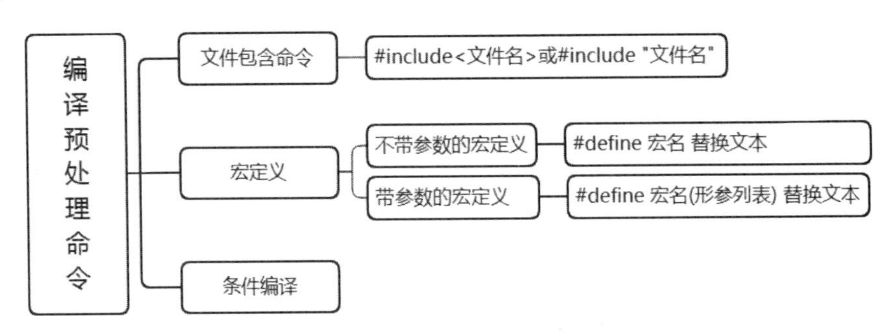


图 10-3　编译预处理知识结构导图

# 习　　题

编程题

1. 输入两个整数，求它们的余数，用带参数的宏来实现。

2. 编写宏，计算下面的值：

(1) x 的立方。

(2) 如果 x 与 y 的乘积小于 50，则值为 1，否则值为 0。

3. 从键盘输入年份，设计带参数的宏来判断是否是闰年，并输出结果。

4. 用海伦公式求三角形的面积：

area=$\sqrt{s(s-a)(s-b)(s-c)}$，其中 $s=\frac{1}{2}(a+b+c)$，$a$、$b$、$c$ 为三角形的三条边。定义三个带参数的宏，一个宏用来判断输入的三条边能否构成三角形，另一个宏用来求 $s$，最后一个宏用来求 area。在 main()函数中用带实参的宏求面积。

# 第11章

# 指针的高级应用

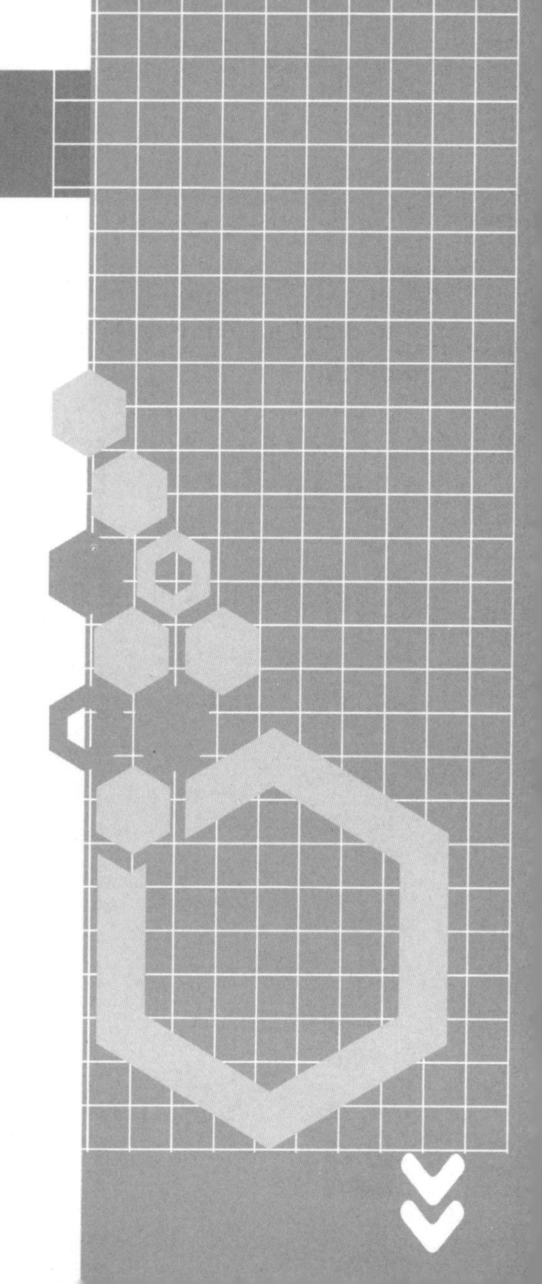

📖 **本章内容提示**：本章介绍指针的高级应用，包括多级指针、main()函数带参数、函数指针和动态内存分配等。指针及其高级应用有助于解决较为复杂的问题，例如，利用动态内存分配可以建立表、树、图等其他较为复杂的链式数据结构。本章介绍链表等较为基础的内容。

📖 **教学基本要求**：理解多级指针和函数指针的概念，通过例题和案例，掌握和体验利用高级指针编程的灵活性与便利性。掌握高级指针的应用方法，为编写复杂程序奠定基础。

# 11.1 多级指针

如果一个指针变量中存放的是另一个指针变量的地址，则称这个指针变量为二级指针变量，存储二级指针。

二级指针变量的一般声明形式为：

```
类型标识符 **指针变量名;
```

例如：

```
int x;
int *p;
int **q;
x=100;
p=&x
q=&p;
printf("%d",**q);
```

上述程序定义了整型变量 x、整型指针变量 p 和二级指针变量 q。x 赋值为 100，p 指向 x，q 指向 p，各指针变量的指向示意如图 11-1 所示。上述程序中输出**q 的值，也就是输出 x 的值。

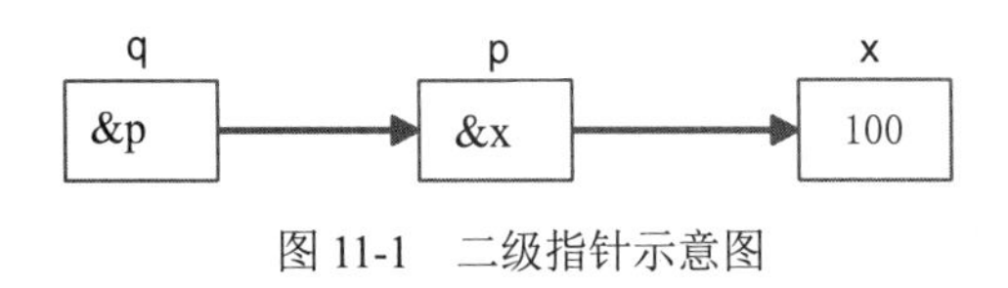


图 11-1　二级指针示意图

【例 11-1】使用二级指针变量处理指针数组。

```
#include<stdio.h>
int main()
{
    char *book[]={"The C Programming language", "Head First C",
    "C Primer Plus", "Beginning C","C Programming: A Modern Approach"};
    char **p; /* 定义二级指针变量 p */
    int i;
    for(i=0;i<5;i++)
    {
        p=book+i; /* 把指针数组中第 i 个元素的地址赋值给 p */
        puts(*p); /* *p 的含义是取 p 所指向对象的内容 */
    }
    return 0;
}
```

程序的运行结果为：

```
The C Programming language
Head First C
C Primer Plus
Beginning C
C Programming: A Modern Approach
```

程序中 p 为二级指针变量，指向指针数组的数组元素，*p 即为指针数组的数组元素，puts(*p)表示输出指针数组元素指向的字符串。

## 11.2　main()函数带参数

编写函数时可以根据函数需要实现的功能，为函数设置参数或不设置参数。main()函数也是函数，可以根据需要设置参数。以前编写的 main()函数中都没有使用参数。实际上，main()函数可以带参数，它有两个参数：第一个参数(习惯上命名为 argc，用于参数计数)的值表示运行程序时命令行中参数的数目；第二个参数(命名为 argv，用于参数向量)是一个指针数组，用来接收命令行参数。带参数的 main()函数可以写成如下形式：

```
int main(int argc,char *argv[])
```

**【例 11-2】**编写程序实现 DOS 的 ECHO 命令。ECHO 命令的功能是“参数回显”，不包括“ECHO”，并且显示命令行参数与 main()函数各形参之间的关系。

分析：编写程序 echo.c，编译连接后生成 echo.exe，在 DOS 命令提示符下输入命令行 echo I love you↙(↙为回车)并观察输出结果。

```
#include<stdio.h>
int main(int argc,char *argv[])
{
   int i;
   printf("The number of command line arguments is:%d\n",argc);
   printf("The program name is:%s\n",argv[0]);
   if(argc>1)
   {
      printf("The other arguments are following:\n");
      for(i=1; i<argc; i++)
         printf("%s ",argv[i]);
   }
   return 0;
}
```

程序的运行结果如下：

```
The number of command line arguments is:4
The program name is:echo
The other arguments are following:
I love you
```

由于所有命令行参数都被当成字符串来处理，因此字符指针数组 argv 的各元素依次指向命令行中的各参数，如图 11-2 所示。

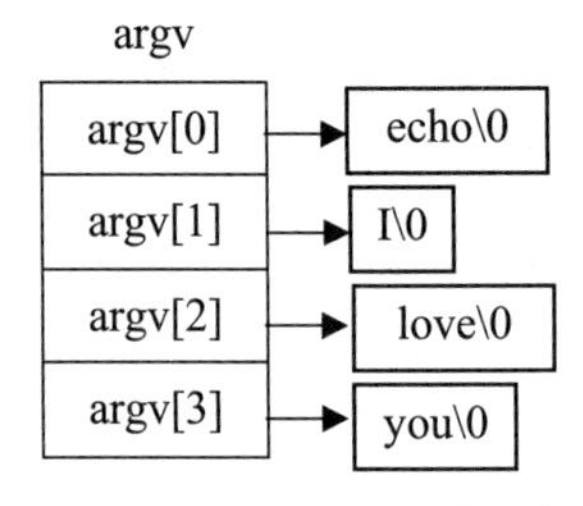

图 11-2　命令行参数示意

按照 C 语言的约定，argv[0]的值是启动该程序的程序名，因此 argc 的值至少为 1。如果 agrc 的值为 1，则说明程序名的后面没有参数。

带参数的 main()函数在运行时需要在 DOS 操作系统下，在 DOS 命令提示符下输入 echo I love you↙，这是程序 echo.c 的另一种运行方式，称为命令行。其中，echo、I、love、you 为命令行参数，参数 echo 为命令名，I、love、you 为参数。

在 DOS 环境下，一条完整的运行命令一般包括两部分：命令与相应的参数。格式为：

```
命令 参数1 参数2…参数n
```

命令行参数很有用，在批处理命令中的使用较为广泛。例如，可通过命令行参数向一个程序传递这个程序所要处理文件的名称，还可用来指定命令的选项等。

# 11.3　函数指针

在程序设计中，用户可以调用 scanf()和 printf()函数来完成数据的输入和输出，调用 sqrt()、fabs()等数学标准库函数来对数据进行处理，C 语言也允许用户自己定义函数(函数的定义和调用在第 6 章已具体讲述)。定义一个函数后，编译系统将为该函数确定一个入口地址，将函数的名称与入口地址一一对应。调用该函数的时候，使用函数名称进行调用，系统会从这个“入口地址”开始执行该函数。

可以定义一个指向函数的指针变量，用来存放函数的入口地址，函数的入口地址称为函数指针，可以用指向函数的指针变量来调用该函数。

指向函数的指针变量的定义方式为：

```
类型标识符 (*指针变量名)()
```

其中，类型标识符为函数返回值的类型。

**注意：**

“*指针变量名”外部的括号不能省略，如果省略该括号，由于括号的优先级比*高，指针变量名会与后面的括号相结合，就变成了“类型标识符 *指针变量名()”，即成为第 6 章介绍的“返回指针的函数”的声明，两者意义完全不同。

例如，下面两条声明语句：

```
float (*p)();  /* 定义一个指向函数的指针变量，该函数的返回值为浮点型数据 */
float *f();    /* 声明一个返回值为指针的函数，该指针指向一个浮点型数据 */
```

定义函数指针变量后，要为该函数指针变量赋初值。由于函数名代表了该函数的入口地址，因此可以将一个函数的名称赋予一个函数指针变量，该指针变量即指向一个具体的函数。

例如：

```
double sum();      /* 函数声明 */
double (*fun)();  /* 函数指针变量声明 */
fun = sum;          /* fun 指向 sum()函数 */
```

定义和赋值函数指针变量后，在程序中就可以使用该指针变量调用它所指向的函数。由此可见，使用函数指针变量，增加了函数调用的方式。

例如：

```
double (*fun)(double),x=5,y;
fun=sqrt;
y=(*fun)(x);
```

在上例中，语句 y=(*fun)(x)等价于 y=sqrt(x)，因此当一个指针变量指向一个函数时，通过访问指针变量，就可以访问它所指向的函数。

一个函数指针变量可以先后指向同类型的不同函数，将哪个函数的地址赋给它，它就指向哪个函数。使用该指针变量，就可以调用它所指向的函数。另外，对于函数指针变量(*p)( )，p+n、p++、p--等运算无意义。

使用函数指针变量，除了增加函数调用的方式之外，还可以将其作为函数的参数。在调用函数时传递不同函数的函数指针，可实现同一过程调用不同函数的任务。

**【例 11-3】**编程列出三角函数表。

分析：列出 sin、cos、tan 三角函数表，过程类似，只是调用的函数不同。用指向函数的指针变量作为函数参数，通过参数传递不同的函数指针，实现不同三角函数的调用。

```
#include<stdio.h>
#include<math.h>
void tranfun(double (*fun)(double),double start,double end,double step)
{   double x;
    int i,n;
    n=(end-start)/step;       /* 计算循环次数 */
    for(i=0;i<n;i++)
    {
       x=start+i*step;
       printf("%10.5f  %10.5f\n",x,(*fun)(x));/* 用函数指针变量调用不同的函数 */
    }
}
```

```
/* 主函数 */
int main()
{   double initial,final,increment;
    printf("Input the initial value:");
    scanf("%lf",&initial);            /* 输入初始值 */
    printf("Input the final value:");
    scanf("%lf",&final);             /* 输入终止值 */
    printf("Input the increment value:");
    scanf("%lf",&increment);          /* 输入步长 */
    printf("\n    x         sin(x)\n");
    printf("   -------    -------\n");
    tranfun(sin,initial,final,increment)  ;/* 以sin()函数名为实参,调用该函数 */
    printf("\n    x         cos(x)\n");
    printf("   -------    -------\n");
    tranfun(cos,initial,final,increment); /* 以cos()函数名为实参，调用该函数 */
    printf("\n    x         tan(x)\n");
    printf("   -------    -------\n");
    tranfun(tan,initial,final,increment); /* 以tan()函数名为实参，调用该函数 */
    return 0;
}
```

## 11.4 动态内存分配

在程序中定义的各种存储类型的变量和数组，如自动类型、静态类型、寄存器类型等类型的变量和数组，在内存中的空间分配是系统自动完成的，编程人员无法干预存储单元的开辟和回收，存储空间的这种分配方式为固定内存分配。这种方式让编程的自由度受限，如数组必须大开小用，指针必须指向一个已经存在的变量或数组；而动态内存分配可以让编程人员在程序中按照需要的存储空间大小动态地开辟或回收存储单元，这种方式可以节约内存，对存储空间的使用较自由、灵活。

### 11.4.1 动态内存分配函数

C 语言中使用 malloc()、calloc()、realloc()和 free()等库函数进行动态内存的开辟和回收，这些函数在头文件 stdlib.h 中声明。使用这些函数时，需要将头文件 stdlib.h 包含到程序中。

#### 1. malloc()函数

malloc()函数的调用形式为：

```
指针变量=(类型 *) malloc(size);
```

malloc()函数用于开辟 size 字节的内存单元。

其中，size 是需要开辟的内存空间的字节数，“(类型 *)”是将开辟的存储空间的首地址(为 void *)强制类型转换成所需类型的地址，将转换后的指针(地址)赋予左边的指针变量，在后面的程序中可以通过该指针变量访问开辟的内存空间。若无足够的内存分配，该函数返回 NULL。

例如：

```
int *a;
A= (int *)malloc(sizeof(int));
```

开辟一个 int 类型的内存空间，该空间为 4 字节，将该空间首字节的地址赋予指针变量 a。

```
int *array;
array = (int *)malloc(10 * sizeof(float));
```

开辟 10 个连续的存储单元，每个存储单元为 float 类型，将存储单元的首地址赋予指针变量 array。

### 2. calloc()函数

calloc()函数的调用形式为：

```
指针变量=(类型 *) calloc(n,size);
```

calloc()函数用于动态申请 n 个连续的 size 字节的内存单元，其他参数与 malloc()函数的相同。

例如：

```
float *p;
p=(float *)calloc(5,sizeof(float));
```

开辟 5 个连续的存储单元，每个存储单元为 float 类型，并将存储单元的首地址赋予指针变量 p。

### 3. realloc()函数

realloc()函数的调用形式为：

```
指针变量=(类型 *) realloc(point,size);
```

point 为指向已开辟动态内存空间首地址的指针变量，realloc()函数的功能是将指针变量 point 所指的已分配内存空间回收，重新分配 size 字节的动态内存空间，将原内存空间的内容复制到新空间。size 可以比原来分配的空间大或小，若比原空间大，则不会丢失信息，将新开辟的内存空间的首地址返回后赋予左边的指针变量。

例如：

```
float *p;
p=(float *)calloc(5,sizeof(float));
pt=(float *)realloc(p,10*sizeof(float));
```

对用 calloc()函数开辟的动态内存空间 p 进行重新分配，p 所指向的存储空间有 5 个存储单元，每个单元为 float 类型，重新分配后扩大为 10 个存储单元。

#### 4. free()函数

free()函数用于回收由 malloc()、calloc()和 realloc()函数开辟的存储空间，free()函数的调用形式为：

```
free(指针变量);
```

其中，“指针变量”为指向由动态内存分配函数开辟的动态空间首地址的指针变量。

当开辟的动态内存空间不再使用时，应该用 free()函数将其释放，以免造成动态内存空间占而不用，浪费资源。

例如：

```
int *p;
p = (int *)malloc(sizeof(int));    /* 开辟动态内存空间 */
free(p);                           /* 释放动态内存空间 */
```

### 11.4.2　动态内存空间的使用

动态内存的特点：

(1) 内存空间的大小可以是一个变量，其值在运行时可以从键盘输入。

(2) 内存空间在运行时分配，不再使用时释放，内存的分配由操作系统参与完成。

(3) 动态分配的内存空间在未释放之前均可以被引用，但要注意其可被引用的范围。

利用动态分配函数可以按照需要申请多个存储空间中存储单元的个数，在使用过程中可以改变该存储空间存储单元的个数。通过指针变量，可以像访问数组那样访问动态存储空间中的存储单元，称该存储空间为动态数组。

#### 1. 一维动态数组

下面说明一维动态数组的建立、使用和释放。

**【例 11-4】**从键盘输入 n，建立一维动态数组，并输入 n 个数据，求出其中的最大值后输出该值及其位置。

```
#include<stdio.h>
#include<stdlib.h>
int main()
{
    int *a = NULL, n, i,max,imax;
    printf("please input the number of element: ");
    scanf("%d", &n);
    a = (int *)malloc(n*sizeof(int)); /* 申请动态数组 */
    if(a== NULL)                  /* 内存申请失败,提示退出 */
    {   printf("out of memory,press any key to quit...\n");
```

```
        exit(0);                    /* 终止程序的运行,返回操作系统 */
    }
    printf("please input %d elements: ", n);
    for(i = 0; i < n; i++)
        scanf("%d", &a[i]);
/* 求 n 个数据中的最大值及其位置 */
    max=a[0],imax=0;
    for(i = 1; i < n; i++)
        if(max<a[i])
            max=a[i],imax=i;
    printf("max num is %d,locate %d", max,imax+1);
    free(a);      /* 释放由 malloc()函数申请的内存块 */
    return 0;
}
```

用 malloc()函数一次申请的动态存储单元在内存中是连续的，可以像访问一维数组一样访问该存储单元。

### 2. 二维动态数组

二维数组的数组名是二级指针，每行有起始地址，在构建二维动态数组时可以定义一个二级指针变量来存放二维动态数组的起始地址，构建指针数组来存储每行的地址。例如，构建一个 3×4 的二维动态数组的存储结构示意图如图 11-3 所示。

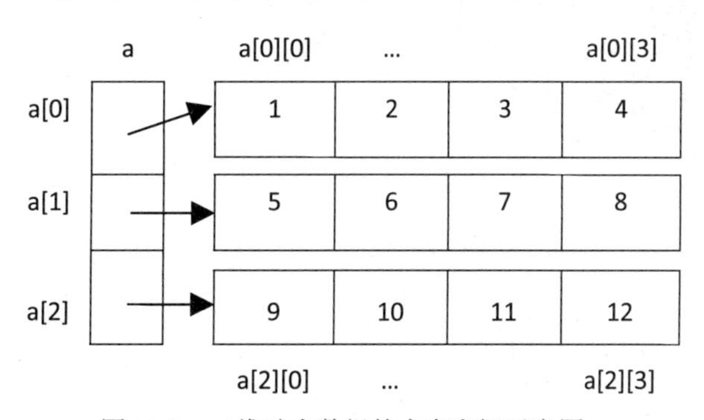


图 11-3　二维动态数组的内存空间示意图

**【例 11-5】** 定义 n 行、m 列整型的二维动态数组 a，先逐行分别给数组元素赋数值 1，2，…，n*m，然后显示数组中的数值。要求把申请二维动态数组的过程和释放二维动态数组的过程编写成函数。

```
#include<stdio.h>
#include<stdlib.h>
/* 定义构造二维动态数组的函数 */
int **Make2DArray(int row, int col)
{  int **a, i;
a = (int **)malloc(row * sizeof(int *));/* 申请指针数组，存储二维数组每行的列地址 */
   for(i = 0; i < row; i++)
```

```
        a[i] = (int *)malloc(col * sizeof(int)); /* 为二维数组的每行开辟存储空间 */
    return a;
}
/* 定义释放二维动态数组的函数 */
void Diliver2DArray(int **a, int row)
{
    int i;
    for(i = 0; i < row; i++)
        free(a[i]); /* 释放每行的存储单元 */
    free(a);   /* 释放指针数组的存储单元 */
}
/* 主函数 */
int main(void)
{
    int i, j, c;
    int row , col , **a;
    printf("Please input the row,col of 2D array:\n");
    scanf("%d%d",&row,&col);
a = Make2DArray(row, col);
    c = 1;
    for(i = 0; i < row; i++)
        for(j = 0; j < col; j++)
        {   a[i][j] = c;
            c++;
         }
    printf("2D array is :\n");
    for(i = 0; i < row; i++)
        {for(j = 0; j < col; j++)
            printf("%5d", a[i][j]);
        printf("\n");
        }
    Diliver2DArray(a, row);
    return 0;
}
```

**警告：**

二维动态数组的全部存储空间不是一次申请的(用循环申请)，所以二维动态数组中本行的数组元素在物理上是连续的，而各行(即行与行)的存储空间在物理上不一定是连续的。

## 11.5 链表

链表由一系列节点(链表中的每一个元素称为一个节点)组成，其中每个节点都包含指向下一个节点的指针域，链表结构如图 11-4 所示。

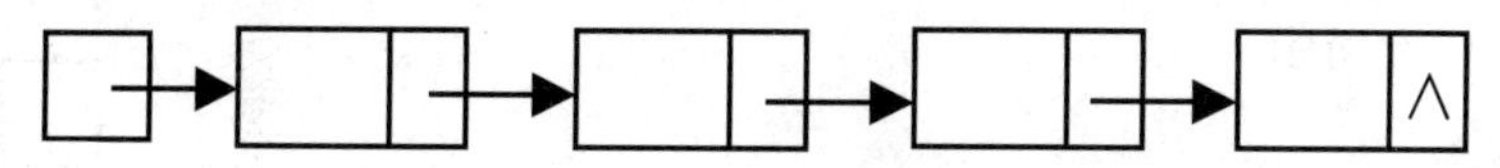

图 11-4　链表结构示意图

链表中的每个节点都包括两个部分：一部分是存储数据元素的数据域；另一部分是存储下一个节点地址的指针域。链表最后一个节点的指针域为空(NULL)，用符号“∧”表示。

在链表中，第一个节点的地址非常重要，因为链表的操作必须“万事从头开始”“顺藤摸瓜”，方能实现对链表节点的依次访问，从而实现对链表中节点数据的处理。

与数组相比，链表比数组更灵活，使用链表处理数据信息时，不用事先考虑应用中元素的个数。当需要插入或删除元素时可以随时申请或释放内存，并且不用移动其他元素。但这却失去了数组的“随机访问”能力，即可以用相同的时间访问数组内的任何元素，而访问链表中的节点时需要从头开始。如果节点距离链表开始处很近，就会很快访问到它；如果节点靠近链表结尾处，访问到它会较慢。

#### 1. 节点类型声明

链表结构中的每一个节点都使用动态内存，可以根据需要临时申请或释放，各个节点不需要连续的存储单元。假定节点包含一名学生的学号和一门课的成绩，节点类型定义如下：

```
struct node{ int num;              /* 学号 */
             int score;            /* 成绩 */
             struct node *next;    /* 指向下一个同类型节点的指针域 */
           };
```

说明：其中成员 num 和 score 为节点的数据域，数据域包含的数据根据程序所处理的问题而不同，next 为 struct node *类型，是节点的指针域，存储下一个节点的指针。

#### 2. 创建节点

在构建链表时，需要逐个创建节点，并且把生成的每个节点加入链表中，创建节点包括以下三个步骤：

(1) 为节点分配内存单元。

(2) 把数据存储到节点中。

(3) 把节点插入链表中。

下面先说明完成前两个步骤的方法。

为了创建节点，需要一个指针变量来临时指向该节点(直到该节点被插入链表中为止)，设此指针变量为 p。

```
struct node *p;
```

用 malloc()函数为新节点分配内存空间，并把返回值保存到指针变量 p 中。

```
p=(struct node*)malloc(sizeof(struct node));
```

状态如图 11-5 所示。

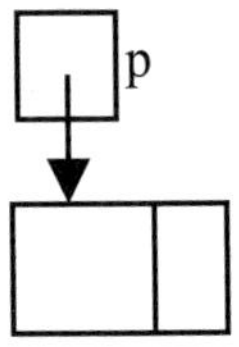

### 3. 建立链表

建立链表的过程是节点“逐个插入”的过程。

操作步骤如下：

(1) 建立一个“空表”。

(2) 创建节点，输入数据存储于节点的数据域，将该节点插入链表中。

(3) 重复第(2)步，直到所有数据输入完毕，将最后一个节点的指针域置为空。

p

图 11-5　创建新节点示意图

**【例 11-6】**建立一个带有头节点的单向链表，从键盘逐个输入每名学生的成绩，当成绩输入为-1 时结束，并返回链表的头指针(第一个节点的地址)。

分析：在单链表的第一个节点之前附设一个节点，称为“头节点”，头节点的数据域可以不存储任何信息，如图 11-6 所示。这种链表在空链和非空链时的处理方式相同，可以给程序的处理带来方便。

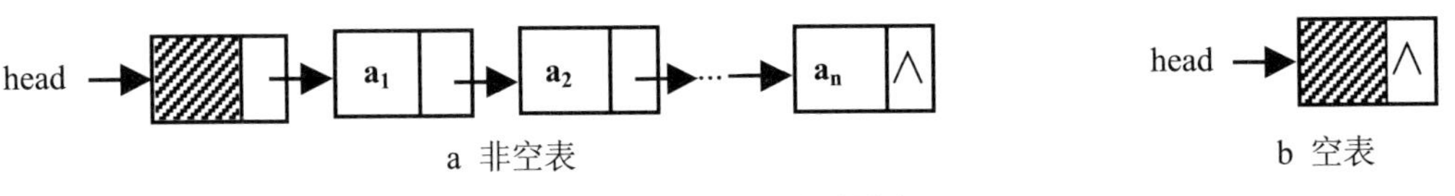


图 11-6　带头节点的单链表

设 head 为链表的头指针，p 为指向新节点的指针变量，listp 为链表操作的当前指针变量，按照上面的步骤建立链表，并返回链表的头指针 head，为下一步处理链表提供方便。

```
#include<stdio.h>
#include<stdlib.h>
struct node
{   int score;                /* 成绩 */
    struct node *next;        /* 指向下一个同类型节点的指针域 */
};
/* 创建链表 */
struct node *create(void)
{   struct node *head,*p,*listp;
    int x;
    head=(struct node *)malloc(sizeof(struct node));/* 建立头节点 */
    head->next=NULL;
    listp=head;     /* 当前指针变量指到头节点 */
    printf("输入一个成绩(-1 结束): ");
    scanf("%d",&x);
    while(x!=-1)
    {
        p=(struct node *)malloc(sizeof(struct node));/* 建立新节点 */
        p->score=x;           /* 将输入的数据存储到新节点的数据域 */
        p->next=NULL;         /* 将新节点的指针域置为空 */
```

```
        listp->next=p;      /* 将新节点连接到当前指针的后面 */
        listp=p;            /* 将新节点作为当前节点 */
        printf("输入一个成绩(-1 结束): ");
        scanf("%d",&x);     /* 输入下一个学生的成绩 */
    }
    return head;
}
/* 显示链表函数体 */
void display(struct node *head)
{   struct node *p;                 /* 当前指针变量 */
    p=head->next;                   /* p 指针变量指向第一个学生成绩节点 */
    if(p==NULL)
    {   printf("链表为空! \n");
        return;
    }
    while(p!=NULL)
    {   printf("%d ",p->score);   /* 显示 p 所指节点的数据域的数据 */
        p=p->next;                  /* p 指向下一个节点 */
    }
    printf("\n");
}
/* 主函数 */
int main()
{   struct node *head;
    head=create();                  /* 创建链表 */
    display(head);                  /* 显示链表 */
    return 0;
}
```

### 4. 在链表指定位置插入新节点

建立链表后可以在链表的任何位置插入新的节点，如果要将新节点插入第 i 个位置，步骤如下：

(1) 确定插入位置前一个节点的地址，验证插入位置的有效性。

(2) 如果插入位置有效，生成新节点，将该节点连接到前一节点的后面。

**【例 11-7】**在例 11-6 所建立链表的基础上，编写在链表指定位置插入节点的函数。

分析：已知链表的头指针，根据插入节点的步骤，要确定插入位置前一个节点的位置，需要用到循环操作。循环结束后，如果插入点的前一个节点为空或者插入位置有误，打印提示信息并结束函数。如果找到插入点的前一节点，则设为 $a_{i-1}$，p 指向 $a_{i-1}$，插入的新节点为 x，s 指向 x，则修改指针的语句为：

```
s->next=p->next;
p->next=s;
```

插入新节点的过程如图 11-7 所示，执行 s->next=p->next;时，图 11-7 中①的指向建立，执行 p->next=s;时，图 11-7 中②的指向建立，同时③的指向消失。

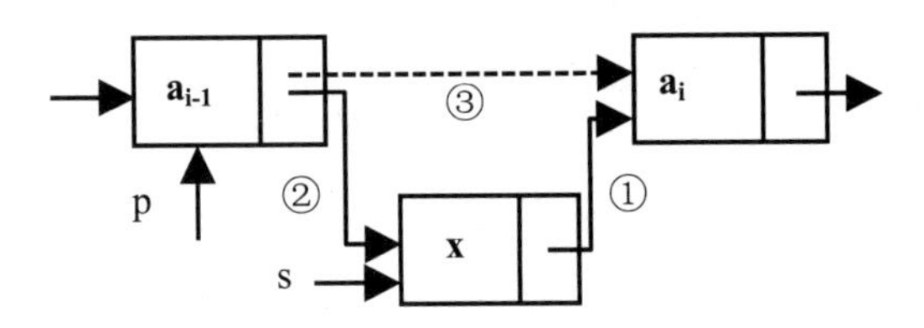


图 11-7　在链表中插入新节点

注意插入节点时，这两句的顺序不能颠倒，即必须先将 p 指向节点的下一个节点的地址保存在 s 指向的新节点的指针域 s->next 中，使得 p 指向节点的下一个节点成为新节点的下一个节点。然后，再将新节点地址存放到 p 指向节点的指针域 p->next 中，使得 s 指向的节点成为 p 指向节点的下一个节点。

```
/* 在链表的指定位置插入数据 */
int ListInsert(struct node *head,int i,int e)
{  /* 在带头节点的单链表 head 中的第 i 个位置插入元素 e */
    int j=0;
    struct node *p=head,*s;
    while(p&&j<i-1)                          /* 寻找第 i-1 个节点 */
    {   p=p->next;
        j++;
    }
    if(!p||j>i-1)                            /* i 小于 1 或大于表长 */
    {   printf("插入位置错误! \n");
        return 0;
    }
    s=(struct node *)malloc(sizeof(struct node));     /* 生成新节点 */
    s->score=e;
    s->next=p->next;                                  /* 插入新节点 */
    p->next=s;
    return 1;
}
```

### 5. 删除链表中的某个节点

删除节点也需要寻找待删除节点的前一个节点，然后删除该节点即可。

**【例 11-8】** 在例 11-6 所建立链表的基础上，编写删除链表中指定位置节点的函数。

分析：已知链表的头指针，设置循环来寻找待删除节点的前一个节点。如果指定的位置不合理，则退出程序；若合理，则删除节点。

设 p 指向待删除节点的前一个节点，q 指向待删除节点，删除节点时只需使用语句 p->next=q->next; free(q);即可，如图 11-8 所示。

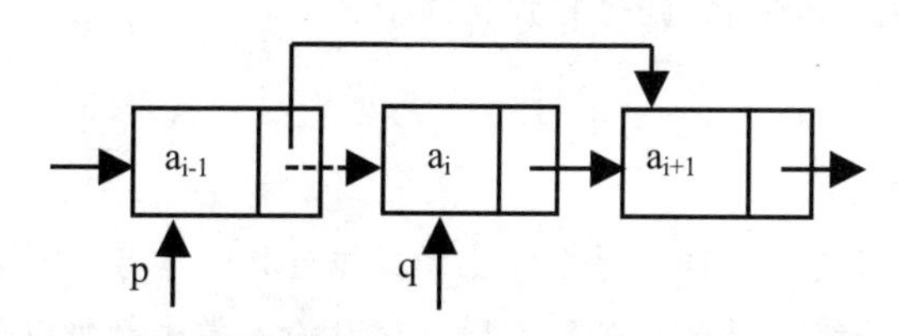


图 11-8　删除链表中的节点

```
/* 在带头节点的单链表 head 中，删除第 i 个元素,并由 e 返回其值 */
int ListDelete(struct node *head,int i,int *e)
{  int j=0;
   struct node *p=head,*q;
   while(p->next&&j<i-1)          /* 寻找第 i 个节点,并令 p 指向其前一个节点 */
   {  p=p->next;
     j++;
   }
   if(!p->next||j>i-1)            /* 删除位置不合理 */
     {printf("删除位置错误! \n");
        return 0;
     }
   q=p->next;                     /* q 指向待删除节点 */
   p->next=q->next;               /* 将待删除节点从链表中断开 */
   *e=q->score;                   /* 保存要删除节点的数据 */
   free(q);                       /* 释放删除的节点 */
   return 1;
}
```

# 11.6　案例：简单的学生成绩管理系统

设计完成简单的学生成绩管理系统，实现对学生数据信息的插入、删除、查找、显示、排序等功能。设计菜单，完成以下操作：

简单学生成绩管理系统源码

- 输入功能，从键盘输入学生成绩信息并存储在内存中，进行处理。
- 载入功能，从文件中读出学生成绩信息到内存中，进行处理。
- 删除功能，给定要删除记录的序号，删除该学生的信息。如果指定的序号有误，程序必须显示“删除位置错误”的提示信息。
- 查找功能，输入学生的姓名，进行查找。如果找到，则显示该学生的所有信息；如果没有找到，则程序显示“不存在”的提示信息。
- 插入数据功能，指定插入的位置，将数据插入指定位置。
- 显示内存中全部学生信息的功能。

- 排序功能，对所有学生按总成绩进行排序。
- 存盘功能，将内存中的学生数据存储到文件中。
- 终止程序的执行。

**设计思路：**

利用链表对学生成绩数据进行处理，每名学生的数据包括：学号、姓名、三门课成绩、总分、平均分和名次等信息。编写函数，分别实现从键盘输入学生数据以创建链表、从文件中读入数据以创建链表以及数据的插入、删除、查找、显示、排序等功能。

通过本案例可以学习链表的创建，练习在链表中插入、删除和查找节点等的常规方法。练习对链表中的数据元素进行排序的方法以及数据处理算法，体验使用链表存储数据与使用结构体数组存储数据的异同。

```
#include<stdio.h>                          /* I/O 函数 */
#include<stdlib.h>                         /* 动态内存分配函数及其他函数声明 */
#include<string.h>                         /* 字符串函数 */
#define N 3                                /* 定义常数 */
typedef struct                             /* 学生数据类型 */
{   char no[11];
    char name[15];
    int score[N];
    float sum;
    float average;
    int order;
} studdatatype;
typedef struct z1                                /* 定义节点数据类型 */
{   studdatatype studdata;
    struct z1 *next;
} STUDENT;
/* 以下是函数原型 */
STUDENT *create();                                      /* 创建链表 */
STUDENT *delete(STUDENT *head,int i,data *e);           /* 删除第 i 条学生记录 */
void print(STUDENT *head);                              /* 显示所有记录 */
void search(STUDENT *head);                             /* 查找 */
void save(STUDENT *head);                               /* 保存 */
STUDENT *load();                                        /* 读入记录 */
STUDENT *insert(STUDENT *head,int i,data e);            /* 插入记录 */
STUDENT *sort(STUDENT *head);                           /* 排序 */
int menu_select();                                      /* 菜单函数 */
int deleall(STUDENT *head);                             /* 释放链表中的所有节点 */
/* 主函数 */
int main()
{   int i,s;
    STUDENT *head;                                      /*定义链表头指针*/
    studdatatype elem,e;
```

```
    for(;;)
    { switch(menu_select())  /* 调用主菜单函数，将返回值(整数)作为开关语句的条件 */
      {case 1:                /* 创建链表 */
          head=create();
          break;
      case 2:                  /* 读文件 */
          head=load();
          break;
      case 3:                               /* 删除记录 */
          print(head);
          printf("输入删除节点序号：");
          scanf("%d",&i);
          head=delete(head,i,&elem);
          break;
      case 4:                               /* 查找记录 */
          search(head);
          break;
      case 5:                               /* 在链表中插入学生记录 */
          printf("输入新插入节点的位置：");
          scanf("%d",&i);
          printf("输入新插入节点的数据：\n");
          printf("输入一个学号：");
          scanf("%s",e.no);
          printf("enter name:");
          scanf("%s",e.name);                  /* 输入姓名 */
          printf("please input %d score \n",N);   /* 提示开始输入成绩 */
          s=0;                                /* 用于保存学生的总分，初值为 0 */
          for(i=0; i<N; i++)                  /* N 门课程循环 N 次 */
          {
              printf("score%d:",i+1);         /* 提示输入第几门课程 */
              scanf("%d",&e.score[i]);        /* 输入成绩 */
              s=s+e.score[i];                 /* 累加各门课程成绩 */
          }
          e.sum=s;                            /* 将总分保存 */
          e.average=(float)s/N;                /* 求出平均值 */
          e.order=0;
          head=insert(head,i,e);              /* 插入数据到链表中 */
          break;
      case 6:                                 /* 显示全部记录 */
          print(head);
          break;
      case 7:                                 /* 排序 */
          head=sort(head);
          break;
      case 8:                                 /* 保存文件 */
          save(head);
```

```
            break;
        case 9:                         /* 退出，退出前释放链表中的各个节点 */
            deleall(head);
            exit(0);
        }
        system("pause");
    }
    return 0;
}
/*菜单函数，返回值为整数*/
int menu_select()
{   int c;
    system("cls");                              /* 清屏 */
    printf("\n\n\n*******************MENU*********************\n\n");
    printf(" 1.  Enter list\n");                /* 输入记录*/
    printf(" 2.  Load the file\n");             /* 从文件中读入记录 */
    printf(" 3.  Delete a record from list\n");/* 从表中删除记录 */
    printf(" 4.  Search record on name\n");     /* 按照姓名查找记录 */
    printf(" 5.  insert record to list\n");     /* 插入记录到表中 */
    printf(" 6.  print list\n");                /* 显示单链表中的所有记录 */
    printf(" 7.  sort to make new file\n");     /* 排序 */
    printf(" 8.  Save the file\n");             /* 将单链表中的记录保存到文件中 */
    printf(" 9. Quit\n");                       /* 退出 */
    printf("\n*******************************************\n");
    do
    {   printf("\n Enter you choice(1~9):");    /* 提示输入选项 */
        scanf("%d",&c);                         /* 输入选择项 */
    }
    while(c<1||c>9);                            /* 选择项不在 1~9 范围内，重输 */
    return c;                       /* 返回选择项，主程序根据该数调用相应的函数 */
}
/* 创建链表 */
STUDENT *create()
{
/* 代码与例 11-6 类似，在此省略 */
}
/* 输出链表中的节点信息 */
void print(STUDENT *head)
{   int i=0;                                /* 统计记录条数 */
    STUDENT *p;                             /* 移动指针 */
    system("cls");                          /* 清屏 */
    p=head->next;                           /* 初值为第一个节点的指针 */
printf("\n\n\n**********************STUDENT**********************\n");
printf("| rec| no      |     name     | sc1| sc2| sc3|  sum  |  ave  |order|\n");
printf("|---|--------|-------------|---|---|----|-------|------|-----|\n");
```

```
    while(p!=NULL)
    {   i++;
        printf("|%3d|%-10s|%-15s|%4d|%4d|%4d|%4.2f|%4.2f|%3d|\n",i,
        p->studdata.no, p->studdata.name,p->studdata.score[0],
        p->studdata.score[1],p->studdata.score[2],p->studdata.sum,
        p->studdata.average,p->studdata.order);
        p=p->next;
    }
printf("*************************end****************************\n");
}
/* 删除记录 */
STUDENT *delete(STUDENT *head,int i,studdatatype *e)
{  /* 在带头节点的单链表 head 中，删除第 i 个元素,并由 e 返回其值 */
/* 代码与例 11-8 类似，在此省略 */
}
/* 查找记录函数 */
void search(STUDENT *h)
{   STUDENT *p;
    char s[15];                              /* 存放姓名的字符数组 */
    system("cls");                            /* 清屏 */
    printf("please enter name for search\n");
    scanf("%s",s);                           /* 输入姓名 */
    p=h->next;
    while(p!=NULL&&strcmp(p->studdata.name,s))/* 当记录的姓名不是要找的学生或指
    针不为空时 */
        p=p->next;                           /* 移动指针，指向下一个节点 */
    if(p==NULL)                              /* 如果指针为空 */
        printf("\nlist no %s student\n",s);  /* 显示没有该学生 */
    else                                     /* 显示找到的记录信息 */
{
printf("\n\n*********************havefound**********************\n");
printf("|no         |      name      | sc1| sc2| sc3|   sum  |  ave  |order|\n");
printf("|----------|--------------|----|----|----|--------|-------|-----|\n");
printf("|%-10s|%-15s|%4d|%4d|%4d| %4.2f | %4.2f | %3d |\n", p->studdata.no,
p->studdata.name,p->studdata.score[0],p->studdata.score[1],p->studdata.
score[2],p->studdata.sum,p->studdata.average,p->studdata.order);
printf("****************************end****************************\n");
    }
}
/* 在带头节点的单链表 head 中，在第 i 个位置插入元素 e */
STUDENT *insert(STUDENT *head,int i,studdatatype e)
{
/* 代码与例 11-7 类似，在此省略 */
}
/* 保存数据到文件函数中 */
void save(STUDENT *h)
```

```
{   FILE *fp;                                       /* 定义指向文件的指针 */
    STUDENT *p;                                     /* 定义移动指针 */
    char outfile[50];                               /* 保存输出文件名 */
    printf("Enter outfile name,for example c:\\f1\\te.txt:\n");
    /* 提示文件名格式信息 */
    scanf("%s",outfile);
    if((fp=fopen(outfile,"wb"))==NULL)/* 为输出打开一个二进制文件,若没有,则建立 */
    {   printf("can not open file\n");
        exit(1);
    }
    printf("\nSaving file......\n");        /* 打开文件，提示正在保存 */
    p=h->next;
    while(p!=NULL)                  /* 如果 p 不为空 */
    {   fwrite(&(p->studdata),sizeof(studdatatype),1,fp);/* 写入一条记录 */
        p=p->next;                  /* 指针后移 */
    }
    fclose(fp);                     /* 关闭文件 */
    printf("-----save success!!-----\n");    /* 显示保存成功 */
}
/* 从文件读数据函数*/
STUDENT *load()
{   STUDENT *p,*q,*h;               /* 定义记录指针变量 */
    FILE *fp;                       /* 定义指向文件的指针 */
    char infile[50];                /* 保存文件名 */
    printf("Enter infile name,for example c:\\f1\\te.txt:\n");
    scanf("%s",infile);              /*输入文件名*/
    if((fp=fopen(infile,"rb"))==NULL)       /* 打开一个二进制文件，为读方式 */
    {   printf("can not open file\n");      /* 如果不能打开，则结束程序 */
        exit(1);
    }
    printf("\n -----Loading file!-----\n");
    h=(STUDENT *)malloc(sizeof(STUDENT));
    h->next=NULL;
    q=h;
    while(!feof(fp))                /* 循环读数据，直到文件末尾才结束 */
    {   p=(STUDENT *)malloc(sizeof(STUDENT)); /* 申请空间 */
        if(1!=fread(&(p->studdata),sizeof(studdatatype),1,fp))
            break;              /* 如果没读到数据，跳出循环 */
        p->next=q->next;
        q->next=p;              /* 保存当前节点的指针，作为下一个节点的前驱 */
        q=p;                    /* 指针后移，将新读入数据链接到当前表的末尾 */
    }
    fclose(fp);                 /* 关闭文件*/
    printf("---You have success read data from file!!!---\n");
    return h;                   /* 返回头指针 */
}
```

```
/* 用插入法按由大到小排序函数 */
STUDENT *sort(STUDENT *h)
{   int i=0;                    /* 保存名次 */
    STUDENT *p,*q,*t,*h1;       /* 定义临时指针 */
    h1=h->next->next;           /* 从原表的第二个学生节点开始处理 */
    h->next->next=NULL;         /* 将原表的第一个学生节点作为有序表的第一个节点 */
    while(h1!=NULL)             /* 当还有元素没有插入有序表时，进行排序 */
    {   t=h1;                   /* 取未排序的第一个节点 */
        h1=h1->next;            /*h1 指针后移 */
        p=h->next;              /* 设定移动指针 p，从第一个节点开始 */
        q=h->next;              /* 设定移动指针 q 作为 p 的前驱，指向第一个节点 */
        while(p!=NULL && t->studdata.sum < p->studdata.sum )  /* 作总分比较 */
        {   q=p;                /* 待排序点的值小，有序表指针后移 */
            p=p->next;
        }
        if(p==q)            /* p==q，说明待排序点的值大，应排在首位 */
        {   t->next=p;      /* 待排序点的后继为 p */
            h->next=t;      /* 新头节点为待排序点 */
        }
        else    /* 待排序点应插到中间某个位置 q 和 p 之间，如 p 为空，则是尾部 */
        {   t->next=p;      /*t 的后继是 p */
            q->next=t;      /*q 的后继是 t */
        }
    }
    p=h->next;                /* p 指向已排好序的第一个节点，准备填写名次 */
    while(p!=NULL)            /* 当 p 不为空时，进行下列操作 */
    {   i++;                  /* 节点序号 */
        p->studdata.order=i; /* 将名次赋值 */
        p=p->next;            /* 指针后移 */
    }
    printf("sort sucess!!!\n");  /* 排序成功 */
    return h;                    /* 返回头指针 */
}
/* 释放链表上的所有节点函数 */
int deleall(STUDENT *head)
{   STUDENT  *p,*q;
    p=head->next;                 /* 从第一个节点开始 */
    while(p!=NULL)
    {
        q=p->next;
        free(p);
        p=q;
    }
    free(head);                   /* 释放头节点 */
    return 1;
}
```

## 本章小结

函数指针和动态内存分配对于编写较为复杂的应用程序很有帮助，链表是其较为基础的一个应用，可将键表与数组对比以了解使用它的优缺点。

深刻理解多级指针、函数指针、main()函数带参数和动态内存分配，掌握指针的使用及动态内存分配。本章教学涉及指针的有关知识的结构导图如图 11-9 所示。

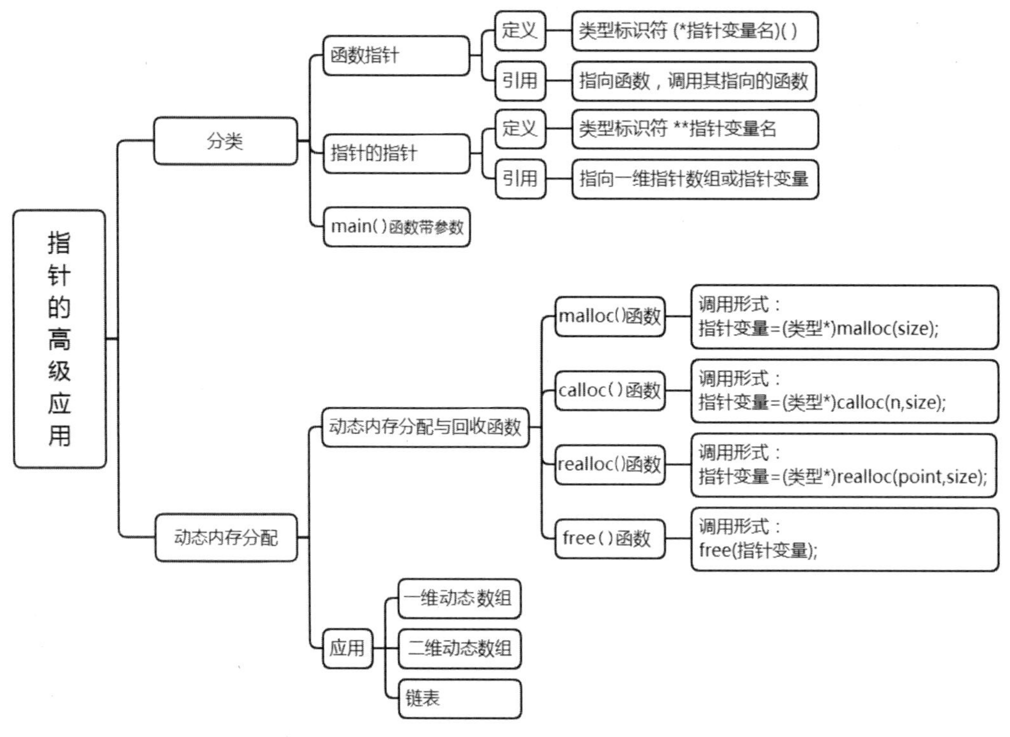


图 11-9　指针的高级应用知识结构导图

## 习　题

### 一、选择题

1. 声明语句 int (*p)( );的含义是(　　)。

   A．p 是一个指向一维数组的指针变量

   B．p 是指针变量，指向一个整型数据

   C．p 是一个指向函数的指针变量，该函数的返回值类型是整型

   D．以上都不正确

2．已知 char **s;，以下正确的语句是(　　)。

A．s="computer";　B．*s="computer";

C．**s="computer"; D．*s='A';

3. 有以下结构体定义和变量定义，且如图 11-10 所示，指针变量 p 指向变量 a，指针变量 q 指向变量 b。以下不能把节点 b 连接到节点 a 之后的语句是(　　)。

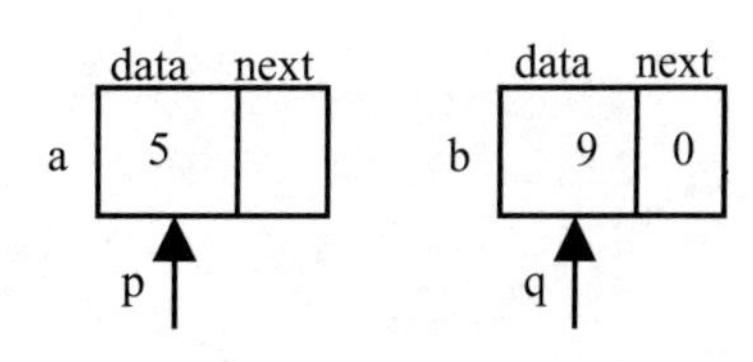


图 11-10　选择题 3 图示

```
struct node
{ char  data;
  struct node *next;
} a,b,*p=&a,*q=&b;
```

A．a.next=q;　　B．p.next=&b;

C．p->next=&b;　　D．(*p).next=q;

4. 以下程序的输出结果是(　　)。

```
struct HAR
  {int  x, y;
struct  HAR  *p;
}h[2];
int main()
{ h[0].x=1;h[0].y=2;
  h[1].x=3;h[1].y=4;
  h[0].p=&h[1];
  h[1].p=h;
printf(“%d%d \n”,(h[0].p)->x,(h[1].p)->y);
  return 0;
}
```

A．12　　B．23

C．14　　D．32

5. 若有以下定义：

```
struct  link
{ int  data;
  struck  link  *next;
}a,b,c,*p,*q;
```

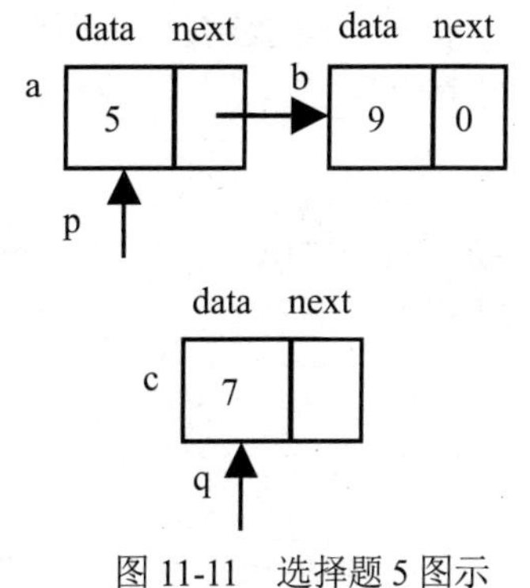


图 11-11　选择题 5 图示

且变量 a 和 b 之间已有图 11-11 所示的链表结构，指针变量 p 指向变量 a，指针变量 q 指向变量 c。以下能够把 c 插入 a 和 b 之间并形成新的链表的语句组是(　　)。

A．a.next=c; c.next=b;　　B．p.next=q; q.next=p.next;

C．p->next=&c; q->next=p->next;　　D．(*p).next=q; (*q).next=&b;

6. 有以下程序：

```
#include<stdlib.h>
struct NODE
{ int num;  struct NODE  *next; };
int main()
{  struct NODE *p,*Q,*R;
   p=(struct NODE*)malloc(sizeof(struct NODE));
   q=(struct NODE*)malloc(sizeof(struct NODE));
   r=(struct NODE*)malloc(sizeof(struct NODE));
   p->num=10; q->num=20; r->num=30;
   p->next=q;q->next=r;
   printf("%d\n",p->num+q->next->num);
   return 0;
}
```

程序运行后的输出结果是(　　)。

A．10　　B．20　　C．30　　D．40

## 二、填空题

1. 为了建立如图 11-12 所示的存储结构(即每个节点包含两个域，data 是数据域，next 是指向节点的指针域)，请填空。

```
 struct  link
 { char  data;
   ________________;
}node;
```

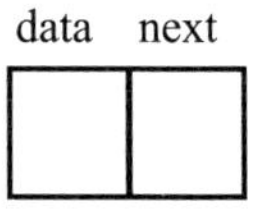

data　next

图 11-12　填空题 1 图示

2. 下面的 create()函数的功能是建立一个带头节点的单向链表，新产生的节点总是插入链表的末尾。单向链表的头指针作为函数值返回。请在程序的下画线处填入正确的内容，将程序补充完整。

```
#include<stdio.h>
#define LEN sizeof(struct student)
struct student
{ long num;
  int score;
  struct student *next;
};
struct student *create()
{
    struct student *head,*tail,*p;
    long num;
    int a;
    head=(________)malloc(LEN);
    head->next=NULL;
    tail=head;
```

```
    do
    {
        scanf("%ld,%d",&num,&a);
        if(num!=0)
        {
            tail->next=(struct student *)malloc(LEN);
            tail=________;
            tail->num=num;
            tail->score=a;
            tail->next=NULL;
        }
    } while(num!=0);
    return ________ ;
}
```

3. 下面程序的输出结果是(　　)。

```
#include<stdio.h>
int f1(int (*f)(int));
int f2(int i);
int main(void)
{printf("Answer:%d\n",f1(f2));
  return 0;
}
int f1(int (*f)(int))
{ int n=0;
  while((*f)(n))
  n++;
  return n;
}
int f2(int i)
{
  return i*i+i-12;
}
```

4. 下面程序的功能是从键盘上顺序输入整数，直到输入的整数小于 0 时才停止输入。然后反序输出这些整数。请在程序的下画线处填入正确的内容，将程序补充完整。

```
#include<stdio.h>
#include<stdlib.h>
struct data
{
    int x;
    struct data *link;
};
struct data *input()
{
    int num;
    struct data *head,*q;
```

```
    head=NULL;
    do
    {
        printf("Enter data until data<0:");
        scanf("%d", &num);
        if(num<0)
            ____________________;
        q = ____________________;
        q->x = num;
        q->link =head;
        head=q;
    }__________________;
    return head;
}
int main()
{   struct data *h,*p;
    h=input();
    p=h;
    printf("Output:\n");
    while(_____________ )
    {
        printf("%d\n", p->x);
        _______________;
    }
  return 0;
}
```

5. 在给定程序中已建立一个带有头节点的单向链表，链表中的各节点按节点数据域中的数据从小到大顺序链接。函数 fun()的功能是：把形参 x 的值放入一个新节点并插入链表中，插入后各节点仍保持从小到大的顺序排列。请在程序的下画线处填入正确的内容，使程序得出正确的结果。

```
#include<stdio.h>
#include<stdlib.h>
#define N 8
typedef struct list
{  int data;
   struct list *next;
} SLIST;
void fun(SLIST *h, int x)
{  SLIST *p, *q, *s;
   s=(SLIST *)malloc(sizeof(SLIST));
/**********found**********/
   s->data=____________;
   q=h;
   p=h->next;
   while(p!=NULL && x>p->data)
 {
```

```
/**********found**********/
      q=____________;
      p=p->next;
   }
   s->next=p;
/**********found**********/
   q->next=_______________;
}
SLIST *creatlist(int *a)
{  SLIST  *h,*p,*q;      int  i;
   h=p=(SLIST *)malloc(sizeof(SLIST));
   for(i=0; i<N; i++)
   {  q=(SLIST *)malloc(sizeof(SLIST));
      q->data=a[i];  p->next=q;  p=q;
   }
   p->next=0;
   return  h;
}
void outlist(SLIST *h)
{  SLIST *p;
   p=h->next;
   if(p==NULL)  printf("\nThe list is NULL!\n");
   else
   {   printf("\nHead");
       do { printf("->%d",p->data);  p=p->next;  } while(p!=NULL);
       printf("->End\n");
   }
}
int main()
{  SLIST *head;      int  x;
   int  a[N]={11,12,15,18,19,22,25,29};
   head=creatlist(a);
   printf("\nThe list before inserting:\n");  outlist(head);
   printf("\nEnter a number :  ");  scanf("%d",&x);
   fun(head,x);
   printf("\nThe list after inserting:\n");  outlist(head);
  return 0;
}
```

## 三、编程题

1. 从键盘输入学生信息，每名学生的信息包括学号、姓名和 3 门课的成绩，建立带头节点的链表来存储这些信息，并编写输出函数在屏幕上打印该链表的数据。

2. 针对编程题 1 建立的链表，求每名学生的总成绩并输出总成绩最高的学生的所有信息。

3. 在编程题 2 的基础上，按总成绩由小到大对所有学生的信息进行排序后输出。

# 参考文献

[1] 姚合生. C 语言程序设计[M]. 北京：清华大学出版社，2008.

[2] 潘旭华. 大学 C 语言实用教程[M]. 北京：清华大学出版社，2011.

[3] 谭浩强. C 语言程序设计[M]. 2 版. 北京：清华大学出版社，2002.

[4] King K N. C 语言程序设计——现代方法[M]. 2 版. 北京：人民邮电出版社，2013.

[5] 李明. C 语言程序设计教程[M]. 上海：上海交通大学出版社，2009.

[6] 杨路明. C 语言程序设计教程[M]. 北京：北京邮电大学出版社，2003.

[7] 李书琴. Visual Basic 6.0 程序设计基础[M]. 北京：中国农业出版社，2014.

[8] 谭浩强. C 语言程序设计学习辅导[M]. 2 版. 北京：清华大学出版社，2009.

[9] 黄建. C 语言程序设计[M]. 北京：清华大学出版社，2009.

[10] 赵玉刚. 大学 C 语言实用教程实验指导与习题[M]. 北京：清华大学出版社，2011.
[11] 杨有安. 程序设计基础教程(C 语言) [M]. 北京：人民邮电出版社，2009.
[12] Kelly P. C 程序设计(双语版) [M]. 北京：电子工业出版社，2013.
[13] Deitel P. C 语言大学教程[M]. 6 版. 北京：电子工业出版社，2012.
[14] 苏小红. C 语言程序设计[M]. 3 版. 北京：高等教育出版社，2015.
[15] 王娟勤. C 语言程序设计[M]. 西安：西安电子科技大学出版社，2015.
[16] 揣锦华. C++程序设计语言[M]. 西安：西安电子科技大学出版社，2003.
[17] 刘莉莉. C 语言开发实战[M]. 北京：清华大学出版社，2013.
[18] Prata S. C Primer Plus 中文版[M]. 6 版. 北京：人民邮电出版社，2016.
[19] 张宁. C 语言其实很简单[M]. 北京：清华大学出版社，2015.
[20] 王娟勤. C 语言程序设计教程[M]. 北京：清华大学出版社，2017.

# 附录

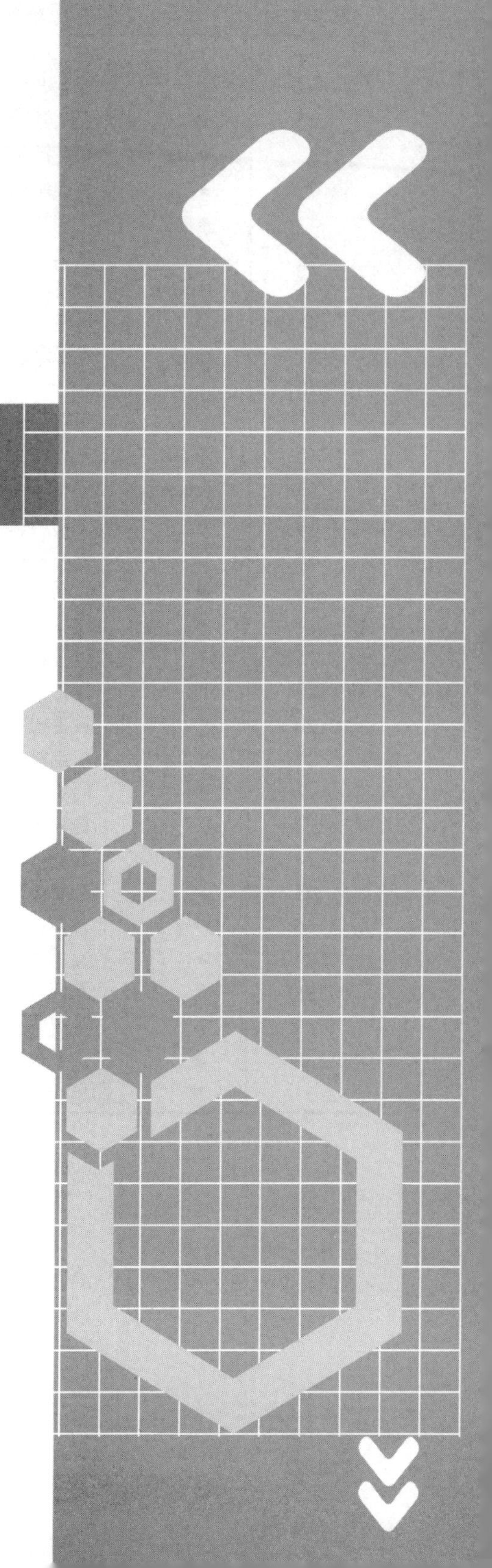

# 附录 A　字符与 ASCII 码对照表

| ASCII 码 | 字符 | 解释 | ASCII 码 | 字符 | ASCII 码 | 字符 | ASCII 码 | 字符 |
|---|---|---|---|---|---|---|---|---|
| 0 | (null) | 空 | 32 | (space) | 64 | @ | 96 | , |
| 1 | ☺ | 标题开始 | 33 | ! | 65 | A | 97 | a |
| 2 | ☻ | 正文开始 | 34 | " | 66 | B | 98 | b |
| 3 | ♥ | 正文结束 | 35 | # | 67 | C | 99 | c |
| 4 | ♦ | 传输结束 | 36 | $ | 68 | D | 100 | d |
| 5 | ♣ | 请求 | 37 | % | 69 | E | 101 | e |
| 6 | ♠ | 承认 | 38 | & | 70 | F | 102 | f |
| 7 | (beep) | 响铃 | 39 | ' | 71 | G | 103 | g |
| 8 | ◘ | 退格 | 40 | ( | 72 | H | 104 | h |
| 9 | (tab) | 水平制表符 | 41 | ) | 73 | I | 105 | i |
| 10 | (newline) | 换行 | 42 | * | 74 | J | 106 | j |
| 11 | ♂ | 垂直制表符 | 43 | + | 75 | K | 107 | k |
| 12 | ♀ | 换页 | 44 | , | 76 | L | 108 | l |
| 13 | (enter) | 回车 | 45 | - | 77 | M | 109 | m |
| 14 | ♫ | 不用切换 | 46 | 。 | 78 | N | 110 | n |
| 15 | ☼ | 启用切换 | 47 | / | 79 | O | 111 | o |
| 16 | ► | 数据链路转义 | 48 | 0 | 80 | P | 112 | p |
| 17 | ◄ | 设备控制 1 | 49 | 1 | 81 | Q | 113 | q |
| 18 | ↕ | 设备控制 2 | 50 | 2 | 82 | R | 114 | r |
| 19 | ‼ | 设备控制 3 | 51 | 3 | 83 | S | 115 | s |
| 20 | ¶ | 设备控制 4 | 52 | 4 | 84 | T | 116 | t |
| 21 | § | 拒绝接受 | 53 | 5 | 85 | U | 117 | u |
| 22 | ▬ | 同步空闲 | 54 | 6 | 86 | V | 118 | v |
| 23 | ▯ | 传输块结束 | 55 | 7 | 87 | W | 119 | w |
| 24 | ↑ | 取消 | 56 | 8 | 88 | X | 120 | x |
| 25 | ↓ | 介质中断 | 57 | 9 | 89 | Y | 121 | y |
| 26 | → | 替补 | 58 | : | 90 | Z | 122 | z |
| 27 | ← | 溢出 | 59 | ; | 91 | [ | 123 | { |
| 28 | ∟ | 文件分隔符 | 60 | < | 92 | \ | 124 | \| |
| 29 | ↔ | 分组符 | 61 | = | 93 | ] | 125 | } |
| 30 | ▲ | 记录分隔符 | 62 | > | 94 | ^ | 126 | ~ |
| 31 | ▼ | 单元分隔符 | 63 | ? | 95 | _ | 127 | Del |

# 附录B 运算符和结合性

<table>
<tr><th>优先级</th><th>运算符</th><th>含义</th><th>运算量的个数</th><th>结合性</th></tr>
<tr><td rowspan="4">1</td><td>()</td><td>圆括号、函数参数表</td><td rowspan="4"></td><td rowspan="4">自左至右</td></tr>
<tr><td>[]</td><td>下标运算符</td></tr>
<tr><td>-></td><td>指向结构体成员</td></tr>
<tr><td>.</td><td>引用结构体成员</td></tr>
<tr><td rowspan="9">2</td><td>!</td><td>逻辑非</td><td rowspan="9">1</td><td rowspan="9">自右至左</td></tr>
<tr><td>~</td><td>按位取反</td></tr>
<tr><td>++</td><td>自增</td></tr>
<tr><td>--</td><td>自减</td></tr>
<tr><td>-</td><td>求负</td></tr>
<tr><td>(类型标识符)</td><td>强制类型转换运算符</td></tr>
<tr><td>*</td><td>间接寻址运算符</td></tr>
<tr><td>&</td><td>取址运算符</td></tr>
<tr><td>sizeof</td><td>计算字节数运算符</td></tr>
<tr><td rowspan="3">3</td><td>*</td><td>乘法运算符</td><td rowspan="3">2</td><td rowspan="3">自左至右</td></tr>
<tr><td>/</td><td>除法运算符</td></tr>
<tr><td>%</td><td>求余运算符</td></tr>
<tr><td rowspan="2">4</td><td>+</td><td>加法运算符</td><td rowspan="2">2</td><td rowspan="2">自左至右</td></tr>
<tr><td>-</td><td>减法运算符</td></tr>
<tr><td rowspan="2">5</td><td><<</td><td>左移运算符</td><td rowspan="2">2</td><td rowspan="2">自左至右</td></tr>
<tr><td>>></td><td>右移运算符</td></tr>
<tr><td>6</td><td>< <=<br>> >=</td><td>关系运算符</td><td>2</td><td>自左至右</td></tr>
<tr><td rowspan="2">7</td><td>==</td><td>等于运算符</td><td rowspan="2">2</td><td rowspan="2">自左至右</td></tr>
<tr><td>!=</td><td>不等于运算符</td></tr>
<tr><td>8</td><td>&</td><td>按位与运算符</td><td>2</td><td>自左至右</td></tr>
<tr><td>9</td><td>^</td><td>按位异或运算符</td><td>2</td><td>自左至右</td></tr>
<tr><td>10</td><td>|</td><td>按位或运算符</td><td>2</td><td>自左至右</td></tr>
<tr><td>11</td><td>&&</td><td>逻辑与运算符</td><td>2</td><td>自左至右</td></tr>
<tr><td>12</td><td>||</td><td>逻辑或运算符</td><td>2</td><td>自左至右</td></tr>
<tr><td>13</td><td>? :</td><td>条件运算符</td><td>3</td><td>自右至左</td></tr>
<tr><td>14</td><td>= += -=<br>*= /= %=<br>>>= <<=<br>&= ^= |=</td><td>赋值运算符<br>复合赋值运算符</td><td>2</td><td>自右至左</td></tr>
<tr><td>15</td><td>,</td><td>逗号运算符</td><td></td><td>自左至右</td></tr>
</table>

说明：1级的优先级最高，15级的优先级最低，运算时优先级高的先运算。

# 附录 C　C 语言中的关键字

| | | | | | | | |
|---|---|---|---|---|---|---|---|
| auto | register | static | extern | void | char | short | int |
| long | signed | unsigned | float | double | struct | union | enum |
| sizeof | typedef | const | if | else | switch | case | default |
| do | for | while | goto | break | continue | return | volatile |

# 附录 D　C 常用的库函数

## 1. 数学函数

使用数学函数时，应该在该源文件中使用以下命令行：

```
#include<math.h>
```

| 函数名 | 函数原型 | 功能 | 返回值 | 说明 |
|---|---|---|---|---|
| abs | int abs(int *x*); | 求整数 *x* 的绝对值 | 计算结果 | |
| acos | double acos(double *x*); | 计算 $\cos^{-1}(x)$的值 | 计算结果 | *x* 应在−1～1 范围内 |
| asin | double asin(double *x*); | 计算 $\sin^{-1}(x)$的值 | 计算结果 | *x* 应在−1～1 范围内 |
| atan | double atan(double *x*); | 计算 $\tan^{-1}(x)$的值 | 计算结果 | |
| atan2 | double atan2(double *x*, double *y*); | 计算 $\tan^{-1}(x/y)$的值 | 计算结果 | |
| cos | double cos(double *x*); | 计算 cos(*x*)的值 | 计算结果 | *x* 的单位为弧度 |
| cosh | double cosh(double *x*); | 计算 *x* 的双曲余弦 cosh(*x*)的值 | 计算结果 | |
| exp | double exp(double *x*); | 求 $e^x$ 的值 | 计算结果 | |
| fabs | double fabs(double *x*); | 求 *x* 的绝对值 | 计算结果 | |
| floor | double floor(double *x*); | 求不大于 *x* 的最大整数 | 该整数的双精度实数 | |
| fmod | double fmod(double *x*, double *y*); | 求整除 *x/y* 的余数 | 返回余数的双精度数 | |
| frexp | double frexp(double *val*, int **eptr*); | 把双精度数 *val* 分解为数字部分(尾数)*x* 和以 2 为底的指数 *n*，即 $val=x*2^n$，*n* 存放在 *eptr* 指向的变量中 | 返回数字部分 *x*，其中 $0.5\leqslant x<1$ | |
| log | double log(double *x*); | 求 $\log_e x$，即 ln *x* | 计算结果 | $x>0$ |
| log10 | double log10(double *x*); | 求 $\log_{10}x$ | 计算结果 | $x>0$ |

(续表)

| 函数名 | 函数原型 | 功能 | 返回值 | 说明 |
| --- | --- | --- | --- | --- |
| modf | double modf(double *val*, int **iptr*); | 把双精度数 *val* 分解为整数部分和小数部分，把整数部分存在 *iptr* 指向的单元中 | *val* 的小数部分 | |
| pow | double pow(double *x*, double *y*); | 计算 $x^y$ 的值 | 计算结果 | |
| sin | double sin(double *x*); | 计算 sin *x* 的值 | 计算结果 | *x* 的单位为弧度 |
| sinh | double sinh(double *x*); | 计算 *x* 的双曲正弦函数 sinh(*x*)的值 | 计算结果 | |
| sqrt | double sqrt(double *x*); | 计算 $\sqrt{x}$ | 计算结果 | *x* 应≥0 |
| tan | double tan(double *x*); | 计算 tan(*x*)的值 | 计算结果 | *x* 的单位为弧度 |
| tanh | double tanh(double *x*); | 计算 *x* 的双曲正切函数 tanh(*x*)的值 | 计算结果 | |

## 2. 字符函数和字符串函数

| 函数名 | 函数原型 | 功能 | 返回值 | 包含文件 |
| --- | --- | --- | --- | --- |
| isalnum | int isalnum(int *ch*); | 检查 *ch* 是否是字母(alpha)或数字(numeric) | 若是字母或数字，返回 1；否则返回 0 | ctype.h |
| isalpha | int isalpha(int *ch*); | 检查 *ch* 是否是字母 | 是，返回 1；不是，返回 0 | ctype.h |
| iscntrl | int iscntrl(int *ch*); | 检查 *ch* 是否是控制字符(其 ASCII 码在 0 和 0x1F 之间) | 是，返回 1；不是，返回 0 | ctype.h |
| isdigit | int isdigit(int *ch*); | 检查 *ch* 是否是数字(0~9) | 是，返回 1；不是，返回 0 | ctype.h |
| isgraph | int isgraph(int *ch*); | 检查 *ch* 是否是可打印字符(其 ASCII 码在 ox21 和 ox7E 之间)，不包括空格 | 是，返回 1；不是，返回 0 | ctype.h |
| islower | int islower(int *ch*); | 检查 *ch* 是否是小写字母(a~z) | 是，返回 1；不是，返回 0 | ctype.h |
| isprint | int isprint(int *ch*); | 检查 *ch* 是否是可打印字符(包括空格)，其 ASCII 码在 ox20 和 ox7E 之间 | 是，返回 1；不是，返回 0 | ctype.h |
| ispunct | int ispunct(int *ch*); | 检查 *ch* 是否是标点字符(不包括空格)，即除字母、数字和空格以外的所有可打印字符 | 是，返回 1；不是，返回 0 | ctype.h |
| isspace | int isspace(int *ch*); | 检查 *ch* 是否是空格、跳格符(制表符)或换行符 | 是，返回 1；不是，返回 0 | ctype.h |

(续表)

| 函数名 | 函数原型 | 功能 | 返回值 | 包含文件 |
|---|---|---|---|---|
| isupper | int isupper(int ch); | 检查 ch 是否是大写字母(A~Z) | 是，返回 1；不是，返回 0 | ctype.h |
| isxdigit | int isxdigit(int ch); | 检查 ch 是否是一个十六进制数字字符(即 0~9，或 A 到 F，或 a~f) | 是，返回 1；不是，返回 0 | ctype.h |
| strcat | char *strcat(char *str1, char *str2); | 把字符串 str2 连接到 str1 的后面，str1 最后面的'\0'被取消 | 返回 str1 | string.h |
| strchr | char *strchr(char *str, int ch); | 找出 str 指向的字符串中第一次出现字符 ch 的位置 | 返回指向该位置的指针，如果找不到，返回空指针 | string.h |
| strcmp | int strcmp(char *str1, char *str2); | 比较两个字符串：str1 和 str2 | str1<str2，返回-1；str1=str2，返回 0；str1>str2，返回 1 | string.h |
| strcpy | char *strcpy(char *str1, char *str2); | 把 str2 指向的字符串复制到 str1 指向的数组中 | 返回 str1 | string.h |
| strncpy | char *strncpy(char *str1,char *str2,int n) | 将 str2 指向的数组的前 n 个字符复制到 str1 所指向的数组中。如果在 str2 指向的数组中遇到空字符，则函数会为 str1 指向的数组添加空字符，直到所写的字符数达到 n 个 | 返回 str1 | string.h |
| strlen | unsigned int strlen(char *str); | 统计字符串 str 中字符的个数(不包括终止符'\0') | 返回字符个数 | string.h |
| strstr | char *strstr(char *str1, char *str2); | 找出 str2 字符串在 str1 字符串中第一次出现的位置(不包括 str2 的串结束符) | 返回该位置的指针，如果找不到，返回空指针 | string.h |
| tolower | int tolower(int ch); | 将 ch 字符转换为小写字母 | 返回 ch 所代表字符的小写字母 | ctype.h |
| toupper | int toupper(int ch); | 将 ch 字符转换成大写字母 | 与 ch 相应的大写字母 | ctype.h |
| getche | int getche(void); | 从控制台取字符，不以回车为结束(带回显) | 返回读取字符的 ASCII 值 | conio.h |
| getch | int getch(void); | 从控制台无回显地取一个字符，不以回车结束 | 返回读取字符的 ASCII 值 | conio.h |

### 3. 输入/输出函数

凡是使用以下输入/输出函数，就应该使用#include<stdio.h>命令把 stdio.h 头文件包含到源程序文件中。

| 函数名 | 函数原型 | 功能 | 返回值 | 说明 |
|---|---|---|---|---|
| clearerr | void clearerr(FILE *fp); | 将 fp 所指文件的错误、标志和文件结束标志置为 0 | 无 | |
| close | int close(int fp); | 关闭文件 | 关闭成功返回 0；否则返回-1 | 非 ANSI 标准函数 |
| creat | int creat(char *filename, int mode); | 以 mode 所指定的方式建立文件 | 成功则返回正数；否则返回-1 | 非 ANSI 标准函数 |
| eof | int eof(int fd); | 检查文件是否结束 | 遇文件结束，返回 1；否则返回 0 | 非 ANSI 标准函数 |
| fclose | int fclose(FILE *fp); | 关闭 fp 所指的文件，释放文件缓冲区 | 有错，则返回非 0；否则返回 0 | |
| feof | int feof(FILE *fp); | 检查文件是否结束 | 遇文件结束符返回非零值；否则返回 0 | |
| fgetc | int fgetc(FILE *fp); | 从 fp 所指定的文件中取得下一个字符 | 返回所得到的字符，若读入出错，返回 EOF | |
| fgets | char *fgets(char *buf, int n, FILE *fp); | 从 fp 所指向的文件中读取一个长度为 n-1 的字符串，存入起始地址为 buf 的空间 | 返回地址 buf，若遇文件结束或出错，返回 NULL | |
| fopen | FILE *fopen(char *format, args, ...); | 以 mode 指定的方式打开名为 filename 的文件 | 成功，返回一个文件指针(文件信息区的起始地址)；否则返回 NULL | |
| fprintf | int fprintf(FILE *fp, char *format, args, ...); | 把 args 的值以 format 指定的格式输出到 fp 所指定的文件中 | 实际输出的字符数 | |
| fputc | int fputc(char ch, FILE *fp); | 将字符 ch 输出到 fp 指向的文件中 | 成功，则返回该字符；否则返回非 0 | |
| fputs | int fputs(char *str, FILE *fp); | 将 str 指向的字符串输出到 fp 所指定的文件中 | 成功，则返回 0；若出错，返回非 0 | |
| fread | int fread(char *pt, unsigned size,unsigned n, FILE *fp); | 从 fp 所指定的文件中读取长度为 size 的 n 个数据项，存到 pt 所指向的内存区 | 返回所读的数据项个数，若遇文件结束或出错，返回 0 | |

(续表)

| 函数名 | 函数原型 | 功能 | 返回值 | 说明 |
|---|---|---|---|---|
| fscanf | int fscanf(FILE *fp, char format,args, ...); | 从 fp 所指定的文件中按 format 给定的格式将输入数据发送到 args 所指向的内存单元(args 是指针) | 已输入数据的个数 | |
| fseek | int fseek(FILE *fp, long offset, int base); | 将 fp 所指向文件的位置指针移到以 base 给出的位置为基准、以 offset 为位移量的位置 | 返回当前位置；否则，返回-1 | |
| ftell | long ftell(FILE *fp); | 返回 fp 所指向文件中的读写位置 | 返回 fp 所指向文件中的读写位置 | |
| fwrite | int fwrite(char *ptr, unsigned size, unsigned n, FILE *fp); | 把 ptr 所指向的 n * size 字节输出到 fp 所指向的文件中 | 写到 fp 所指向文件中的数据项的个数 | |
| getc | int getc(FILE *fp); | 从 fp 所指向的文件中读入一个字符 | 返回所读的字符，若文件结束或出错，返回 EOF | |
| getchar | int getchar(void); | 从标准输入设备读取下一个字符 | 所读的字符。若文件结束或出错，则返回-1 | |
| getw | int getw(FILE *fp); | 从 fp 所指向的文件读取下一个字(整数) | 输入的整数。如文件结束或出错，返回-1 | 非 ANSI 标准函数 |
| open | int open(char *filename, int mode); | 以 mode 指定的方式打开已存在的名为 filename 的文件 | 返回文件号(正数)；如果打开失败，返回-1 | 非 ANSI 标准函数 |
| printf | int printf(char *format, args, ...); | 按 format 指定的格式字符串所规定的格式，将输出列表 args 的值输出到标准输出设备 | 输出字符的个数，若出错，返回负数 | format 可以是一个字符串，或字符数组的起始地址 |
| putc | int putc(int ch, FILE *fp); | 把字符 ch 输出到 fp 所指定的文件中 | 输出的字符 ch；若出错，返回 EOF | |
| putchar | int putchar(char ch); | 把字符 ch 输出到标准输出设备 | 输出的字符 ch；若出错，返回 EOF | |
| puts | int puts(char *str); | 把 str 指向的字符串输出到标准输出设备，将'\0'转换为回车换行 | 返回换行符，若失败，返回 EOF | |

(续表)

| 函数名 | 函数原型 | 功能 | 返回值 | 说明 |
|---|---|---|---|---|
| putw | int putw(int *w*, FILE **fp*); | 将一个整数 *w*(即一个字)写到 *fp* 所指向的文件中 | 返回输出的整数；若出错，返回 EOF | 非 ANSI 标准函数 |
| read | int read(int *fd*, char **buf*, unsigned *count*); | 从文件号 *fd* 所指定的文件中读 *count* 字节到由 *buf* 指示的缓冲区中 | 返回真正读入的字节个数，若遇文件结束，返回 0；出错返回-1 | 非 ANSI 标准函数 |
| rename | int rename(char * *oldname*, char **newname*); | 把由 *oldname* 所指的文件名，改为由 *newname* 所指的文件名 | 若成功，则返回 0；否则返回-1 | |
| rewind | void rewind(FILE **fp*); | 将 *fp* 所指文件中的位置指针置于文件开头位置，并清除文件结束标志和错误标志 | 无 | |
| scanf | int scanf(char **format*, *args*, ...); | 从标准输入设备按 *format* 指向的格式字符串所规定的格式，将数据输入到 *args* 所指向的单元 | 读入并赋给 *args* 的数据个数，遇文件结束，返回 EOF，否则返回 0 | *args* 为指针 |
| write | int write(int *fd*, char **buf*, unsigned *count*); | 从 *buf* 指示的缓冲区输出 *count* 个字符到 *fd* 所标志的文件中 | 返回实际输出的字节数，若出错，返回-1 | 非 ANSI 标准函数 |

### 4. 动态存储分配函数

ANSI标准建议在stdlib.h头文件中包含有关的信息，但许多C编译系统要求使用malloc.h而不是stdlib.h。读者在使用时应查阅有关手册。

| 函数名 | 函数原型 | 功能 | 返回值 |
|---|---|---|---|
| calloc | void *calloc(unsigned *n*, unsign *size*); | 分配 *n* 个数据项的连续内存空间，每个数据项的大小为 *size* | 分配内存单元的起始地址，若不成功，返回 0 |
| free | void free(void **p*); | 释放 *p* 所指向的内存区 | 无 |
| malloc | void *malloc(unsigned *size*); | 分配 *size* 字节的存储区 | 所分配内存区的起始地址，若内存不够，返回 0 |
| realloc | void *realloc(void **p*, unsigned *size*); | 将 *p* 所指向已分配内存区的大小改为 *size*，*size* 可以比原来分配的空间大或小 | 返回指向该内存区的指针 |

5. 其他常用函数

| 函数名 | 函数原型 | 功能 | 返回值 |
| --- | --- | --- | --- |
| atof | #include<stdlib.h><br>double atof(const char *str); | 将 str 指向的字符串转换成双精度的浮点数，字符串中必须含有合法的浮点数，否则返回值无定义 | 返回转换后的双精度浮点数 |
| atoi | #include<stdlib.h><br>int atoi(const char *str); | 将 str 指向的字符串转换成整型数，字符串中必须含有合法的整型数，否则返回值无定义 | 返回转换后的整型值 |
| atol | #include<stdlib.h><br>long int atol(const char *str); | 将 str 指向的字符串转换成长整型数，字符串中必须含有合法的长整型数，否则返回值无定义 | 返回转换后的长整型数 |
| exit | #include<stdlib.h><br>void exit(int code); | 该函数使程序立即正常终止，清空和关闭任何打开的文件。程序正常退出的状态由 code 等于 0 或 EXIT_SUCCESS 表示，非 0 值或 EXIT_FAILURE 表示异常退出。code 被返回给操作系统 | 无 |
| rand | #include<stdlib.h><br>int rand(void); | 产生 0 到 RAND_MAX(包括 0 和 RAND_MAX)范围内的伪随机数 | 随机整数 |
| srand | #include<stdlib.h><br>void srand(unsigned int seed); | 使用 seed 来初始化通过调用 rand()函数所产生的伪随机数系列 | 无 |
| time | time_t time(time_t *timer); | 得到当前的日历时间，如果日历时间无效，返回－1，如果 timer 不是空指针，还要把返回值存储到 timer 指向的对象中 | 当前的日历时间 |